AF827019

Ludwig Tieck's

Schriften.

Funfzehnter Band.

Erzählungen.

Berlin,
bei G. Reimer,
1829.

Dem

Herrn W. von Schütz

in der Mark.

Dir, einem meiner ältesten Freunde, einem der wenigen, die mir aus meiner ersten Jugend- und Schulzeit übrig geblieben sind, widme ich diese leichten Erzählungen, die Dich an jene Jahre erinnern werden, in welchen sich unsre Schicksale entwickelten. Vieles haben wir mit einander erlebt, durchdacht, bestritten und genossen. Ich weiß, Du siehst eben so gern, wie ich, auf jene schönen Jahre zurück.

L. Tieck.

Inhalt.

Peter Lebrecht.

Eine Geschichte
ohne Abentheuerlichkeiten.

Zweiter Theil.

1795.

Erstes Kapitel.

Das versprochene Kapitel über die Kopfneigungen und Rückenbeugungen.

Der Verfasser und der Leser stehn sich in diesem Kapitel wieder gegen über, und begrüßen sich gegenseitig. Daß ich mit krummgebogenem Rücken als Portier vor dem Eingange dieses Theiles stehe, und daß mir die Leser bald mit vornehmen oder beschützenden, bald mit recensirenden Mienen und Sonntagsgesichtern vorübergehen, versteht sich von selbst. Die Verfasser von Büchern müssen sogar so unterthänig sein, daß sie die Vorübergehenden gar nicht einmal fragen dürfen, wie sie sich seit dem ersten Theile befunden, wie sie geschlafen haben.

Aber wenn ich auch der erste Autor sein sollte, so will ich dennoch gegen dieses alte Herkommen verstoßen. Ich will selbst unter die gebetene Gesellschaft treten, und mich nach dem hohen Wohlsein der allerseitigen Gäste erkundigen; denn ich sehe gar nicht ein, warum ein Verfasser, und arbeitete er auch nur in der Camera Obscura, *) stets den unterthänigen Bedienten oder

---

*) Ein damals in Berlin erschienenes, ganz schlechtes Wochenblatt; deren Herausgeber eine vornehme Miene annahmen, und nachher, durch andre mehr gefallende Produkte, sich einen Namen gemacht haben.

Tafeldecker machen soll, der ehrerbietig und stumm hinter dem Stuhl stehen bleibt, wenn er die Speisen aufgetragen hat. Statt, daß man sich in Kritiken und Antikritiken herumzankt, sollte man lieber in den Büchern, die man schreibt (auf eignem Grund und Boden, wo man als Gutsbesitzer immer noch die meisten Rechte hat), sagen, was man auf dem Herzen hat.

Ich, Peter Lebrecht, trete also hinter der Staffelei hervor (die, beiläufig gesagt, weiter nichts als ein kleines Fruchtstück zeigt) und mische mich keck unter die Zuschauer.

Viele von Ihnen, werthgeschätzte Anwesende, haben ohne Zweifel den ersten Theil schon rein vergessen, und das kann ich Ihnen vors Erste gar nicht übel nehmen, zweitens hat es auch gar nicht viel zu sagen. Denn in unserm Zeitalter, das ganz ohne Zweifel den Namen des vielbelesenen verdient, werden die meisten Bücher schon für die meisten Leser so eingerichtet, daß sie anfangen und aufhören können, wo sie wollen, und ich hoffe, daß ich in dieser meiner Lebensbeschreibung auch hinlänglich dafür gesorgt habe. Wie viel Unglück würde auch daraus entstehn, wenn die Leser nicht das wieder vergessen sollten, was sie gelesen haben? Wenn sie nicht deswegen läsen, um zu vergessen? Wer möchte dann Schriftsteller sein? man würde dann gewiß mit einem verehrungswürdigen Publikum gar nicht auskommen können; es würde unsre neusten Bücherverfertiger unaufhörlich anklagen, daß sie alle die schönen Empfindungen schon hundert- und zweihundert mal gelesen hätten; es würde der Liebe, der Turniere und schrecklichen Hahnenkämpfe der Ritterwelt endlich überdrüssig sein, weil es immer dasselbe, und fast mit den nämlichen Worten wiedergesagt, ist; es würde unter der ungeheuren Menge von neuen Produkten doch auch nach etwas Neuem suchen, und sich dann gewaltig betrogen finden. Kurz, das liebe Publikum würde wahrhaftig, wenn es Gedächtniß hätte, am Ende darauf verfallen, die guten Bücher lieber mehrmals zu lesen, als die schlechten Wiederholungen schlechter Bücher.

Ich verspreche hier dem rüstigen Leser feierlich, daß dieser zweite Theil mit dem ersten meiner Lebensbeschreibung eben nicht weiter zusammenhängen soll, und daß er also mit vieler Erbauung fortfahren kann, wenn er auch alles, sogar bis auf den Namen, vom ersten Theile vergessen hat.

Es ist mir immer sonderbar vorgekommen, daß sich alle Autoren vor ihren Büchern an den Leser wenden, daß man in den Büchern selbst immer von einem Leser sprechen hört, der dies und jenes zu erfahren wünsche, der dem Schluß einer Geschichte entgegen sehe, der dem Verfasser oft erlauben muß, bei zu rührenden Scenen die Feder aus der Hand zu legen; sogar die Druckfehler eines Buches zu korrigiren, muthen die meisten Verfasser einem geneigten Leser zu.

Dieses unsichtbare und unbegreifliche Wesen wird auch selbst in Büchern angeredet, die Niemand liest; man findet selbst auf Makulaturbogen Anrufungen an diese unbekannte Gottheit, deren Altar nirgends und allenthalben steht. Ich nannte den Leser eine Gottheit, nicht etwa bloß um dem meinigen etwas Schmeichelhaftes zu sagen, sondern weil ich überzeugt bin, nachdem ich eine Menge von Stellen aufgeschlagen habe, daß ihn sich die meisten Autoren unter diesem Bilde vorstellen. Sie denken ihn sich als einen ziemlich breitschultrigen Heros, der vieles dulden und ertragen kann, der es gleich einem Herkules wagt, das dickste Buch, selbst wenn es dialogirt ist, aufzuschlagen, es zu Ende zu lesen, und selbst nach dem zweiten und dritten Bande zu greifen. Dieser Leser ist zugleich so geformt, daß er mit allen Theilen aller Wissenschaften ziemlich vertraut ist, daß er sich für Vergangenheit und Zukunft interessirt, nur daß ihm in den meisten Fällen der gesunde Menschenverstand fehlt; er hat, troß seiner robusten Constitution, doch viele Schwächen, und das Unglück ist, daß Autoren und Buchhändler diese recht gut kennen; denn dieses seltsame Wesen läßt sich zum Beispiel durch ganz schlechte Kupferstiche und ganz abgeschmackte Büchertitel anlocken: statt einer Allwissenheit ist dieser Halbgott mit einer Allneugier begabt; das Vorzüglichste an ihm ist seine Güte, darum wird er auch der Nachsichtige genannt, bei welchem Namen er sich fast auch am liebsten rufen hört. Gewisse Wesen, die die Sterblichen Recensenten nennen, machen ihm seit einiger Zeit dieser Nachsichtigkeit wegen Vorwürfe genug, aber er legt diese Tugend nicht ab, und ich und alle Autoren mit mir, bitten ihn inständigst, daß er es nie thun möge. Diese Recensenten sind nichts anders als eine schädliche Oppositionspartheí, die die einmal hergebrachte ordentliche Ordnung der Dinge umkehren wollen; sie werfen mit schädlichen und fast giftigen Reden um sich, und wollen den oftgenannten Leser gewissermaßen zwingen, Geschmack zu haben, als wenn dieses arme Wesen nicht schon von der Langeweile und von tausend Uebeln, von denen sich ein vernünftiger Mensch kaum eine Vorstellung machen kann, gequält genug wäre, daß man ihm auch noch die Freude rauben will, die Cramerschen Romane gut zu finden.

Doch, ich vergesse ganz, wovon ich sprechen wollte. — Ich stehe hier am Eingange und mache meine demüthige Verbeugung, und vergesse in der Zerstreuung, daß Leute um mich her stehen, die mich grüßen, die sich wundern, warum ich in dieser Rückensenkung so lange verharre.

Also, meine werthgeschätzten Herren und Damen — viele von Ihnen sind mit dem ersten Theile unzufrieden, und ich muß Ihnen leider gestehn, daß Ihnen dieser zweite noch weit weniger gefallen wird.

O, um des Himmelswillen! lassen Sie mich von einem so kleinen, unbedeutenden und uninteressanten Buche nicht selbst so viel sprechen, oder ich werde so schwermüthig, daß ich es gar nicht wage, Ihnen über die Komplimente meine Bemerkungen mitzutheilen. — Was sind diese kleinen Blätter im lauten, rauschenden Strome der Zeit? — Sie können nur dazu dienen, Ihre Aufmerksamkeit etwas von diesem fürchterlichen Geräusche abzulenken. Mancher Leser, der meine Lebensgeschichte in einer müßigen, nachher ganz vergessenen Stunde durchblätterte, hat indeß vielleicht einen großen Verlust erlitten, oder sich in seinem Innern auf eine gewaltsame Art verändert; er blättert nun vielleicht in diesem zweiten Theile, um nicht bei sich zu sein, um sich vor sich selber verläugnen zu lassen, und wie kann ich wissen, mit welchen umgewandelten Empfindungen er dann einst in starrer Hand das Zeitungsblatt hält, und er kaum noch darin bemerkt, daß der dritte Theil angekündigt wird.

Wenn ich zeichnen könnte, so würde ich hier das

Buch sogleich mit vielen Figuren eröffnen, die mich und die verschiedenartigen Leser mit den Krümmungen ihrer Rücken, oder den Bewegungen ihrer Köpfe darstellen sollten.

Die Komplimente sind gewiß mehr als Lachen, Weinen und die Blattern, das, was den Menschen von den Thieren unterscheidet; denn ein Affe, der diese nicht einem wohlgezogenen Menschen nachmacht, wird von Natur gewiß nie auf diese Erfindung verfallen. Selbst der Verstand und der gen Himmel gerichtete Blick scheinen mir nicht so charakteristisch, denn der erste ist ziemlich unsichtbar, und das zweite Merkzeichen scheint immer seltener zu werden, und würde vielleicht ganz ausgehn, wenn ein starker Körperbau manche Menschen nicht zwänge, ihren Kopf gerade und aufrecht zu tragen. — Wenn ich in der Ferne zwei Wesen sehe, und weiß nicht, was ich aus ihnen machen soll, so schließe ich aus den gegenseitigen Verbeugungen, daß es Menschen sind.

Es hat mich oft in Erstaunen gesetzt, daß die Natur selbst durch die künstliche Einrichtung der Rückenwirbel dafür gesorgt hat, daß der Klient ohne große Unbequemlichkeit seinem Patrone den gehörigen Respekt bezeigen kann, und sehr angenehm ist es mir immer gewesen, daß ich aus den Arten, den Rücken zu krümmen, jedesmal mit ziemlicher Gewißheit schließen kann, in welchem Verhältnisse die sich bückenden Personen gegen einander stehn. Stehn sie sich so gegen über, daß sie ein vollkommenes Portal ausmachen, und daß einer genau auf den andern Acht giebt, und sich gleich einen Zoll tiefer untertaucht, wenn jener sich um einen Zoll tiefer bückt, so sind es gewöhnlich zwei Edelleute, mittlern Alters, in Civildiensten; sie bilden, wie gesagt, ein schönes verhältnißmäßiges Portal; zwischen den beiden Frisuren fehlt nichts, als ein Schlußstein, und es ist ein schönes und kühnes Gewölbe. — Ist dieses Gewölbe um so viele Grade tiefer gedrückt, daß es ohngefähr einen Halbzirkel und kein Oval ausmacht, so, daß es wie der Eingang zu einem Begräbnisse aussieht, so will ich jedesmal darauf wetten, daß es zwei Gelehrte sind, die sich unter dieser Figur vorlügen, daß sie die größte Hochachtung vor einander haben.

Diese Verbeugungen gehören zu den gleichartigen. Wenn aber ein Adlicher mit einem Bürgerlichen sich begrüßt, so entsteht daraus eine andre Figur, die weit schwerer zu beschreiben ist. Der Bürgerliche wird plötzlich durch den Edelmann daran erinnert, daß er einen Rücken habe, und beugt diesen so künstlich, als es ihm nur immer möglich ist, bis auf den letzten Wirbel; der Edelmann im Gegentheil wird plötzlich durch den Bürgerlichen daran erinnert, daß er einen Kopf habe, und nickt mit diesem auf eine sehr angenehme Weise, ohne an den Rücken weiter zu denken, er spart diesen für die erste Zusammenkunft mit einem, der hochwohlgeboren ist. Sein Kopfnicken aber wird zuweilen durch ein gewisses Lächeln bedeutender gemacht, welches die Leute sehr gut ein gnädiges Lächeln nennen, oder er wendet wohl gar noch ein Stück der rechten oder linken Schulter daran, um das Wohlgefallen auf eine höfliche Art auszudrücken, daß man ihn gehörig gegrüßt habe.

Bürgerliche Anatomiker sagen uns, das Rückenmark sei eine Verlängerung des Gehirns; ich sehe aber gar nicht ein, warum es nicht ein Adlicher umkehren und sagen könnte: das Gehirn ist eine kugelförmige Verlängerung des Rückenmarks, eine abgerundete Zugabe, die nur dazu dient, um zu bezeichnen, daß der Körper fertig sei, und daß man nun nur noch einen großen Hut darauf setzen dürfe, um einen ganz gemachten Mann vor sich zu sehn. Wenn dies seine Richtigkeit hätte, so wäre die Abtheilung unter den Menschen eben so nothwendig als natürlich, und das Gleichheitssystem der Franzosen dürfte dadurch vielleicht den größten Stoß erhalten. Der Bürgerliche hätte dann ganz Recht, wenn er seinen Kopf immer als eine schwere übergebogene Blume vorwärts trüge, und der Adliche könnte dann ganz füglich seine Rückenbeugungen ebenfalls für Kopfarbeit ausgeben.

Alle Völker scheinen die Empfindung zu haben, daß im Kopfe irgend etwas Anstößiges liege: man schämt sich beim Grüßen, daß dieser kleine, unwürdige Theil einen Tressenhut trägt, und nimmt diesen sehr tief herunter; man biegt den Kopf selbst so tief, als er nur immer sinken kann; man giebt den ganzen Rücken Preis, um nur den Kopf zu verbergen; die Asiaten werfen sich auf das Gesicht nieder, und es ist ein Zeichen großer Ungnade dort, wenn der Sultan von irgend jemand den Kopf fodert. „Er hat Kopf!" ist in vielen Gegenden das Schlechteste, was man von einem Menschen sagen kann; kein Mensch macht jetzt mehr Prätension darauf, alle Schriftsteller beeifern sich um die Wette, nicht mit dem Ausdrucke beschimpft zu werden; man hört auch von keinem Buche sagen: der Verfasser verräth Kopf; sondern immer nur: es sind viel Geister und Mordthaten darin; man weiß gar nicht, wie die wunderbare Geschichte zu Ende gehn wird; — so daß ich nach allem diesen auf die Idee gekommen bin, daß man den Kopf vielleicht zu den Pudendis rechne, daß man ihn für eine Satyre der Natur auf den Menschen halte; daß man ihn vielleicht ganz bedeckt tragen würde, wenn es die daran angebrachten Sinne erlaubten.

Der Leser wird von mir nicht verlangen, daß ich ihm alle mögliche Ab- und Spielarten der Komplimente und Verbeugungen schildern soll, als da sind: Leute, die vor übergroßer Freundlichkeit mit den Zähnen grüßen; andere, die statt vorn über zu sinken, nach der einen Seite fallen; von Leuten, die von vielen Höflichkeitsbezeugungen schief und beinahe bucklicht geworden sind, und von andern dergleichen seltsamen Ausnahmen.

Nur den so sehr gewöhnlichen Gruß kann ich nicht unerwähnt lassen, daß man oft sieht, wie Leute sich mit den Augen ganz nahe kommen, sich erst die eine Hälfte des Gesichts, und dann eben so die andre genau betrachten.

Es ist z. B. Gesellschaft, in der sich der Doktor X.. befindet; man erwartet den Doktor Y..., der sich auch in dieser Stadt niederlassen will; Y... tritt ein; er wird dem X.. vorgestellt; ein Kompliment wird erfolgen; sie werden sich auf jeder Seite des Mundes küssen, und um nähere Bekanntschaft und Freundschaft ersuchen. — Sie haben sich genau betrachtet, um sich vor einander zu hüten. — Geistliche schütteln sich dabei gewöhnlich noch die Hände.

Wenn sich Frauenzimmer küssen, so beobachten sie bloß, wie fein der Mouselin um den Busen der geliebten Freundin ist, um ihn mit dem ihrigen zu vergleichen, oder ihn gegen andre Freundinnen lächerlich zu machen: ohngefähr sechs Minuten nachher erfolgt dann die Frage: ei, wo haben Sie den schönen Zeug her? wie viel kostet Ihnen die Elle? — Diese Frage ist nichts, als eine Fortsetzung des Kusses.

Hat irgend einer meiner Leser mit einem andern Leser auf einem Kaffeehause achtmal Billard gespielt, so darf er diesem kühn die Hand geben, und selbst den Handschuh drauf behalten. Man klemmt sich gegenseitig die Finger ein wenig, uud so äußert sich die vertraute Freundschaft; andre Leute sagen dann: „der ist mit dem und dem intim liirt." —

Der Druck der Hand ist ein Gruß, den nur wenige verstehn, er ist die heimliche Chiffer einer geheimen Gesellschaft, man schreibt sie Tausenden in die Hand, und keiner erwiedert sie; der es thut, ist ein Freund, er komme auch aus der entferntesten Gegend. Verlassen stehn manche Menschen ihre Lebenszeit hindurch, und die Hand zittert nach diesem Drucke; kein Wanderer kömmt und bringt ihnen diesen Handwerksgruß.

Alle übrigen Komplimente lassen sich leicht entbehren, dieses nur schwer.

Ich muß hier das Kapitel schließen. —

Zweites Kapitel.

Meine Lebensweise.

Ich wurde gestört, und fast zu ernsthaft, um weiter zu schreiben. — Ein armer Bauer im Dorfe war gestorben, und die Glocke rief mich zum Leichenbegängniß ab.

Ich ging unter dem schwarzen Zuge ehrbar einher, denn ich hatte den Mann eben so genau gekannt, wie ich noch die übrigen Leute hier im Dorfe kenne, und mich für das Schicksal eines jeden interessire. Das Grab auf dem Kirchhofe war fertig, der Todtengräber stand mit dem Ansehn eines Künstlers darneben; sechs Spaten steckten rund herum in der lockern Erde.

Die Frau näherte sich mit ihrer Schwester langsam, und sah fast ganz gefaßt in das geräumige Grab hinab: „Das Grab ist gut!" sagte sie seufzend, denn der Boden und die Wände waren wirklich fest geebnet; sie hatte nun das letzte Wohnhaus ihres Gatten betrachtet, dessen glatte Wände sogleich durch die herabgeworfene Erde wieder uneben sollten gemacht werden. — Die Seile wurden übergelegt, und der Sarg darauf gestellt. Itzt fing die Frau an zu weinen, die Schwester blieb noch ruhig. — Man ließ den Sarg hinunter, und nahm die Stangen weg. — Jeder von den Anverwandten ergriff einen Spaten; der Todtengräber nahm ruhig den Hut ab, und betete ein Vaterunser. Alles wurde erweicht, als die Erde dumpf auf den Sarg scholl; die Frau schluchzte laut, und beugte sich hinüber, um noch die letzte schwarze Spitze des Sarges zu sehn: alles übrige war schon verschlungen. Ein zwölfjähriger Sohn spielte heimlich mit einer Blume, und schämte sich innerlich, daß er jetzt noch nicht weinen konnte. Ich weinte in seinem Namen. —

In so vielen Büchern findet man Begräbnisse beschrieben, und bei einer Leiche wünscht man immer, sich recht ernsthaft machen zu können. Es fällt uns dunkel dabei ein, daß wir, ohne uns zu kennen, durch Dunst und über Wasser getrieben werden, die wir das Leben nennen, wir bekommen dann vor dem Gewöhnlichen eine Furcht, und das Furchtbare rückt dann gleichsam zu einer vertrautern Bekanntschaft näher. Das Leben verliert in diesen Augenblicken seinen Sonnenschein, der wie über ferne Berge wegzieht, und den Wünschen winkt, die sich nach Frühling sehnen. —

Der Lebende aber kann nur die Freuden dieses Lebens verstehn, und ich komme daher, auch nach den schwermüthigsten Streifereien, bald zur Zufriedenheit mit mir und der Welt zurück. — Für die Leser, die sich für so etwas interessiren, will ich hier ganz kurz die Art meines Lebens beschreiben.

Ich habe von je die großen Städte gehaßt, in denen die fortgesetzten, hohen Häuser, die geraden Straßen, das Getümmel, unsern Sinn und unser Gemüth gleichsam gefangen nehmen; wie in niedrigen Kerkern, wachsen alle unsre Ideen klein und bleiben zwergartig. — Die freie Natur, der weite Himmel, Berge und Wälder, reden uns mit gewaltigen herzerschütternden Tönen an, und sprechen uns Muth ein. Hier wird der Mensch, was er als Mensch werden kann; er kleidet sich in keinen geborgten Schmuck; er äfft nicht Thorheit oder Weisheit anderer nach, je nachdem es ihm in die Hände fällt.

Ich arbeite täglich im Felde oder im Garten, weil Körper und Seele sonst in eine gewisse Kränklichkeit gerathen. — Die Ruhe, der Umgang und die Lektüre sind mir dann um so erwünschter. — Ich studiere oft in den Blumen und Bäumen, und lerne aus ihnen und von den simpeln Menschen umher eine ganz eigene Philosophie.

Wenn ich nicht beschäftigt bin, und gerade viel

Bedürfniß dazu empfinde, schreibe ich Kleinigkeiten nieder.

Wenn es der Leser erlaubt, will ich ihn jetzt mit einigen Personen bekannter machen, die mich näher umgeben.

Drittes Kapitel.

Schilderung einiger Menschen.

Mich selbst mag ich nicht zu beschreiben wagen, denn unter allen Schilderungen sind die Selbstschilderungen die schwierigsten. Vielleicht hat der Leser schon aus dem ersten Theile einige meiner ehemaligen Schwächen und Thorheiten kennen lernen, und ich gebe vielleicht in diesem Theile wider meinen Willen neue Preis, von denen ich selbst nichts weiß. Wenn der Leser klüger ist als ich, so wird er mich in diesem Falle gleich mit dem ersten Blicke durchschauen; er wird allerhand Schwächen entdecken, die er entweder an andern bemerkt, oder selbst schon überstanden hat. Ein Schriftsteller schildert sich selbst immer am besten dadurch, wie er andre zu schildern sucht.

Von Hannchen, meiner Frau, ist wenig zu sagen. Es ist mir bei ihrem Anblick noch nie etwas anders eingefallen, als daß ich ihr gut bin. Sie ist still und bescheiden, und ruhig in sich selbst gekehrt.

Ich sollte es, wie einige dramatische Schriftsteller, machen, und auch die Kleidung meiner Personen beschreiben, aber ich muß gestehn, daß sie sich oft umziehn, und so würde der Leser doch keine deutliche Vorstellung von ihnen bekommen.

Mein Schwiegervater Martin ist ein einfältiger guter Mann, und ich möchte fast sagen, der beste Mann von der Welt, außer daß er es sehr gern sieht, wenn man ihn mit etwas gekrümmtem Rücken grüßt, er selbst dankt nur, indem er mit dem Kopfe nickt. Auf mich hält er sehr viel, und er ist in der ganzen Gegend meine Chronik, weil ich, wie er glaubt, seinem Hause so großen Glanz ertheilt habe. — Er ist am Tage sehr fleißig, und besucht mich dann am Abend; zuweilen gehn wir miteinander auch wohl auf dem Felde spazieren; er hält mich im Ganzen für einen guten Kopf, nur kann er es an mir nicht leiden, daß ich schreibe; manchmal bin ich ihm auch ein wenig zu freigeisterisch. — Es ist mir noch nicht vorgekommen, daß ich mich jemals zu seinem Verstande hätte herablassen dürfen; ein Vorurtheil, das man nur gar zu leicht von den gemeinern Leuten hat. — Ich weiß nicht, was er dazu sagen wird, wenn er durch einen Zufall dies Buch in die Hände bekömmt, und sich selbst darin beschrieben findet. Seiner Eitelkeit würde es lieb sein, daß man in gedruckten Büchern von ihm spräche, und doch würde er es nicht gut finden, daß ich ihn nicht in allen Stücken gelobt habe.

Die Aufwärter und meinen Bedienten werde ich vielleicht einmal bei einer andern Gelegenheit beschreiben. Ich eile jetzt zu einem andern mir interessantern Gegenstande.

Ein Amtmann wohnt auf dem benachbarten Dorfe, der schon ehedem auf der Schule mein vertrauter Freund geworden ist. Ich will ihn hier genau beschreiben, damit ihn jedermann, der ihn sieht, erkennt und ebenfalls lieb gewinnt. Sein Name ist Sintmal.

Er ist schon dreißig Jahr alt, aber er gehört doch noch zu jenen unschuldigen Menschen, die sich selbst nicht kennen. Er verwaltet seine Geschäfte mit der pünktlichsten Ordnung, und in der übrigen Zeit lebt er sich selbst und seinen Launen. — Sein Aeußeres fällt auf eine sonderbare Art in die Augen, denn sein Gang und seine Geberden sind ziemlich linkisch; sein Gesicht gleicht den Abbildungen, die wir vom Sokrates haben, außerordentlich; sein Haar ist schwarz, und giebt ihm in der Ferne ein wildes und zurückschreckendes Ansehn; kömmt man ihm aber näher, so entdeckt man in seinen kleinen blauen Augen so viele Gutmüthigkeit und Menschenliebe, daß man ihm gleich gewogen wird, daß man sich zu ihm hingezogen fühlt, man weiß selbst nicht, wie. Es ist schwer, mit ihm vertraut zu werden, und man hält ihn bei den ersten Unterredungen leicht für einfältig, denn er ist nicht einer von den leuchtenden Köpfen, die uns bei der ersten Zusammenkunft am meisten interessiren, und nachher gleichgültig werden. Man muß ihn erst näher kennen, um ihn recht zu verstehn; er sagt immer das, was er für klug hält, mit einer Art von Schaam; mit der gutmüthigsten Weitschweifigkeit von der Welt erzählt er im Gegentheil gern Anekdoten und Familiengeschichten, die Niemand hören mag. Er ist ein Freund der schönen Künste, vorzüglich der Poesie; aber auch hier ist er mit seinen Genüssen haushälterisch; er liebt sehr das nicht zu viel und nicht zu wenig. Wir streiten oft mit einander, weil seine Gegenwart mich leicht zu Behauptungen verführt, die ich selbst nicht glaube; seine zu ängstliche Gewissenhaftigkeit, alle Sätze gehörig abzuwiegen, verleitet mich dann, mit meinen Gedanken etwas zu frei und willkührlich zu schalten. — Ich mag hier nicht weitläuftiger von ihm sprechen, weil ich ihn nachher selber redend einführen will.

Es ist im Grunde eine betrübte Sache um die Schilderung der Menschen. Jeder hält sich für den klügsten, und für berufen, über die andern zu sprechen; jeder vergleicht sich im Stillen mit dem andern, um mit sich selbst zufrieden zu sein, und das Resultat dieser untersuchenden, kleingeisterischen Träumereien ist immer das, was sich aber keiner deutlich gesteht: daß jeder einzelne unter den übrigen Menschen, denen man alles Recht wolle widerfahren lassen, der vorzüglichste sei. Aus eben diesem Kitzel wollte ich erst die Schilderung meines Freundes weit witziger einrichten: ich wollte alle seine Qualitäten viel genauer beschreiben und schärfer abschneiden; aber so manches Wahre ich auch darunter hätte sagen können, so hätte ich mich dadurch offenbar mehr, als ihn geschildert, und sein freundliches, gutmüthiges Gesicht hätte mich heut Abend noch beschämt, denn es ist kein Zweifel, daß er in tausend Sachen verständiger ist als ich, und doch hat er den frommen Aberglauben, ich sei im Ganzen gescheiter als er.

Man sollte Vergleichungen mit sich und andern Menschen nur selten anstellen, und die recht unschuldige Seele wird auch nie darauf verfallen. Diese Parallelen sind nur gar zu leicht ein Mittel, uns zu verhärten und eigenliebig zu machen. O, menschenfreundlicher S t e r n e! wie lieb bist du mir vor allen Schriftstellern immer dadurch geworden, daß du uns nicht gegen Schwächen und Thorheiten zu empören suchst, daß du nicht die Geißel der Satyre schwingst, sondern dich und die übrigen Menschen auf eine gleiche Art belächelst und bemitleidest.

Viertes Kapitel.

Eine Unterredung mit meinem Schwiegervater.

Ich wünschte nicht, daß der Leser sich viele Vorfälle und Begebenheiten in dieser kleinen Erzählung verspräche, denn wenigstens bis jetzt ist mir noch nichts Außerordentliches aufgestoßen; ja selbst der erste Theil wird gegen diesen zweiten und dritten eine wahre Weltgeschichte seyn, reich an Abentheuern und Entwickelungen. Ich wünschte, daß die Leser einen gewissen Sinn für Kleinigkeiten mitbrächten, aber ich fürchte, daß es nicht geschieht, denn dieses Talent scheint gänzlich bei ihnen verloren.

Diesen Sinn für Kleinigkeiten nenne ich ein Talent, und wie ich glaube, mit Recht. Es giebt eine Fähigkeit in der Seele, sich für geringscheinende Gegenstände zu interessiren, und eine Art von Freundschaft für sie zu gewinnen. Bei Menschen, die in einer stillen Eingezogenheit, in einem kleinen Kreise, von der größern Welt entfernt, sich und ihren Angehörigen leben, bemerken wir diese Fähigkeit vorzüglich, und oft in einem so hohen Grade, daß sie wieder zum unerträglichen Fehler wird. Mit einer hohen Eigenliebe verbunden, entsteht daraus der Geist der Kleinlichkeit, der auf jede Sache einen zu hohen Werth legt, und bloß aus der Ursach, weil sie mir zugehört; man verachtet alles Fremde, und bloß deswegen, weil es mir nicht gehört; man kann andre durch stundenlanges Geschwätz über Nichtswürdigkeiten ermüden, und es übel empfinden, wenn jene keinen hohen Antheil daran nehmen wollen. — Doch diese Schwachheit mein' ich nicht, und hatte nicht im Sinne, sie ein Talent zu nennen, das einer Ausbildung fähig wäre.

Sondern ich meine jenen liebenswürdigen poetischen Sinn, der in den bekannten Gegenständen stets etwas Neues und Anziehendes entdeckt, der sich von allem Fremden mit einer Art von Widerwillen zurück zieht, und erst darauf wartet, daß es ihm auch befreundet werden soll. Mit Innigkeit hängen diese Menschen so gebildet an allen Gegenständen, die sie umgeben, oder die sie in Dichtern beschrieben finden; sie lieben jeden Baum und jedes Gebüsch, jeden dargestellten Karakter, sobald er aus der Natur genommen ist, mit der sie vertraut sind.

Die meisten Leser aber haben einen Widerwillen gegen die Welt, die sie umgiebt; sie haben kein poetisches Auge, und ihre innerliche Langeweile spiegelt sich daher in allen Gegenständen; sie suchen in der Weite ein fernliegendes Interesse, und die meisten neuern Schriftsteller bestreben sich um die Wette, diesen dunkeln unverständlichen Trieb zu befriedigen. Sie überhäufen die überspannte und eben darum erschlaffende Phantasie mit schlecht zusammenhängenden Abentheuerlichkeiten, mit einem ganzen Heere von wunderbaren Geschöpfen, die aber, trotz ihrer seltsamen Karrikatur, keine Originalität und keine überzeugende Natur haben.

Wird sich denn die Lesewelt aber immer nur an Schlachten und fürchterlichen Mordgeschichten laben? Müssen in jedem Ritterromane die Tugendhaften und Bösewichter zu Schaaren fallen, damit der hartherzige Leser nur gerührt werde? Muß die Scene immer in fernen Ländern oder in einer wunderbaren Vorzeit liegen, um Theilnahme zu erwecken? — Bei dieser Lektüre muß die Erschlaffung immer zunehmen, und die Spannung des Schriftstellers muß immer erzwungener werden; die größten Wunder werden am Ende gewöhnlich, die ungeheuersten Karaktere alltäglich, es müssen daher neue, noch unsinnigere erfunden werden. Wir spotten über Lohenstein, über viele der altdeutschen Romane; wir lachen mit Cervantes über den Unsinn der Ritterbücher, und doch liest ein großer Theil von eben diesen Menschen das Thurnier zu Nordhausen, den klugen Alten, den braunen Robert. Ich habe nur einige Blicke in diese Bücher geworfen, und bin darüber erstaunt, nicht gerade, daß sie so geschrieben sind, sondern, daß solcher Unsinn schwarz auf weiß existirt; nur noch vor zehn Jahren würde man diese Mißgeburten einer leeren Phantasie für offenbaren Wahnwitz erklärt, und Niemand es eines Blicks gewürdiget haben. Die gewöhnlichen Leser sollten ja nicht über jene Volksromane spotten, die von alten Weibern auf der Straße für einen und zwei Groschen verkauft werden, denn der gehörnte Siegfried, die Heymonskinder, Herzog Ernst und die Genovefa haben mehr wahre Erfindung, und sind ungleich reiner und besser geschrieben, als jene beliebten Modebücher. — Will der Leser mir nicht auf mein Wort glauben, so mag er jene schlecht gedruckten und verachteten Geschichten selber nachlesen, und wenn sein Geschmack noch nicht ganz und gar zu Grunde gegangen ist, so wird er diesen vor jenen den Vorzug geben.

Ich kann mir aber vorstellen, wie erbittert alles auf mich ist, was mich liest; ich muß daher nur auf irgend eine Art den Leser wieder freundlich zu machen suchen, ich muß mich nur seinem Spott und seiner Satyre Preis geben. Ich habe schon lange eine Gelegenheit gesucht, ein Geständniß abzulegen, und hier ist, dünkt mich, die schicklichste. Ich habe nemlich ein Manuskript liegen, welches nächstens im Druck unter dem Titel: Volksmährchen, erscheinen wird, und welches nichts als wunderbare und abentheuerliche Geschichten enthält. Der Leser muß dies für keinen Scherz aufnehmen, sondern es ist mein vollkommener Ernst, und das Buch wird selbst nächstens bei dem Verleger dieser Erzählung herauskommen. Ich hoffe, ich habe durch diese Ankündigung so viele Blößen gegeben, daß der Leser sich unmittelbar mit mir aussöhnen wird; denn wie habe ich nun noch Recht, die gangbaren Produkte zu verspotten, da ich selber Beiträge zu ihrer Vermehrung liefere? — Wem daher dieses Buch nicht gefällt, der mag mit jenem zukünftigen den Versuch machen, denn es ist bei mir selbst der Zweifel aufgestiegen, ob ich auch wohl die Kunst verstünde, jene Kleinigkeiten, von denen ich vorher sprach, interessant zu machen. — Mein Schwiegervater ist mit allem, was ich ihm zuweilen von meinen Manuskripten vorlese, unzufrieden, aber ich will wünschen und hoffen, daß keiner von meinen Lesern ein so scharfer Kritiker sei, als er, denn er geht wirklich mit meinen Produkten ganz unbarmherzig um. Das schlimmste ist, daß er gar keinen Geschmack hat, und keine einzige von den gewöhnlichen Regeln und Formeln auswendig weiß, die unsre Halbkenner immer gleich zum Besten geben, denn sonst würde er gewiß manches vortrefflich finden, was ihm eigentlich Langeweile machte; der gewöhnliche Geschmack dient nicht dazu, daß wir an den Werken der Kunst Geschmack finden, sondern er bringt nur die nöthige Schaam hervor, so, daß wir es uns und andern nicht zu gestehn wagen, wie kalt sie uns lassen. — Ich weiß daher manchmal gar nicht, was ich mit meinem Schwiegervater anfangen soll, weil er gar nicht durch Widerlegung zum Stillschweigen zu bringen ist. Wenn man ihm etwas vorliest, so setzt er sich und hält beide Ohren aufmerksam hin; wird er gerührt und hingerissen, so ist es gut; wo nicht, so gefällt ihm das Buch nicht. — Ich habe ihm schon manche Regeln beibringen wollen, aber es verfängt bei ihm nichts, es ist und bleibt ein wahrer Dilettant.

Um dem Leser zu zeigen, wie unrecht mir oft Vater Martin thut, will ich nur eine Unterredung hieher setzen.

Es war ein schöner Sommertag und ich ging im Walde umher, und dachte eben auf eine neue Erzählung zu den Volksmährchen. Die Wipfel der Bäume rauschten ehrwürdig, und das Gebrause kam aus der Ferne, ging über mir hinweg, und verlor sich an der Gränze des Forstes; wie ein Chorgesang der Natur schallte es durch alle Bäume, und seltsam funkelte auf dem Boden das zerstreute Sonnenlicht durch die dichtverflochtnen Zweige. — Meine Phantasie war bald von jenen abentheuerlichen Gegenständen zurück gezogen, und ich betrachtete mit stiller Aufmerksamkeit die Natur, die mich umgab. Ich fühlte mich, wie von einem Tempel Gottes eingeschlossen, wo alle säuselnden Gebüsche, alle Zweige mir ihn und die Menschenliebe nannten. Eine seltsame Wehmuth ergriff mich, als ich an die Thorheiten und mannichfaltigen, unzähligen Leiden des Menschengeschlechtes dachte, wie sie sich alle selbst mit einem ewigen Kriege verfolgen, wie ein unzähliges Heer von

Krankheiten und Schmerzen an der Gränze des engen Lebens lauern, und in jedem Augenblicke einzubrechen drohen, wie der Mensch, wie ein geängstigtes Wild, sich durch die Gebüsche windet, und immer hinter sich sieht, und plötzlich doch der Tod ihm entgegen tritt, und schadenfroh in die kalten Arme auffängt. Ich bemitleidete und liebte alle Menschen; ich vergab allen, die mich je gekränkt hatten; ich beschloß in diesen Stunden allen ihren Thorheiten nachzusehen, jede Eitelkeit zu dulden, weil sie doch am Ende nur ein bunter Putz ihrer kläglichen Existenz ist; wenn er ihnen nun gefällt, was kann es mich weiter kümmern? —

Mein Herz dehnte sich in mir so aus, daß ich unsichtbare Thränen weinte. Diese Stunden der reinen Wehmuth sind die hohen Festtage der menschlichen Seele, in der sie einen heiligen, dunkeln Tempel besucht, und sich von allem Irrdischen reinigt. —

Als ich in der Begeisterung meine trunkenen Augen wieder aufschlug, sah ich ein Geschöpf, das sich in den rasselnden verdorrten Gesträuchen bewegte. Es war eine arme Frau, achtzig Jahr alt, die hier mühsam dürre Reiser sammelte, um sich in ihrer Hütte ein kleines Feuer zu bereiten. „Ach! die Unglückselige!" sagte ich zu mir selber. Ihre Seele darf sich jetzt nicht in diesen hohen Empfindungen sonnen, denn ihr Körper seufzt unter der Knechtschaft der Armuth; sie bettelt als ein Sklave ein Allmosen von der Natur, statt sie als Freund zu besuchen. — Ich fühlte meine Bequemlichkeit und mein Glück, ich näherte mich der Alten, und gab ihr, was ich bei mir hatte.

Ich fühlte plötzlich den Werth des Lebens und seiner Freuden. Zitternd und kummervoll stand sie an der

Gränze, und hatte vielleicht nur wenig genossen; sie war vielleicht durch eine harte Schule gegangen, um die Resignation zu lernen, auf keine Freude zu hoffen, und Glück für etwas anzusehen, das sich mit ihrem Dasein gar nicht vertrüge. — Wie kümmerlich hatte sie dann ihre Existenz bis zu diesem Augenblicke geschleppt; wie waren alle Träume und bunten Bilder des Lebens, die Jugend, die Gesundheit, Kraft und Munterkeit nach und nach von ihr abgefallen, wie einsam stand sie nun an der letzten Stelle. —

Ich ging weiter nach einer alten, großen Linde, meinem Lieblingsplatze im Walde. — Hier setzte ich mich nieder, und lehnte mich an den Stamm des Baumes. — Der Wind hatte Nachtschmetterlinge aus den Zweigen geschüttelt, und sie lagen betäubt und schlafend am Boden, und zuckten nur zuweilen mit den Füßen. — Sie krümmen sich nun, so sagte ich zu mir selbst, und wälzen sich in dumpfer Betäubung, bis die Sonne untergeht, und der Mond herauftritt; sie schlafen nicht und wachen nicht. Ist dies nicht vielleicht ein Bild unsers räthselhaften Lebens? Liegen wir nicht eben so am Boden gefesselt, und kämpfen und ringen mit uns selbst? Der Tod ist vielleicht der Untergang der Sonne, und wir erwachen wieder, und bewegen uns froh und frei.

Wie merkwürdig kann uns zuweilen ein Platz von einem Quadratschuhe werden! Wenn wir unser Auge einmal auf diesen kleinen Raum beschranken, so entdecken wir auch hier wunderbare Begebenheiten und merkwürdige Revolutionen. — Schwarzes Gewürm zieht emsig und eilfertig wie Pilgrimme seiner entfernten Heimath zu; sie arbeiten sich auch vielleicht durch die Grashalme, ohne zu wissen, wohin sie wollen, so wie der Mensch; Ameisen wühlen sich in den Boden, und schleppen sich in lächerlicher Thätigkeit mit Sandkörnern und kleinen Steinen; sie weichen sorgfältig andern, mächtigern Insekten aus, die sie in der Ferne wittern. Wunderbare Gräser stehn umher, und bilden für diese Erdbewohner, die noch dichter als wir, am Boden liegen, große Wälder. — Hier lagen Johanniswürmchen auf ihren rothen Flügeldecken, und konnten sich bei allem Bestreben nicht wieder umkehren: ich konnt' es nicht unterlassen, sie wieder aufzurichten; knisternd schlugen sie ihre Flügel auseinander und flogen fröhlich davon, um vielleicht von einem kleinen Windstoß angewehet, drei Schritte von mir von neuem auf den Rücken zu fallen, um sich von neuem zu quälen.

Zu meinen Füßen war eine kleine Sandstrecke, die sich einige Fuß lang zwischen dem grünen Grase hinzog. Ein kleines Gewürm arbeitete sich mit vergeblicher Anstrengung durch diese Arabische Wüste; der Sand gab immer wieder unter seinen gekrümmten Füßen nach, und es gleitete immer wieder von jedem kleinen Hügel herunter. In der Mitte lag ein verdorrtes, gebogenes Lindenblatt; diese Insel erreichte es endlich. Emsig kroch es bis an die Spitze, und streckte dann seine Fühlhörner schnell und ängstlich in die weite, dicke Luft, als wenn es nach dem Baume fühlte, zu welchem dieses Blatt gehörte. Das Insekt ging zurück und traf unten den Sand wieder an, und nahm von neuem zum Blatte seine Zuflucht, und suchte ängstlicher wie vorher mit seinen Fühlhörnern einen Ankergrund. — In diesem Augenblicke ward mir dieser Wurm so theuer und befreundet; sein Schicksal ging mir so nahe; ich machte den Versuch, mein Auge abzuwenden, aber es kam unwillkührlich zurück; der gewöhnliche Stolz der Menschen flüsterte mir zu: ich solle mich schämen, und kein Kind sein; — aber alles hatte mich wehmüthig gestimmt; das Gewürm krümmte sich noch immer auf dem verdorrten Blatte; ich hob es mit diesem auf und setzte es wieder auf seinen einheimischen Baum.

Jeder Leser, der in der Stadt wohnt, wird über mich lachen. — Freilich können wir Menschen leichter bemitleiden, weil wir in uns selbst ihr Unglück empfinden, mit einem eben so geformten Herzen, mit dem sie ihre Leiden fühlen: aber in einer feinern Stimmung mag der Mensch auch einmal so schwach sein, und ein anderer ihm diese Schwäche verzeihen, daß er sich mit seinem Mitgefühl zu den verlassenen und einsam wandelnden Thieren hinabtaucht, es wird wenigstens sein Herz für die Leiden seiner Brüder um so empfänglicher machen. Ich mag mich wohl neben Lämmern niedersetzen und ihnen Gras zum Futter abreißen.

Ich setzte mich nachher an einer andern Stelle nieder, und schrieb folgendes in meine Schreibtafel:

„Große und heilige Natur! in deinen Hallen wandelt der Mensch, und lernt von Stauden und Bäumen; sein Auge ruht wie ein Fühlhorn am blauen Himmel, und sucht nach dem, nach welchem sich sein Herz in der Brust ausstreckt. Dann wird er selbst zum Priester dieses Tempels eingeweiht; mit Thränen endigt er die Feierlichkeit. Durch Menschenliebe predigt er zu andern Menschen, durch Trost, durch Mitleid und Hülfe. — Wer kann die unendliche Liebe nicht fühlen, die über uns ausgespannt ist, und uns auf dieser Welt mit Zärtlichkeit gefangen hält? Wer kann sein Herz so sehr versteinern, daß es nicht einen kleinen Theil dieser allgemeinen Liebe in sich aufnehme?" —

Am Abend endete sich mein Gespräch mit meinem Schwiegervater durch einen Zufall so, daß ich das Blatt nahm, und diese Worte meiner Frau und ihm vorlas; meine Stimmung aber war jetzt fort, und ich schämte mich nun wirklich zu erzählen, wodurch ich bewogen worden, diesen Gedanken niederzuschreiben. Das Zarteste verfliegt schnell wieder, und ist nur die Blüthe eines Augenblicks, und nachher kömmt es uns seltsam vor, daß eben das Wesen, welches ißt und trinkt, etwas so feines habe fühlen, in einer so erhöhten Stimmung habe sein können und wollen; wir zweifeln dann selbst an der Wahrheit, und schämen uns davon zu reden, weil dieses Gefühl schon in Worte gebracht, mit dem übrigen menschlichen Leben in einem fast lächerlichen Verhältniß steht.

Hannchen weinte, als ich geendigt hatte, ich weiß nicht, durch welche Kombination der Ideen; aber mein Schwiegervater schüttelte stillschweigend mit dem Kopfe.

Ich. Dieser Gedanke scheint Ihnen nicht zu gefallen.

Martin. O ja, es ist ganz gut; — aber es fehlt noch so was darinnen, — was ich aber nicht sagen kann.

Ich. Es sollte vielleicht in Versen sein?

Martin. Ach, warum nicht gar! — Dann würde es mir noch weit weniger gefallen. — Es ist 'ne Leere darin, es fehlt hinten und vorne. — Wenn man so was hört und liest, so ist das ganz gut und löblich; aber solche Sachen sind wie in der Betrunkenheit geschrieben, und der Nüchterne fühlt wohl, was es sein soll, aber er kann nicht nach.

Ich. Sie halten es also für übertrieben?

Martin. Nein doch; aber ich versteh mich nur nicht auszudrücken. — Es ist wahr und gut, aber es müßte auch die andere Seite mit darin sein; das Ordinäre, wie einem gewöhnlich zu Muthe ist, und das Gewöhnliche muß dann das Ungewöhnliche mit hinunterbringen helfen. — Wenn man so manche Bücher und manche Beschreibungen von der Natur liest, so sollte man meinen, wenn man nun auf's Land käme, so hätte man da das klare Himmelreich, man brauchte nur den Kopf in die Natur hinein zu halten, so wäre man schon der edelste und beste Mensch. — Wenn man nun selbst in diesem sogenannten Zustande der Natur lebt, wenn man in allem so recht zu Hause ist, so kommen einem alle diese Beschreibungen so kurios vor, daß man sich und die Natur gar nicht darin wieder erkennt. Bei einem einzigen Abendbrode unter den Knechten würde allen diesen Herren die Begeisterung verrauchen. — Das ist mehr Kunst, alles Natürliche so recht nach der Natur zu schildern, und einem denn doch, wie mit Sonnenschein einzuwickeln, daß man nur das sieht, was man sehen soll, und jeder Baum wie mit einem neuen Grün gefärbt ist. Das ist aber nur wenigen gelungen.

Ich merkte jetzt, daß mein Schwiegervater eben das meine, was ich beim Anfange dieses Kapitels gesagt habe, daß man nicht suchen müsse, sich vom Gewöhnlichen zn entfernen. Ich sah ein, daß meine Stimmung doch etwas zu zart ausgesponnen war, und daß es ein feinerer und höherer Genuß sei, die gewöhnlichen Empfindungen zu veredeln und in der trockensten Prosa des Lebens die reinste und schönste Poesie zu finden. — Unsere Schriftsteller suchen immer das sogenannte Poetische abzusondern, und zu einem für sich bestehenden Stoff zu machen; sie trennen dadurch die Einheit, und können uns nur einen einseitigen Genuß verschaffen; denn wem ist es unter den Deutschen gegeben, so wie Göthe zu schreiben?

Fünftes Kapitel.

Ein Beitrag zu den Kalenderprophezeihungen.

Ich war auf einige Tage nach der nächsten Stadt geritten, theils um Geschäfte zu besorgen, theils um einige Bekannten und Freunde zu besuchen.

Als ich noch einmal durch die Stadt spazieren ging, bemerkte ich einige seltsame Veränderungen, die mir schon so oft aufgestoßen sind, daß ich es nicht unterlassen kann, hier meine Bemerkungen darüber mitzutheilen.

Es giebt wunderbare Tage im Jahre, Tage, die so seltsam sind, daß sie gewiß schon vielen meinen Lesern aufgefallen sind, wenn sie gleich nicht so wie ich, ihre Aufmerksamkeit darauf gerichtet haben. Ich möchte diese kuriosen Tage mit einem Worte die unruhigen Tage nennen, denn das ist das hauptsächlichste, was an ihnen merkwürdig ist.

Ein solcher Tag kündigt sich gleich durch ein seltsames Wetter an: die Sonne geht auf eine eigene Art auf, wie man es sonst nicht an ihr gewohnt ist; die Wolken ziehn tief; der Wind bläst aus allen Weltgegenden; es fallen mehrere Ziegel vom Dache. Ich habe gleich ein besonderes Gefühl, an dem ich weiß, ob ein solcher Tag ein unruhiger werden wird, oder nicht. — Der Sonnenschein sieht an einem solchen Tage ganz anders aus, als gewöhnlich, und geht oft weg und kömmt schnell wieder. — Schon am frühen Morgen zanken sich die Leute aus den Fenstern über die Straße hinüber; man wirft sich hundert Sachen vor, die man bis auf diesen Tag verschwiegen hatte, und es hebt sich nun eine hartnäckige Feindschaft an. — Wenn es erst höher am Tage wird, sind die Leute weit früher betrunken, als sonst; in den einsamsten Straßen begegnen sich Wagen und versperren einander den Weg; die Fuhrleute schlagen sich; ein Wagen wird umgeworfen; die Personen darinnen rufen um Hülfe; hülfreiche Menschenfreunde erheben ein gewaltiges Geschrei und thun nichts.

Gegen Mittag liegen in den Hauptstraßen Aufwärterinnen mit dem Mittagsessen; gutgekleidete Leute werden nach der Wache gebracht; alle Creditoren bekommen Lust, ihre Schulden einzufordern; man hört von Leuten, die plötzlich davon gelaufen sind; wunderbare Lügen breiten sich aus, und alles ist in einer Art von Revolution.

Ich hüte mich an solchen Tagen sehr vor Händeln, denn jedermann ist dazu aufgelegt. Ich bin überzeugt, daß wichtige Begebenheiten an einem solchen Tage freiwillig ihren Anfang suchen. Ich gehe daher allen Menschen aus dem Wege.

An einem solchen Tage ritt ich aus der Stadt, um mein Dorf noch zu erreichen, denn allenthalben sah ich, wie der Tag auf die auffallendste Weise unruhig war. — Es ist, als wenn die träge langsame Zeit zuweilen Lust bekäme, sich schneller aus der Stelle zu bewegen; sie nimmt dann einen frischen Ansatz, und alle Gegenstände, an diese Raschheit nicht gewöhnt, fallen dann durch- und übereinander. Es ist gleichsam ein unsichtbares Erdbeben, das durch die lebendige und leblose Natur fortzittert.

Es war Nachmittag, als ich die Stadt verließ, und das schönste Wetter von der Welt. Am ganzen Horizonte war keine Wolke; ich freute mich schon im voraus auf den schönen Abend und auf die stille, feiernde Ruhe der Natur.

Es war wirklich durch den grünen Wald eine sehr angenehme Reise; die frische Kühle, der Sonnenschein, der durch die Zweige schimmerte, der Gesang der Vögel und der Duft der Kräuter und Bäume, alles versetzte mich in eine recht poetische Stimmung, und ich vergaß ganz, daß dieser Tag ein unruhiger Tag seyn müsse; oder wenn ich daran gedacht hätte, so würde ich gewiß in dieser Stimmung den Glauben daran für eine Narrheit gehalten haben.

Wenn man aus dem Walde kömmt, so hat man anderthalb Meilen zu reiten, ehe man wieder ein Gebüsch, oder ein Dorf antrifft; ein freies, schönes Feld zeigt sich dann dem Blicke, in der Ferne die blauen Gebirge, die still und erhaben die Aussicht beschließen.

Kaum war ich aus dem Walde gekommen, so sah ich einige Wolken herauf ziehen, und es war, als wenn ich es fernab im Gebirge donnern hörte. Aber ich ritt langsam weiter, weil dies im Sommer nichts ungewöhnliches ist, und das Wetter dennoch schön bleibt. Es währte nicht lange, so hörte ich den Donner vernehmlicher; es kam mir auch ein stärkerer Wind entgegen.

Ich fing an, mißtrauischer zu werden, und mein Roß zu spornen. Aber kaum war ich eine Viertelstunde geritten, als der ganze Himmel schon schwarz bezogen war; die Sonne entfloh, und ein feuchter Wind zog langsam über das Feld.

Es verändert sich wirklich in der Welt nichts so schnell, als das Wetter, und es ist oft unbegreiflich, wo plötzlich die Heereszüge von Wolken herkommen. —

Der Regen stürzte nun herunter; der Blitz zuckte durch die schwarzen Wolken, und der Donner rollte laut über meinem Kopf weg. Mein Pferd ward scheu, und der Regen war mir selbst außerordentlich unangenehm. Kein Baum war in der Nähe, kein Dorf zu erreichen; der Regen fiel immer dichter, und der Donner ward immer lauter und häufiger. Stille stehn konnte ich nicht, denn der Regen konnte bis in die Nacht fortdauern; ritt ich aber weiter, so wurde mir Gesicht und Augen mit Strömen von Regen überschüttet, die mir der Wind entgegen trieb.

Jetzt sah ich ein, daß dieser Tag, trotz seiner anscheinenden Freundlichkeit, seinen boshaften Charakter nicht ablegen konnte. — Unwillig ritt ich weiter, und es war nun noch ein Vortheil mehr, daß das nasse Wetter die Wege schlüpfrig und uneben machte.

In den unangenehmsten Situationen aber findet sich die Geduld von selbst; sie ist dann keine Tugend mehr, sondern man ist nur aus Bequemlichkeit geduldig. Ich war froh, wenn mein Pferd nicht fiel, wenn der Blitz nicht dicht neben mir einschlug; jede ungeduldige Geberde hätte nur meine Gefahr vermehrt, und am Ende fiel mir ein, daß das arme Pferd im Grunde noch übler daran sei, als ich selbst.

Warum ist unser Körper so eingerichtet, daß der Regen eine unangenehme Wirkung auf ihn macht? so sagt' ich zu mir selbst, um mir nur die Zeit zu verkürzen. Warum muß eine ganze Wolkenmasse auf mich armes zerbrechliches Wesen herunter stürzen? Schnupfen, Kopfweh, Husten, Erkältung, fliegen jetzt wie Harpyen in der Luft umher, und machen mich zu ihrer Beute. Es ist möglich, daß mein Pferd fällt, und ich mit einem zerbrochenen Fuße in diesem Wetter hier liegen muß; der Blitz kann mich treffen und mich lähmen, oder mir den wenigen Verstand gänzlich nehmen, den ich etwa noch habe. Es ist möglich, daß mein Kopf elektrisch wird, und die Elektricität aus der Luft an sich zieht. — O Himmel! wie viele Gefahren und Schmerzen lauern rund um den armen kleinen Menschen, der nichts Böses im Sinne hat, sondern auf seinem Pferde nur nach Hause reiten will, um einen Eierkuchen zu verzehren. — O wäre doch erst die Sonne herunter, und dieser unruhige Tag zu Ende! —

Jetzt ging alles gut, denn ich hatte mich in ein recht schönes Mitleid mit mir selbst hineingeklagt. Es war mir eine Art von Freude, daß die Regengüsse sich noch immer nicht verminderten, daß ich vor Kälte schon ganz erstarrt war. — Bewahre der Himmel, daß ich je auf die menschliche Eitelkeit schimpfen sollte! Sie ist das schönste Geschenk des Himmels, das diesen armen reducirten und invaliden Engeln, den Menschen, zu Theil ward; sie ist ein Ordensband, das jeder immer, in Leiden und Widerwärtigkeiten, so wie Yoriks armer Pastetenbäcker vorn im Knopfloche trägt: wenn ihn alles verläßt, so blickt er auf dieses Zeichen, und er ist getröstet. Man suche ihm nicht dies Andenken aus einer bessern Existenz zu rauben, denn dadurch macht man den Armen erst wirklich arm, und den Elenden elend.

Nach und nach ward ich so verdrüßlich, daß ich die Schritte des Weges zählte; denn man mag noch so geistreich und delikat mit sich selber umgehen, so verliert sich doch bald in einer solchen Lage die gute Lebensart, und man gesteht es sich, daß man ennuyant ist.

Endlich kam ich in dem Dorfe an; in der Schenke hörte ich ein großes Lärmen, denn es war gerade auf dem Lande ein Feiertag. Ich ließ mein Pferd in den Stall ziehn, und trat in die Wirthsstube.

Alle Anwesenden, selbst der Wirth nicht ausgeschlossen, hatten ziemlich viel getrunken. Man disputirte über Sachen, und wußte selbst nicht worüber; der Wirth strich mit einem grünen Kamisol umher, und füllte bald die Gläser von neuem, bald machte er sich unter die Disputirenden, bald mokirte er sich gegen einen andern über die Hauptstreiter, als über betrunkene Dummköpfe, die selbst nicht wüßten, was sie redeten.

Ich ließ mir etwas zu essen und zu trinken bringen, um dadurch nur ein Recht zu haben, in der Stube zu bleiben, bis der Regen aufhörte.

Recht will ich haben! rief ein kleiner brauner Kerl sehr heftig, und schlug dabei auf den Tisch, — und Recht, siehst du, hab' ich, und weiter brauchts nix! —

Sein Gegner war ein langer Mann, der still auf seinem Schemel sitzen blieb, um seine Betrunkenheit nicht zu verrathen. Seine Augen waren klein, und er drückte sie noch mehr zu, um recht listig auszusehn. — Nein, Nachbar Kasper, sagte er gesetzt und nachdrücklich, Ihr seid ein guter Mann, aber Ihr habt getrunken, und wißt nun nicht, was Ihr redet.

Ich, getrunken? fing jener an: ich habe nichts getrunken, aber nun will ich erst trinken. — Ein Glas, Herr Wirth! dem langen Peter da zum Possen! — Ich kann trinken, so viel ich will, wenn ich bezahle, denn hier ist's Wirthshaus, und weiter brauchts nix!

Wirth. Aber mit Maaß, Kasper.

Kasper. Mit Maaß oder ohne Maaß, hier ist Geld und weiter brauchts nix!

Peter. Ei, es braucht noch vielmehr, Nachbar. — Verstand, Verstand muß man haben.

Kasper. Ich bin hier für mein Geld im Wirthshause, und so lange ich Geld habe, habe ich auch Verstand, sieht er, und weiter brauchts nix!

Diesen letzten Satz sprach er immer mit einem ganz besondern Nachdruck aus, denn er war sein quod erat demonstrandum. — Sein langer Gegner sah immer auf mich, und suchte mich durch Blicke auf seine Seite zu ziehn; als er sah, daß ich lachte, zuckte er über seinen Nachbar spöttisch die Schultern, und schüttelte mit dem Kopfe.

Der Herr da, fing er endlich an, sieht auch ein, daß du ein Narr bist.

Das ist nicht wahr! rief Kasper hitzig; er lacht über deine Dummheit, daß du nix einsehn thust, daß du keine Vernunft annimmst. — Hier, Herr! sagen

Sie mal; er hat Unrecht, nicht wahr? Unrecht hat er, und weiter brauchts nix!

Laß den Herrn gehn, rief der Wirth, oder du mußt aus der Stube.

Laß er ihn doch, sagte ich, er thut mir ja nicht zu nahe.

Nun, wenn Sie an Besoffenen Gefallen finden, in Gottesnamen! brummte der Wirth.

Peter. Der Herr da wird schön bei sich über solchen besoffenen Esel spotten.

Kasper. Der Herr da soll mal sagen, ob ich besoffen bin. — Ha! — Kann ein Besoffener reden, wie ich? Ein Besoffener schnappt mit der Zunge über, so wie Gevatter Peter da. — Nicht wahr, Herr? aber den Verstand gerade aus, so sag' ich und weiter brauchts nix!

Peter. Wer hat Recht, mein Herr?

Ich. Wie kann ich das entscheiden? ich kenne ja ja die Ursach des Streits nicht.

Kasper. Daß er Unrecht hat, davon ist die Rede!

Peter. Daß er keinen Verstand hat, ist meine Meinung.

Kasper. Nun, warum antwort't der Herr nicht? — Sind wir keiner Antwort werth? —

Peter. Recht, Kasper, du hast wie ein vernünftiger Mann gesprochen.

Kasper. Ja, weiter brauchts nix!

Peter. Sind wir keiner Antwort werth?

Ich konnte mich des Lachens nicht enthalten.

Woruber lacht der Herr? riefen beide Gegner sehr hitzig.

Was ist hier zu lachen? fragte Kasper; antworten soll der Herr, und weiter brauchts nix!

Recht, Kasper, fiel Peter ein, da hast du die Wahrheit gesagt.

Der Herr sucht hier vielleicht Händel, sagte der Wirth, und trat auf die Seite der Streitenden: aber mein Haus ist ein ehrliches Haus, und ich will mir dergleichen verbitten.

Wir wollen ihn durchschlagen, daß er daran denkt, rief Kasper, und weiter brauchts nix!

Und wirklich machten nun alle drei Miene, über mich herzufallen. Ich aber glaubte am besten zu thun, wenn ich den Anfall nicht abwartete; ich eilte nach dem Stalle, bestieg mein Pferd, und ritt davon, indem ich sie noch immer hinter mir aus dem Fenster schimpfen hörte.

Der Regen hatte zwar etwas nachgelassen, aber das Wetter war mir doch immer noch sehr empfindlich; ich beschloß daher, im nächsten Dorfe in der Schenke einzukehren. — Als ich ankam, fand ich alle Stuben leer; kein Mensch kam, mir das Pferd abzunehmen; ich rief, ich fluchte, aber alles war vergebens, denn alle Leute waren davon gegangen, um ihr Heu in Sicherheit zu bringen, das der Regen von der Wiese zu verschwemmen drohte. Ein Kind saß in der Stube und sagte mir, daß es mit Pferden nicht umzugehen wisse, auch sei der Stall zugeschlossen.

Ich mußte fort, so leid es mir auch that, denn ich konnte doch das arme Pferd nicht im Freien stehen lassen. Das nächste Dorf war nur eine Viertelmeile entfernt, und ich beschloß, mich endlich dort zu erquicken.

Als ich ankam, sah ein altes Weib durch das Fenster der Schenke, und fragte, ob ich einkehren wolle; sie sagte mir aber gleich dabei, daß sie das Pferd nicht unterbringen könne, und daß sie auch nur im Hause allein sei. Ich bat sie jetzt nur um ein Glas Kirschwasser, um mich zu erwärmen, und nur endlich nach Hause zu kommen. Sie kam mit einem Glase nach dem Fenster zurück, und ich bat sie, mir einen Thaler zu wechseln, weil ich kein andres Geld bei mir hatte. — Schnell zog sie das Glas zurück. Ei, gehorsamer Diener! rief sie, der Herr ist pfiffig! — Aber wir sind auch nicht so dumm, als wir aussehn. — Umsonst das Wasser, und noch Geld obendrein bekommen, für falsches Geld, was nicht zwei Groschen werth ist? Nein, großen Dank! — Damit schob sie das Fenster wieder zu, und ich mußte weiter reiten.

Das Gewitter war jetzt vorüber, und ein feiner schneidender Regen eingetreten. Ich hatte nur noch zwei Meilen bis nach meinem Dorfe; von einer Anhöhe konnt' ich es schon sehn. — Auf dem nächsten Dorfe ritt ich wieder vor die Schenke, fast schon überzeugt, daß hier ein neues Unglück entstehn müsse, und dies war auch wirklich der Fall; denn kaum war man in der Stube meiner ansichtig geworden, so eröffnete sich sogleich das Fenster, und vier starke Arme griffen nach dem Zaum meines Pferdes. — Ei, das ist Lindners gestohlnes Pferd! riefen alle Stimmen durcheinander: gut, daß wir das wieder erwischt haben. — In demselben Augenblicke umringten mich auch schon fünf bis sechs Bauern, und bestanden darauf, ich solle vom Pferde steigen, denn es sei gestohlnes Gut. Ich mochte dagegen sagen und einwenden, was ich wollte, ich wurde nicht gehört, sondern alle fingen nur an, desto stärker zu schreien, und man würde mich am Ende wahrscheinlich vom Pferde mit Gewalt geworfen haben, wenn nicht zu meinem Glücke ein Bauer hinzugekommen wäre, der mich und mein Pferd kannte, und für beide gut sagte.

Als ich schon in meinem Dorfe war, kamen mir noch einige Kühe entgegen, die beim Anblick meines Pferdes wild wurden: mein Pferd, das gern bei noch geringern Veranlassungen scheu wird, sprang plötzlich auf die Seite, und warf mich vor meinem eigenen Hause auf einen Haufen Stroh hin. — So war ich endlich glücklich in meiner Heimath angelangt.

Alle bedauerten mich des schlechten Wetters wegen, und ich sorgte für nichts so sehr, als mich gänzlich umzuziehn, und dann starken Kaffee zu trinken. Als beides geschehn war, fühlte ich mich nach den überstandenen Beschwerlichkeiten in meinem Sessel recht behaglich. — Ich überlegte bei mir selbst, ob denn nun der unruhige Tag wirklich geschlossen sei; ich glaubte, er müsse noch auf eine ganz eigne Art endigen, da dieser so ausgezeichnet gewesen war, wie ich nur noch wenige erlebt hatte.

Die Sonne ging sehr dunkelroth unter, und der ganze Garten war mit Purpur gefärbt. Ich beschloß, noch einen kleinen Spaziergang zu machen.

Die Luft und die Erleuchtung waren nach dem Regenweter seltsam; alle Bäume und Stauden waren wie neubeseelt; die ganze Natur schöpfte nach dem Gewitter gleichsam frischen Athem, und alles Grüne funkelte wie Diamanten und Rubinen. Ich war noch mit vielen poetischen Ideen beschäftigt, als ich jemand bemerkte, der seitwärts durch die Gänge schlich. Es war Niemand aus dem Dorfe, und auch kein Bekannter; es fiel mir auf. — Kaum hatte er mich gesehn, so kam er schnell auf mich zu, fiel, ob gleich der Boden naß war, zu meinen Füßen nieder, und sprach schnell folgende Worte:

Helfen Sie mir! schützen Sie mich, großmüthiger Mann. — Sie können mich retten, wenn Sie wollen, und ich werde mich Ihnen zeitlebens verbunden erkennen. — Wen Sie des Mitleids fähig sind, so nehmen Sie sich eines armen verlassenen Menschen an, der ohne Sie verloren ist.

Ich wußte nicht, was ich denken oder sagen sollte, ich hielt den Menschen für wahnsinnig, bis es mir einfiel, daß dies die möglichbeste Beschließung dieses wunderbaren Tages sei. Ich fragte ihn noch einiges, und da er um meine Verschwiegenheit bat, so führte ich ihn endlich, ohne daß ihn jemand bemerkte, in ein Zimmer, das nach dem Garten ging, verschloß ihn dort, und trug ihm selbst nachher das Abendessen hinüber.

Jetzt war ich mit mir und dem Tage zufrieden. Warum hat unsre Seele zuweilen eine Begierde nach irgend einer seltsamen Begebenheit? Was sind diese Ahndungen, die sie uns zuweilen gleichsam im Voraus ankündigen? —

Dies ist die kurze Beschreibung eines von jenen unruhigen Tagen. Es sollten sich Leute mit ihren Beobachtungen beschäftigen, so fände man am Ende vielleicht, nach welchen Regeln sie wiederkehrten; dieses Studium wäre eben so nützlich, als die Wetterbeobachtungen.

Fünftes Kapitel.

Unglück meines Freundes Sintmal.

Ich erwartete am folgenden Tage meinen Freund Sintmal, weil er versprochen hatte, mich zu besuchen. Die Wege waren vom Wetter außerordentlich schlecht geworden, und es regnete noch immer; kein Mensch setzte seine Reise fort, so, daß ich es aufgab, als ich mich etwas genauer umsah, daß er sein Versprechen erfüllen würde.

So oft er mich besuchte, sah ich ihn immer um die Ecke des Dorfs auf einem alten, ziemlich steifen und trägen Gaule Schritt vor Schritt einherreiten. Das Pferd hatte seine gemessenen Befehle, an welchen Stellen es traben mußte, und es kannte diese schon, ohne daß es erinnert ward. Zum Dorfe mußte es immer langsam hineingehn, theils um nicht warm in den Stall gebracht zu werden (ob es gleich nie warm ward), theils weil einige große Steine im Wege lagen, an denen es leicht stolpern könne.

Der Amtmann hatte im Anfange einen Wagen gehabt, aber die Pferde waren einmal wild geworden, und ein andermal hatte ihn ein betrunkener Knecht umgeworfen, so daß er das Gelübde gethan hatte, in keinem Wagen mehr zu sitzen. Er konnte aber seine Geschäfte unmöglich zu Fuß besorgen; er schaffte sich daher ein sichres und zuverlässiges Pferd an, das weder durchging, noch ihn durch seltsame Künste in Gefahr setzte. Nach vielem Bedenken erstand er sein jetziges in einer Auktion, nachdem er alle seine Freunde und Bekannten um Rath gefragt hatte; er probirte es einigemal, und es war ganz gut, nur hatte es das Unglück, bei jeder Gelegenheit zu stolpern. Eine Sache, die sehr unangenehm ist.

Nachdem er es gekauft hatte, ritt er mit mir einigemal aus, um sein Pferd an sich und sich an sein Pferd zu gewöhnen. Beide schienen recht sehr gut für einander zu passen; das Pferd ging eben so furchtsam, als er oben saß; es hatte vor dem Gallop denselben Abscheu mit seinem Herrn gemein, ja es giebt Leute, die behaupten wollen, der Gaul habe die Fähigkeit zu galloppiren völlig verloren; ich stieg einmal auf, um den Versuch zu machen, aber ich bin noch immer ungewiß, was es lief, denn es war eine Art von unterbrochnem, stoßenden Trab, den es wahrscheinlich für Gallop ausgab.

Mein Freund hatte immer noch sehr viele Bedenklichkeiten, dies Pferd zu reiten, er meinte, es habe noch zu viel Feuer, und er könne dadurch einmal in Unglück gerathen. Er ritt es sich daher auf seine eigene Weise zu, und erfand einen Trab, der wirklich für ihn recht bequem ist, der aber nicht angenehm in die Augen fällt. Denn mit dem Kopfe fast auf der Erde, wackelt das Pferd ziemlich schnell von einem Orte zum andern; es stolpert dann nur selten, wenn man ihm seinen Willen läßt, und geht an den Stellen, die ihm schon bekannt sind, in den Schritt über, der fast noch bequemer und angenehmer ist; denn es hebt alsdann die Beine viel saumseliger auf, schreitet ehrbar daher, und stolpert nur bei wichtigen Veranlassungen. Pferd und Reiter sind nun auch so miteinander bekannt geworden, daß einer dem andern alles zu Gefallen thut, was er ihm nur abmerken kann.

Als es Abend wurde, heftete ich mein Auge doch nach der Ecke des Dorfes, um ihn zu erwarten; denn so schlecht das Wetter auch war, so unwahrscheinlich es sein mochte, so wünschte ich doch recht herzlich, ihn einmal wieder zu sehn (denn ich hatte ihn in acht Tagen nicht gesprochen), daß ich nur an ihn dachte, und die Unwahrscheinlichkeiten gar nicht berechnete.

Es giebt für mich nichts Angenehmers, als ein Gespräch mit meinem Freunde Sintmal. Wenn wir uns einige Tage nicht gesehn haben, so hat er mir immer so mancherlei zu erzählen, und ich höre ihm mit so vieler Aufmerksamkeit zu, und interessire mich für jede Geringfügigkeit, daß mir in seiner Gesellschaft die Stunden wie Minuten verfliegen. Es ist etwas Unbegreifliches in den Empfindungen der Freundschaft und Zuneigung. Wenn er mir gegen über sitzt, so verschlinge ich fast jedes Wort aus seinem Munde, und jedes gefällt mir, und kommt mir klug und bedeutend vor. Es ist ganz ohne Zweifel interessanter und belehrender, einen Menschen gleichsam so bis auf den Grund seiner Seele zu kennen, daß wir in jedem Worte die Einheit seines Wesens, die Uebereinstimmung mit seiner ganzen Art zu denken, antreffen, als daß wir uns mit witzigen und großen Köpfen unterhalten, bei denen wir dem Bedeutungslosen so oft einen tiefen Sinn unterschieben, um uns nur selber zu täuschen: dort werden wir den ganzen innern Menschen gewahr, hier nur das, was auf seiner Oberfläche schimmert, was oft gar nicht mit ihm selber zusammen hängt.

In Stunden, in denen ich die Eintheilungen liebe, habe ich die Menschen schon in drei Hauptklassen eintheilen wollen. Da ich gerade davon rede, will ich es hier zum Scherz einmal wirklich thun.

Die erste Klasse nehmen die Köpfe ein, die für jede Idee, für jede Hypothese und jeden Zweifel gleich empfänglich sind. Die Seele dieser Leute ist fast in einer ununterbrochenen Thätigkeit: heute schwören sie für einen Satz und morgen für die Widerlegung derselben Wahrheit; es kömmt nicht sowohl darauf an, die sogenannte Wahrheit zu suchen, als nur die Kräfte ihres Geistes zu üben; sie sehen ihr Leben für eine Lustreise an, die keinen bestimmten Zweck hat; sie fahren immer fort, und unterrichten sich hier und da; sie bleiben wochenlang an einem angenehmen Orte, dann reisen sie wieder schnell, ohne doch eigentlich den Weg zu beschleunigen, weil sie kein andres Ziel haben, als das, an dem sie unmittelbar stehen. Es sind Epikuräer im Denken; sie nehmen nichts in der Welt ganz wichtig; alles ist für sie nur flüchtige Erscheinung, die kömmt und geht. Mit ihnen selbst hängt nichts näher zusammen, als in so fern es einen Eindruck auf sie macht. — Leser aus dieser Klasse sind im Stande, mich heut zu loben, morgen zu verachten, und doch nach ihrer Ueberzeugung zu handeln: diese Leute werden von denen aus der zweiten und dritten Klasse gewöhnlich die guten, aber unruhigen Köpfe genannt. Man findet sie auch oft gefährlich, weil die meisten eine Anlage zu spotten haben; dies ist die Ursach, warum diese Leute manchmal in der Ferne boshaft aussehn.

Die zweite Klasse besteht aus Leuten, die den eben beschriebenen geradezu entgegen stehn. Sie gehn mit sich selbst sehr haushältrisch um, indem sie sich und alles um sich her sehr wichtig finden. Was sie interessirt, beziehen sie sehr nahe auf sich selbst, ja es vereinigt sich mit ihrem Wesen; denn der Schein, der alle Gegenstände umgiebt, ist nur der Widerschein ihres eigenen Geistes. Sie sind intoleranter, aber billiger und menschenfreundlicher als die Leute aus der ersten Klasse. Sie suchen keinem Unrecht zu thun, und fürchten sich vor manchen Gedanken, so wie vor manchen Menschen. Was sie lieben, lieben sie innig, und ihre Zuneigung leidet keine Veränderung, ja wenn sie in sich die Möglichkeit einer solchen Veränderung fühlen, so läugnen sie sich dies Gefühl mit Gewalt ab. Man weiß bei diesen Menschen sogleich, woran man ist. Sie haben gleichsam angeborne Ideen mit auf die Welt gebracht, und diese suchen sie zu erweitern und zu berichtigen, ohne an die Kritik dieser Ideen selbst zu denken. Wenn uns die Erste Klasse das Bild einer schönen Seelenthätigkeit giebt, so erfreuet uns diese durch die ruhige und vollendete Einheit, die in ihrem Innern herrscht. Mein Freund Sintmal gehört in diese Klasse.

Weil man bei jeder Eintheilung einige Klassen macht, die bloß dazu dienen, die Gegenstände hineinzubringen, die sich in die übrigen nicht schicken wollen, so habe ich aus eben dieser Ursach auch meine dritte Klasse erfunden. Es sind nämlich Menschen, die man gewiß mit einigem Scharfsinn noch auf mancherlei Art abtheilen könnte. Sie sind in allen Meinungen Partheigänger; sie gehn von dieser zu jener über, denn der Dienst einer jeden Vernunft wird ihnen am Ende unbequem. Sie machen in der Welt den größten Haufen aus, vorzüglich aber unter den Lesern, denn die Lektür ist ihr Element. Sie leben nicht, sondern lesen nur die fingirten Lebensgeschichten andrer Helden; sie denken und fühlen nicht für sich selbst, sondern sie fühlen ihre gedruckten Bücher durch. Sie sind die langweiligsten, aber auch die glücklichsten Geschöpfe in der Welt, denn sie sind von ihrem eigenen Werthe hinlänglich überzeugt. Die meisten, wenn sie dieses lesen, werden die Schilderung der ersten Klasse mit vieler Vorliebe allen ihren Freunden vortragen, weil sie glauben werden, es sei die Charakteristik von ihnen. Ihr Schwanken, hiehin und dorthin, halten sie für die Fülle ihres Geistes; sie suchen den Mangel und die Leere in allen Gegenständen, von denen sie umgeben werden, nicht in sich selbst; sie haben keinen deutlichen Begriff von der Energie der Seele, und trauen sich daher sehr viel zu. Sie stehen unaufhörlich in einem Dilemma, das ihnen der Verstand vorlegt, und, um sich los zu wickeln, handeln sie lieber gegen alle Vernunft, als daß sie überlegen und unschlüssig bleiben sollten. —

Doch, es ist Zeit, daß ich zu meinem Freunde zurück kehre. — Es war schon spät am Abend, und ich gab es auf, daß ich ihn sehn würde, denn das Wetter wurde mit jedem Augenblicke stürmischer und unangenehmer. Ich hörte keinen Pferdeschritt, kein heiseres Wiehern, wodurch sich der alte Klepper immer anzukündigen pflegte, ich sah auch den Kopf des Thiers nicht um die Ecke wackeln, kurz, ich hoffte nicht, den Amtmann heute noch zu sehn, und ging daher vom Fenster weg.

Plötzlich öffnet sich meine Stubenthür, und er ist es selbst, der herein tritt! Ganz mit Koth bespritzt, mit schmuzigen Stiefeln und Sporen, vom Regen durchnäßt. Ich ging ihm voller Erstaunen entgegen, und fragte ihn, wie er in dem schlechten Wetter noch so spät ankomme?

Muß ein deutscher Biedermann nicht sein gegebnes Wort halten? sagte er, indem er mir die Hand drückte.

Da ich ihn schon kannte, merkte ich es seinem freundlichen Gesichte an, daß diese Antwort und mein freudiges Erstaunen ihm hinlänglicher Ersatz für alle überstandenen Beschwerlichkeiten waren. Denn er kann sich so gut wie der alte Shandy durch eine gute Antwort über sein Unglück trösten.

Aber wo ist Ihr Pferd, fragte ich ihn weiter?

Ich habe keines mitgebracht, antwortete er mit einem sehr gutmüthigen Lächeln.

Und doch in Sporen?

Ach, lieber Freund, lassen Sie sich mein Unglück erzählen! —

Er setzte sich nieder. Ich gab ihm einen Schlafrock und Wäsche, damit er seine nassen Kleider ausziehn könne. Mit außerordentlicher Innigkeit griff er nach der Schlafmütze, und setzte sie mit einer feierlichen Geberde auf den Kopf. Er sah nun wirklich ehrwürdig, aber doch dabei komisch aus; er wußte schon, daß ich jedesmal lachte, wenn ich ihn in einer Schlafmütze sah, er nahm es mir daher gar nicht übel.

Lassen Sie sich mein Unglück erzählen, fing er nun von neuem an. — Sie haben mein Pferd gekannt, nicht wahr? Nun, Gott weiß, es war ein gutes, und dabei ein sanftmüthiges Thier; ein Thier, wie man es nicht immer findet. Es war ein Paßgänger; er ging so sanft, daß man beim Reiten ordentlich lesen konnte. Die Sache lobt sich selbst, ich brauche also nichts weiter zu sagen. Aber in der vorigen Woche, als ich vor einem Wirthshause absteige, macht der Rappe, weiß der Himmel, aus welcher Ursach, — das Maul weit auf und schnappt nach meinem Arm; es fehlte wenig, so hätte er ihn erreicht und mich tüchtig gebissen. Sie können sich denken, wie ich erschrack, und daß ich sogleich ein Mißtrauen gegen das Pferd bekam. Als ich nachher mit vieler Behutsamkeit wieder aufstieg, und dem Maule ordentlich auswich, suchte es mir mit einem Hinterbeine auf den rechten Fuß zu treten, und hätte auch beinahe seine Absicht erreicht. Ich wußte gar nicht, woran ich war. Auf dem Rückweg hatte das Pferd einen viel schlechtern Gang, als gewöhnlich. Als ich wieder nach Hause kam, meldet sich am folgenden Tage ein Mensch bei mir, der mich gerne sprechen will. Er kömmt und frägt, ob ich wohl ein Pferd kaufen möchte. Ich sage ihm, ich hätte selber eins, und ein excellentes; wir gehn mit einander in den Stall. Mein Pferd stand an der Krippe und schüttelte unaufhörlich mit dem Kopfe. Wir wunderten uns beide darüber, und ich erzählte ihm nun die neulichen Vorfälle. Er besah hierauf das Pferd recht genau, und meinte am Ende, es würde wohl unverständig oder verrückt werden; er schilderte mir alle die Gefahren recht lebhaft, die man bei einem verrückten Pferde habe, und ich fragte ihn endlich, ob er mir mein Pferd nicht abkaufen wolle. Er schlug mir einen Tausch vor, wenn ich noch etwas in den Kauf obenein geben wollte, weil ich bei dem Handel einen sichtbaren Vortheil hätte. Sein Pferd stand im Hofe. Wahrhaftig, ein schönes Thier; es sieht ganz aus, wie ihr Brauner. Ich besah es von allen Seiten, und konnte keinen Fehler entdecken, ob ich freilich wohl nichts davon verstehe, und in der Zeit an ganz andre Sachen dachte. Ich bot ihm endlich mein Pferd dagegen ohne alles Geld. Er fragte mich, ob ich glaube, daß er das Pferd gestohlen habe, was er mit einem verrückten Pferde solle? und dergleichen Roßhändlerredensarten mehr. Wir wurden endlich einig, ich gab ihm mein Pferd und noch zehn Thaler obenein. Heute fing ich nun an, das Pferd zu probiren, und ging ganz gut, nur daß es mir etwas zu lebhaft trabte. Ich komme an einen Kreuzweg, und bin gesonnen, geradeaus zu reiten, und das Dorf linker Hand liegen zu lassen. Aber mit einemmale verändert sich das Pferd so, daß ich es gar nicht wieder erkenne. Es bäumt sich, etwas, das mir noch zeitlebens mit keinem Pferde begegnet ist; es geht von der Seite, kurz, es macht tausend Streiche, die mich in die größte Angst versetzten. Ich nehme mich aber zusammen, und setze mich recht fest in den Sattel; ich führe den Zügel und die Trense, so gut ich kann, und gebe ihm auch manchmal verstohlnerweise die Sporen ein wenig. Es ging wirklich ganz gut, und ich bringe das Pferd endlich auf den rechten Weg; ich lasse die Zügel nach, und plötzlich wird das Pferd wild, und geht mit mir auf die unbarmherzigste Art durch. Ich wußte nicht, was ich machen sollte; ich verlor die Bügel, und endlich fiel ich gar herunter, und das war jetzt auch das Gescheiteste, was ich thun konnte, denn das tolle Thier lief nun über Aecker und Wiesen immer geradeaus, und hat gewiß in irgend einem Graben den Hals gebrochen. Da es ohngefähr nur noch eine Meile bis hieher war, so machte ich den Rest des Weges zu Fuß, und so bin ich nun hier angekommen. Was mich nun dauert, ist mein gutes altes Pferd, um das ich bei dieser Gelegenheit so schändlicherweise gekommen bin. Wenn ich das nur wieder bekäme, so wollte ich mich gern über mein ganzes Unglück zufrieden geben.

Ich tröstete meinen Freund, so gut ich konnte, und bestellte für ihn das Abendessen und ein Bett. Nach einer Stunde kam jemand, der den Amtmann bei mir suchte; es war ein Bauer, der mit seinem Nachbar das Pferd des Amtmanns und seinen Reiter angehalten hatte, weil sie geglaubt hatten, der Amtmann könne von diesem wohl gar umgebracht sein. Es entdeckte sich jetzt zugleich, daß dieser Mensch einem andern Bauer ein Pferd gestohlen, und dies gestohlne meinem Freunde verkauft hatte. — Die Freude des Amtmanns, als er seinen alten Gaul wieder sah, war außerordentlich.

Ei, rief er, bist du wieder da? Gottlob! daß ich dich wieder habe! — Nur mußt du dir deine Neckereien und deine närrischen Streiche abgewöhnen. Verrückt im Kopfe bist du so wenig, wie ich selbst; ich habe dich immer als ein vernünftiges, gutdenkendes Thier gekannt. Nein, nun wollen wir auch beisammen bleiben. — Nun hatten Sie ja doch, mein sauberer Herr, das Pferd gestohlen. Ei! ei! und dann bieten Sie einem ehrlichen Manne einen Tausch an? Ein herrlicher Tausch! wahrhaftig! — Aber wo ist denn das andre tolle Thier geblieben?

Die Bauern gaben uns die Nachricht, es sei von selbst wieder zu seinem Herrn in den Stall gelaufen.

Da sehe man nur! rief mein Freund aus. Sieht

Er (indem er sich gegen den Pferdedieb wandte), ein unvernünftiges Thier beschämt Ihn, und hat eine vernünftige Vorstellung von Recht und Eigenthum. Da nehm' Er sich ein Exempel, mein Freund, und werd' Er um Gotteswillen besser, sonst kömmt' Er höchstwahrscheinlich an den Galgen. —

Alle waren jetzt zufrieden gestellt; die Bauern gingen nach Hause, und ich setzte mich mit Sintmal zu Tische.

Sechstes Kapitel.

Ueber Biedermänner.

Mein Freund nannte sich vorher einen deutschen Biedermann, und ich bin willens, hier etwas über diese Gattung von Leuten zu sagen.

Man hört den Ausdruck jetzt so häufig, und in Büchern wie im gemeinen Leben von so vielen Leuten gebraucht, daß man glauben sollte, wir wären in die alten ehrlichen Zeiten unsrer Voraltern zurück versetzt. Man stößt auch auf nichts so häufig, als auf diese angeblichen Biedermänner, und so sehr ich mich vor ihnen in Acht nehme, haben sie mich doch schon oft mit ihrer Biederkeit verfolgt.

Daß zu diesen biedern Leuten mein Freund nicht gehöre, werden meine Leser von selber einsehn; er ist wirklich das, was die andern nur scheinen wollen, und er weiß es bis jetzt noch nicht, daß mir dieser Ausdruck etwas zuwider ist, daher nennt er sich so.

Jene Biedermänner sind gewöhnlich Leute, denen es zu unbequem ist, höflich zu sein, und die sich aus Faulheit in einen gewissen groben Ton werfen, den sie gar zu gern für den ächten dutschen ausgeben möchten. Sie gehn darauf aus, gleich mit jedermann vertraut zu werden, damit sie nur nicht nöthig haben, Umstände mit ihm zu machen, oder jene Delikatessen des Umgangs zu beobachten, die für sie eine wahre Arbeit sind. So gern sie unhöflich werden, so ertragen sie doch keine Unhöflichkeit von andern, sie wollen nur unter den übrigen Menschen eine Art von Gleichheit herstellen, damit sie sie auf ihre Art beherrschen können.

Ich kannte einmal einen dieser Gattung, der, nachdem ich ihn zum erstenmale gesehn hatte, ohne Umstände alle meine Geheimnisse von mir verlangte. Er sagte mir auch sogleich, wie viel Schulden er habe, was er am liebsten esse, was er gelesen habe, in welches Frauenzimmer er auf seine Art verliebt sei. Solche Menschen suchen so etwas gegen einander auszutauschen, so wie die Wilden einen Ring zerbrechen, um sich daran wieder zu kennen: aus Zufälligkeiten formiren sie sich den Charakter ihrer Freunde, und behandeln sie dann auf die plumpste Weise. Wen sie durch einen Zufall einmal berauscht gesehn haben, mit dem sprechen sie nachher nichts, als von dem Unterschied der Weine, und welchen man erst, und welchen man später trinken müsse, um den wahren kunstmäßigen Rausch zu bekommen. Sie breiten dabei in der ganzen Welt aus, daß dieser, ihr Freund, vom Aufgang der Sonne bis in die tiefe Nacht betrunken sei, er sei sonst ein braver *biederer Kerl*, nur habe er diese ganz besondere Eigenheit. Durch diese Menschen kann der Unschuldigste den schlechtesten Ruf bekommen. — Als ich nun jenem Biedermanne, von dem ich oben sprach, sagte, daß ich gar keine Geheimnisse habe, ward er böse auf mich, und schalt mich einen verschlossenen, hinterlistigen Menschen, der in den boshaften Künsten der sogenannten feinen Welt erfahren sei, der nicht zu den ächten Deutschen gehöre, denn ohne Geheimnisse könne man so wenig, wie ohne Luft, leben. Er trotzte dabei gewaltig auf seine große Ehrlichkeit, und meinte, ich müßte ihm alles, ja selbst mein Leben, anvertrauen. Da ich aber die Nothwendigkeit davon durchaus nicht einsehn wollte, ließ er endlich von mir ab, und schwur, ich sei nicht eines tüchtigen Handdrucks werth.

Einen andern traf ich einmal, der mich erinnerte, daß wir in einem Wirthshause mit einander gegessen und sogar über die Französischen Angelegenheiten dieselbe Meinung gehabt hätten. Ohne alle weiteren Umstände zog er daraus die Folgerung, daß ich ihm jetzt auf eine unbestimmte Zeit eine Summe Geldes leihen müßte. Diesen los zu werden, ward mir noch um vieles schwerer.

Die kleinsten Leiden, die man von diesen Menschen erduldet, sind, daß sie einen auf der Promenade vertraulich unterm Arm nehmen, auf- und abgehn, und dabei so laut und so dumm sprechen, als sie es nur immer möglich machen können. Daß sie ihren angeblichen theuersten Freund besuchen, und vor dem Mittagsessen nicht wieder fortgehn, wenn sie gleich gewahr werden, daß er beschäftigt ist; daß sie Bücher wegnehmen, ohne es anzuzeigen, und sie nachher vergessen; daß sie so viel Gutes von ihrem Freunde in der Stadt und so großsprecherisch erzählen, daß jedermann das Schlechte nur um so leichter glaubt.

Auf den Universitäten geben diese Gattung von Leuten zuweilen den Ton an: sie spielen dort die wieder hergestellten altdeutschen Ritter, die Verfechter der Freiheit, die Eingeweihten in geheime der Menschheit wohlthätige Orden: zur Ehre ihrer Freunde und zum Besten des Vaterlandes trinken sie Bier und rauchen Tabac, schlagen sich, und lernen es mit jedem Tage mehr, Biedermänner zu sein.

Von den wahren, ächten Biedermannern brauche ich kein Wort zu sagen, sie bedürfen keines Commentars, und zu diesen gehört Sintmal.

Siebentes Kapitel.

Eine Erzählung

Es ist Zeit, daß ich wieder auf den interessanten Unbekannten komme.

Es fiel mir wieder ein, daß es denn doch im Grunde ein wunderbarer Mensch sein müsse, der sich ohne Umstände im schlechten, schmuzigen Wetter vor mir auf die Knie werfen könne. Es zieht nichts so sehr an, als etwas Wunderbares am Menschen, und ich warf es mir vor, daß ich mich nicht mehr um ihn bekümmert habe. — Wäre es meine Pflicht, mit an den gangbaren modernen Romanen zu arbeiten, so hätte ich mir wirklich keinen bessern Fund wünschen können, als diesen Unbekannten: die Erfindung, Plan, Anordnung der Charaktere, ganze Stellen, und wahrscheinlich auch Briefe, wären mir dann ordentlich in's Haus und vor die Füße gefallen, so, daß ich alles nur geradezu in die Druckerei hätte schicken dürfen, ohne zu besorgen, daß irgend ein Recensent nachher behauptete, es sei vieles, ja fast alles, aus andern längst bekannten Büchern entlehnt. Ich hatte ja die Natur und die Wahrheit selbst in meinem eigenen Zimmer verschlossen; ich hatte ihr selbst das Essen hinüber getragen, und ein Paar äußerst wehmüthige Angen waren mir entgegen kommen. — Wie herrlich konnte sich nicht schon die Einleitung ausnehmen:

„Die Sonne ging unter. Ich ging in meinem Garten spazieren, um die letzten, sterbenden Accente der Nachtigall zu vernehmen. Wunderbare Töne zogen durch das Laub, und meine ganze Seele erweiterte sich zur Sehnsucht, zur allgemeinen Bruderliebe: da drängte sich plötzlich eine unbekannte Gestalt aus den Gebüschen hervor, und stürzte mit einer widen, verzweiflungsvollen Geberde vor meinen Füßen nieder. — Rettung! rief der Unbekannte, und hob die Hände empor; an der rechten Hand entdeckt' ich mit Entsetzen einen, ach! mir nur zu wohlbekannten Ring. — Woher? rief ich stammelnd, u. s. w."

Kann ein interessanter Roman besser anfangen? — Diese ganze Stelle lag mir schon im Gedächtnisse, und es war freilich viel hinzu gelogen, z. B. die Geschichte mit dem Ringe, des Regenwetters war nicht erwähnt, meine Frau, mein Schwiegervater und Sintmal würden in einem solchen Roman eine alberne Rolle spielen, wenn sie nicht etwas idealisirt würden; ich hatte daher beschlossen, alle diese Umstände wegzulassen, und mich und den Unbekannten nur recht interessant zu machen. Ich dachte schon an einen anlockenden Titel, der zugleich neu und originell wäre, als etwa:

„Der schwarze Ulrich gab sich alle Mühe, Geister zu sehn, wunderbar geschah es, und er gerieth in die Orlaburg.

Erster Theil.

Berlin, bei ****".

Als ich noch diese gottlosen Gedanken hegte, trat mir mein Freund Sintmal entgegen, und ich schämte mich vor seinem einfachen Gesichte so herzlich, daß ich sogleich den ganzen Plan aufgab, und nur nachher mit einem guten Freunde darüber scherzte, der vielleicht verrätherischer Weise meinen Einfall dem Verfasser der schwarzen Brüder mitgetheilt hat, der ihn, ohne zu säumen, ausführte. Ich hatte jetzt zu viel wahres Mitleiden mit dem Unbekannten, um albern zu thun.

Ich sah aber ein, daß er unmöglich so wie bisher verborgen bleiben könne; meine Hausgenossen mußten mit ihm bekannt werden, eben, damit er sicher wäre. Ich ging daher zu ihm, und sagte ihm, daß er sich auf die Verschwiegenheit der Menschen, denen ich ihn vorstellen würde, so wie auf die meinige, verlassen könne, daß ein zu ängstlich Geheimthun nur dazu dienen würde, die Aufmerksamkeit nach ihm hinzulenken. Er war mit allem zufrieden, was ich ihm vorschlug, und so führte ich ihn dann in die versammelte Gesellschaft, der ich den Vorfall erzählt hatte.

Der Unbekannte trat hinein, und verbeugte sich gegen alle sehr verbindlich, aber doch nach meiner Meinung etwas zu tief. Mein Schwiegervater musterte ihn vom Kopf bis zu den Füßen, und Sintmal nahm die Schlafmütze ab, weil ihn nichts so sehr als ein fremder Mensch genirt, besonders, wenn er ziemlich feine Sitten hat.

Ich freue mich, fing der Unbekannte an, eine Gesellschaft kennen zu lernen, in die ich von einem so edlen Manne eingeführt werde. — Sie werden erfahren haben, wie ich hier aufgenommen worden bin; und da mir ein Biedermann die Versicherung gegeben hat, daß ich mich auf Ihre allerseitige Verschwiegenheit verlassen kann, so trage ich kein Bedenken, Ihnen meine Geschichte und die Ursachen meiner Flucht anzuvertrauen.

Die Benennung, Biedermann, fiel mir unangenehm auf.

Ich bin überzeugt, fuhr der Unbekannte mit einem wehmüthigen Tone fort, daß mein Schicksal fast einzig in seiner Art zu nennen ist: ich bin daher schon manchmal auf den Gedanken gefallen, ob ich nicht zu meiner Rechtfertigung meine eigene Geschichte niederschreiben sollte.

Hier ward ich sehr roth.

Es ist wenigstens, sprach der Unbekannte weiter, ohne auf mich zu merken, mehr der Mühe werth, als so manche schale, langweilige Biographie, die uns die alltäglichsten Dinge weitläuftig erzählt, und wo der Verfasser immer noch überzeugt ist, daß eben diese Alltäglichkeiten das größte Interesse erregen müßten.

Ich wußte mich kaum mehr zu lassen, denn es war gerade, als wenn auf mich und den ersten Theil meiner Lebensbeschreibung mit Fingern gewiesen würde; in dem Unbekannten saß gleichsam das ganze Lesepublikum personificirt in meiner Stube, und hielt mir meine Unverschämtheit vor. — Der Unbekannte kehrte sich gar nicht daran, daß ich auf meinem Stuhle hin-

und her rückte, sondern ging nun zu seiner eigentlichen Geschichte über und erzählte folgendermaßen:

Ich bin der einzige Sohn eines angesehenen und begüterten Edelmanns, dessen Namen ich Ihnen aber verschweigen muß. Mein Vater liebte mich unbeschreiblich, und seine Erziehung war, ich darf es wohl sagen, nur allzu sorgfältig, denn er gewöhnte mich zu einer Zartheit und Weichheit des Gefühls, die mir nachher unter den übrigen Menschen großen Schaden gethan hat. Nichts wird in der Welt so sehr verkannt, als ein weiches Herz; nur wenige wissen es zu achten; dieses Wiedererkennen bleibt nur ein Regal der Unglücklichen; die Glücklichen stoßen ein solches Wesen zurück.

War es ein Wunder, daß ich bei dieser Zartheit die schönste der menschlichen Leidenschaften schon sehr früh kennen lernte? das Gegentheil wäre unbegreiflich gewesen. Ein Mädchen in der Nachbarschaft zog erst meine Aufmerksamkeit und bald meine ganze Liebe auf sich. Sie bemerkte mich bald, und welch ein glücklicher Abend war es, als die Sonne purpurroth hinter dem Tanneaberge unterging, und ich den ersten Kuß von ihren Lippen pflückte!

Ich übergehe die Geschichte meiner Liebe, des schönsten Frühlings meines Lebens. Im Herbste macht die Erinnerung des holdseligen Mai's nur trübe Augenblicke. Ich schweige ebenfalls von manchen wunderbaren Vorfällen, um Ihre Geduld nicht zu ermüden. In einer weitläuftigern Erzählung würde es vielleicht Theilnahme erregen, aber jetzt will ich Ihnen nur sagen, was mich bewog, Ihren Schutz zu suchen.

Das Mädchen war arm, und ich wagte es daher nie, meinem Vater meine Liebe zu entdecken: trotz seiner Zärtlichkeit waren mir seine Plane sehr gut bekannt, ich hätte dadurch seine schöne Aussicht getrübt, und so mußte ich lernen, mich zu verstellen, bis ich endlich das Zutrauen zu ihm wirklich verlor.

Ich hatte einen Freund, den ich wie mich selber liebte: er war von Kindheit auf mit mit umgegangen, und wir erzeigten uns beide jede nur mögliche Gefälligkeit. Wie erschrack ich aber, als er mir eines Tages vertraute, daß er dasselbe Mädchen liebe, das ich mir auserkohren hatte. Da er nichts von meinem Verhältnisse mit ihr wußte, so bat er mich, sein Fürsprecher bei ihr und dem Vater zu sein, weil er es nicht selber wage, für sich zu reden. Ich war oft in jenem Hause, und in der Verwirrung that ich das unbesonnene Versprechen; ich sah die Unmöglichkeit ein, daß Adelaide jemals die meinige werden könne; ich nahm mir daher übereilterweise vor, meine Seligkeit dem Glücke meines Freundes aufzuopfern. — Aber bald gereute mich dieser zu rasche Entschluß, der, wie ich einsahe, ihm auch nicht einmal von Nutzen sein konnte, denn Adelaide liebte mich; ich wagte es aber nicht, ihm dies zu sagen, und dadurch erzeugte sich nach und nach ein zurückhaltendes Betragen gegen meinen Freund, das ich mir nie vergeben werde. Ich hielt ihn immer mit der Hoffnung hin, daß er seine Wünsche wohl noch erfüllt sehn könnte; ich täuschte ihn durch leere Worte, und so verging ein ganzes Jahr, während welchem mein Vater starb.

Meine Wünsche standen nun in meiner Gewalt, und ich benutzte meine Freiheit dazu, um Adelaiden anzuhalten, die mir auch sogleich bewilligt ward. Es war unmöglich, meinem Freunde diesen Schritt zu verbergen, der sogleich zur größten Wuth überging. Er hielt mich für einen Menschen, der ihn verrathen, und sein Vertrauen gemißbraucht habe; er wußte es nicht, wie vielen Kampf, wie vielen Schmerz mich mein Zustand gekostet hatte; er sah und hörte nur seinen Zorn. Kurz, er foderte mich, und alle meine Vorstellungen halfen nichts; in der unglücklichsten Stunde meines Lebens mußte ich meinen Freund erstechen, der mich noch sterbend verfluchte. — Ich entfloh sogleich; die Verwandten des jungen Menschen verfolgten mich, so sehr sie nur konnten; sie streuten wunderbare Gerüchte aus, um meiner nur habhaft zu werden: ich wußte kein anderes Mittel, ich verkleidete mich, bis mir seit einigen Tagen meine Verfolger so nahe waren, daß ich ihnen nur entgehn konnte, wenn ich mich einige Zeit verborgen hielt. — Aus dieser Ursach sucht' ich bei Ihnen einen Zufluchtsort. —

Ich habe seitdem gehört, daß auch Adelaide vor Schrecken und Gram gestorben sei: ich halte aus vielen Gründen diese Nachricht für Wahrheit. — Jetzt bin ich nur noch allein übrig. — —

Er fing heftig an zu weinen, und verließ schnell die Gesellschaft. — Hannchen, die sehr gerührt war, ging ebenfalls fort.

Achtes Kapitel.

Episode über diese Episode.

Ich habe im vorigen Kapitel einen Fremden redend eingeführt, ohne mich vorher darum zu bekümmern, ob sein Styl auch den Lesern gefallen würde. Er hätte ohne Zweifel blumenreicher sprechen sollen, so hätte gewiß diese interessante Geschichte noch mehr Wirkung gethan.

Als er abgegangen war, überlegte ich bei mir, welch ein außerordentlich anziehendes Buch aus dieser Begebenheit entstehen müßte, wenn man die Geisterwelt nur etwas mit hinein mischte, etwa nur einen ganz kleinen Kobold, oder auch nur eine Stimme von ferne, oder einige Wahrsagungen. Wie fein konnte die peinliche Situation der beiden Freunde ausgemalt werden! Welch ein schöner, heroischer, und doch weicher Charakter ließ sich auf den bloßen Namen Adelaide gründen! Das Duell konnte zugleich eine schöne moralische Wirkung auf den Leser thun, und der Schluß so grausenvoll eingerichtet werden, wie es im Abdallah nur immer geschehen ist.

Als ich von meinem Traum erwachte, sah ich, daß Sintmal seine Schlafmütze wieder aufgesetzt hatte, und mit meinem Schwiegervater in einem Gespräche verwickelt war. — Es ist immer eine seltsame Geschichte, sagte Sintmal, indem er den Finger an die kleine Nase legte, und dabei äußerst gutmüthig lächelte.

Seltsam? rief Vater Martin aus, romanhaft ist sie! Gerade wie ein Auszug aus einem Roman!

Ob auch alles darin so wahr sein mag? sagte Sintmal, indem er den Finger von der Nase herunter fallen ließ, um mit der Halsbinde zu spielen.

Martin. Gott verzeih mir die Sünde, ich halte nach meiner Einfalt alles für erlogen. Mir kommt der Mensch wie ein Windbeutel vor, der sich mit uns einen empfindsamen Spaß machen will, und die ganze jämmerliche Geschichte erst erfunden hat, indem er sie uns erzählte. — Duell! das ist so ein alter, abgedroschner

Pfiff: solche Menschen kommen sich als Mordthäter so wichtig und mitleidswürdig vor, daß sie sich am Ende das Ding wahrhaftig selber weiß machen.

Sintmal. Das wäre denn doch eine ziemlich schwierige Sache.

Martin. So ein Kerl, der gar keinen eigentlichen Charakter hat, kann sich leicht auf einige Tage irgend einen machen, der ihm ansteht: er weiß Komödien auswendig, und spielt sich in die erste beste hinein; er ist Akteur und Zuschauer zugleich, und so geht denn das Ding ganz vortrefflich.

Ich. Wie unbillig! wie intolerant! Sie kennen diesen Menschen gar nicht, und wollen ihn so genau beurtheilen?

Martin. Ich sage nur, wie er mir vorkömmt. Ein rechtlicher Mensch wird nicht so handeln, wie er von sich erzählt, es aber noch weniger unbekannten Leuten erzählen.

Ich. Er hält uns in seiner Gutmüthigkeit für seine Freunde.

Martin. Eine schöne Gutmüthigkeit, uns die Haut so voll zu lügen.

Sintmal. Mir scheint es auch nur Eitelkeit, daß er mit seiner Erzählung auf mancherlei Art glänzen wollte.

Ich. Ihr seid ein paar Menschenfeinde.

Sintmal. Ich nicht, aber sein Wesen war mir zuwider, besonders, daß er von sich selbst eine Geschichte schreiben wollte.

Ich. Nun, das ist denn wohl etwas sehr unschuldiges. — (NB. Hätte ich nur nicht schon den ersten

Theil meiner Geschichte herausgegeben, so hätte ich gewiß nicht so geantwortet.)

Sintmal. Diese einzige Aeußerung war die Ursach, daß ich seiner ganzen Erzählung nicht glauben konnte. Und wenn sie auch wahr ist, so hat er sich gegen seinen Freund äußerst niederträchtig aufgeführt.

Ich. O ihr Unbilligen! die ihr euch nicht in eine zarte Seele hinein denken könnt, die von ihrer Pflicht und ihrem Gefühl gleich stark geängstigt wird, und nicht weiß, wofür sie sich entscheiden soll, und in dieser Verwirrung eigentlich gar nichts thut, sondern alles nur liegen läßt. Dieser Stillstand erscheint nachher den gemeinern Augen als ein Bubenstück, die Zeit macht zufällig daraus etwas Gutes oder Böses, woran Geist und Wille nicht den mindesten Antheil haben.

Sintmal. Lieber Freund, das ist so eine Art von brillanter Philosophie, die Sie selbst nicht glauben, so ein Kotzebuisch Wesen, das nicht Stich hält, wenn man es genauer betrachtet. Schöne Seifenblasen, auf denen die Farben aber vorübergehend sind, und das ganze Ding von einem Windstoße zerplatzt.

Ich. Nehmen Sie es, wie Sie wollen, so ist dieß doch menschlicher, als Ihre Behauptung.

Martin. Menschlicher? — Weil die guten Menschen darunter leiden müssen, wenn man sie mit Schurken in Eine Klasse wirft? Nur ein Schurke kann dieß wünschen, und es ist auch Ihr Ernst nicht, lieber Schwiegersohn.

Ich. Ach, was können wir Ernst nennen? — dieser Unbekannte hat mich gerührt, und darum spreche ich jetzt gerade so, ich weiß nicht, ob ich Ihnen nicht morgen Recht geben kann, denn ich hatte selbst manches an ihm bemerkt, das mir auffiel, ich wollte mir aber dies Mißfallen nicht gestehn, weil es mir schlecht vorkam, einen unbekannten Elenden sogleich beim ersten Anblick mit seiner Meinung zu verfolgen.

Sintmal. Nun ja, da haben wir's. Die liebe Eitelkeit also? — Um sich selber nur recht edel vorzukommen, ließen Sie auch bei dem Andern fünfe gerade sein?

Martin. Wenn mir ein Mensch nicht gefällt, so kann ich's nicht unterdrücken, ich muß es mir merken lassen, ich mag nun Recht oder Unrecht haben. Und so dächt' ich, gäben wir diesem Vogel zu verstehn, daß er sich nur wieder fortmachen könne.

Sintmal. Ja wohl, denn sonst kommen wir alle noch in das Buch hinein, das er von sich herausgeben will.

Ich. Bewahre! ich habe ihm einmal versprochen, daß er eine Zeitlang hier sein kann, und so mag er denn auch bleiben.

Martin. Nun, in Gottes Namen! wenn es uns nicht noch gereut.

Ich. Etwas Gutes muß man sich nie reuen lassen.

Martin. Was ist gut?

Ich. Das sollte man nie fragen.

Martin. O mit Euren spitzfindigen Antworten! — Solche Kerls, wie mein Schwiegersohn, fallen immer wie die Stehaufs und die Katzen auf die Beine, man mag sie auch herum werfen, wie man will.

Neuntes Kapitel.

Eine Vorlesung.

Der Amtmann Sintmal hatte jetzt gerade Zeit, und er blieb daher einige Tage bei mir. — Der Unbekannte war bei unserm Frühstücke gegenwärtig, wir hatten ihn vorher im Garten schreiben sehn, und er bat jetzt um die Erlaubniß, uns das Geschriebene vorlesen zu dürfen. Er las hierauf folgendes Gedicht:

Wo seid ihr hin, ihr schönen Ideale,
Ihr goldnen Spiele meiner Jugend Lust?
Sie ist geleert, die süße Nektarschaale
Der Phantasie! und kalt ist meine Brust!

Ich tapp' umher, und kann es nicht erlangen,
Was ich besaß, — es schwebt mir wie im Traum: —
Ich irre, dumpf, — von öder Nacht umfangen, —
Und meine Freunde kennen mich noch kaum. —

Wer war ich einst? Wer bin ich jetzt? O Schande!
War ich's, der mein Gefühl im Dichter las?
Er spricht mir jetzt von einem fremden Lande: —
O wehe, daß ich Mensch zu sein, vergaß! —

Ach! führe mich zu deiner Himmelsquelle,
Du, vormals meine Göttin, Phantasie,
Zu jener heitern, schönen Ruhestelle,
Die meine frohe Jugend mir verlieh.

Und mächtig greif' in die verstummten Saiten,
Die einst Natur in meinen Busen zog, —
Und schließe wieder auf die Göttlichkeiten
In meiner Brust, um die ich mich betrog. —

Vergebens! ach! sie höret nicht den Armen,
Der einmal nur ihr Feenreich verließ:
Nie wieder wird an ihrer Sonn' erwarmen,
Wer sich von ihr in kalte Nacht verstieß. —

Es ist dahin! — Nun, Himmel! nun so thürme
Mir Leid und Trübsal auf, die Herzen regt,
Und jage mich durch Ungewitterstürme,
Daß mein Gemüth nur endlich Wellen schlägt!

Ich fand die Arbeit sehr gut, und weil mir das gestrige Gespräch über den Fremden noch im Kopfe lag, übertrieb ich manches.

Sintmal stimmte mir im Ganzen bei, nur mag er gern die Sachen so lange beschneiden und beschränken, aus Furcht zu viel zu sagen, daß er manchmal am Ende gar nichts sagt. — Mein Schwiegervater hatte gegen das Gedicht vieles einzuwenden.

Es ist alles recht hübsch gesagt, fing er an, aber es sind am Ende doch mehr gereimte Worte, als ein eigentliches Gedicht.

Ich. Aber warum wollen Sie es kein Gedicht nennen?

Martin. Ich kann es selbst nicht so eigentlich sagen, allein es ist mir ein gewisses gesuchtes Wesen, eine erzwungene Pracht darin. Die Empfindung ist vielleicht natürlich und ungesucht, allein die Ausdrücke sind so weit hergeholt. Ich kann es überhaupt gar nicht leiden, wenn man die Poesie immer nur für eine übersetzte, affektirte Prosa hält, sie müßte so natürlich sein, daß man meinte, es könnte und müßte gar nicht anders

5 *

geschrieben werden. Aber da sitzt mein Sohn und zerbeißt sich oft die Finger, und statt lieber nicht zu schreiben, quält er sich so lange, bis er endlich ein Gedicht hervorgebracht hat, das denn doch wirklich in Versen abgesetzt ist.

Sintmal. Aber die Natur macht es doch nicht allein aus, es muß denn doch auch Kunst darin stecken.

Martin. Die Kunst kömmt mir immer gerade so vor, wie die Gedichte, die ich in einem ganz alten Buche in der Form von Weingläsern oder Holzäxten gesehn habe; es reimte sich alles auf eine wunderbare Weise, und die Worte brachten ordentlich die Figur heraus, aber es kam mir doch mehr albern, als kunstmäßig vor.

Sintmal. Man kann auch vielleicht die Natürlichkeit zu sehr lieben.

Martin. Das kann ich unmöglich glauben.

Sintmal. Und die Kunst muß am Ende von der Natur abweichen, um Kunst zu sein.

Martin. Es ist möglich, und dann bin ich kein Kunstfreund.

Ich. Eben so wenig ein Kritiker.

Martin. Ei bewahre, nur ein simpler Mensch, der gern etwas Gutes lieset.

Ich. Aber eben den Begriff des Guten — wir drehen uns da in einem Zirkel.

Martin. Wir wollen lieber spazieren gehn.

Wir durchstrichen hierauf den Garten und die schönen benachbarten Wiesen.

Zehntes Kapitel.

Eine Gespenstergeschichte.

Das Abendessen war schon vorüber, als wir noch beisammen saßen, und uns über mancherlei Dinge unterredeten. Es war wieder Regenwetter eingefallen, und schwarze Wolken zogen über die Berge hinweg, der Wind winselte um die Ecke des Dorfes, kurz, es war jene schaurige Zeit, in der man sich gern in einem Winkel des Zimmers zusammen krümmt, und entweder den Flug der Wolken betrachtet, oder liest, oder sich wunderbare Geschichten erzählt.

Ohne daß wir es bemerkten, wandte sich das Gespräch auf die Existenz der Geister; Sintmal und Martin schüttelten über den Gegenstand des Gesprächs die Köpfe. Mein Schwiegervater erzieht nämlich noch immer an meiner Frau, er sieht es daher ungern, wenn in ihrer Gegenwart von solchen Sachen gesprochen wird, weil er meint, es könnten ihr dadurch seltsame Vorurtheile beigebracht werden, und weil er sich noch überdies bei Erzählungen von Gespenstergeschichten fürchtet, so sind sie ihm im höchsten Grade zuwider. Sintmal mag sie im Grunde sehr gerne anhören, aber wenn nach seiner Meinung vernünftige Leute zugegen sind, schämt er sich dieses Vergnügens. Als ich daher an diesem Gespräche lebhaften Antheil nahm, saßen beide, wie gesagt, mit dem Kopfe schüttelnd, da, und betrachteten mich mit einiger Verachtung von der Seite.

Der Fremde riß das Gespräch an sich, und da er durch meine Reden schon dreister geworden war, behauptete er, ohne Zurückhaltung, er sei vom Dasein der Geister überzeugt, und er habe das vollkommenste Recht zu dieser Ueberzeugung. Unsre Aufmerksamkeit ward gespannt, und er fing folgendergestalt an:

Als ich auf meiner Flucht mich an einem Abende einem Dorfe näherte, sah ich in einiger Entfernung einen alten Mann auf mich zukommen. Es dämmerte, und ich muß gestehn, daß mich diese seltsame Gestalt schon in der Entfernung erschreckte. Als ich näher kam, bemerkte ich, daß ihm ein großer grauer Bart über die Brust hinab floß, der ihm ein äußerst ehrwürdiges Ansehn gab. Er fuhr mit den Händen in der Luft herum, und machte seltsame Geberden, woraus ich schloß, daß er wahnsinnig sein müßte. Ich kam ihm ganz nahe, und, um meine Furcht zu verbergen, fragte ich ihn nach dem Wege.

Ich habe keinen Weg, antwortete er.

Keinen Weg? fragte ich erstaunt.

Niemand kennt seinen Weg; es ist Einbildung, daß wir vorwärts gehn.

Einbildung?

Nichts weiter.

Wer bist du? Wie heißest du?

Ich habe keinen Namen.

Keinen Namen?

Wozu? Ich glaube, ich bin ein Mensch, und daran ist es mir genug.

Du erschreckst mich.

Der Alte lachte laut auf, und pfiff dann eine bekannte Melodie.

Entsetzlicher! rief ich aus.

Narr! antwortete jener.

Wo kömmst du her?

Ich weiß es nicht.

Wohin gehst du?

Das kümmert mich nicht.

Ich wollte fortgehn. — Halt! rief er mir zu; in dieser Nacht wirst du etwas Großes erfahren.

Etwas Großes? fragte ich.

Frage nicht, antwortete er, sondern sieh und denke.

Wozu denken?

Um nicht zu verzweifeln.

Verzweifeln?

Weil du ein Sterblicher bist. —

Nach diesem seltsamen Gespräche trennten wir uns, das ich gern noch länger fortgesetzt hätte, um mehr von ihm zu erfahren.

Ich kam im Dorfe an: es war schon gegen Mitternacht. Man führte mich in ein schlechtes abgelegenes Zimmer, und ich fürchtete mich in der Einsamkeit. Ein feuchter Wind zog durch die Gebüsche und winselte um die Ecke des Hauses; ich konnte unmöglich schlafen, sondern öffnete das Fenster, und sah nach den Sternen und den ungeheuern Wolken, die durch den Himmel zogen. —

Auf einmal erblickte ich im naheliegenden Walde etwas Weißes, das ich, trotz aller Anstrengung, nicht genauer unterscheiden konnte. Der Schimmer schwebte näher, und immer näher, es war wie ein Wolkenstreif; jetzt nahm er eine Gestalt an, wie die Bildung eines Menschen, und seine Bewegung ward immer schneller. Ein kaltes Entsetzen ergriff mich, und nun war mir die Gestalt so nahe, daß ich Adelaiden erkannte. Wie mit einer eiskalten Hand berührte es mein Gesicht, und seufzte in bangen, gebrochenen Tönen: ich bin gestorben, folge mir bald nach. —

Ich stürzte zusammen, und erwachte nur erst spät am Morgen von meiner Betäubung.

Daher bin ich überzeugt, daß sie todt ist, und es bleibt mir nun nichts weiter übrig, als auch zu sterben. Der Himmel möge mich bald diesem elenden, irdischen Getümmel entrücken!

Als er mit diesem Stoßgebete seine wunderbare Geschichte beschlossen hatte, stand er auf, und ging mit einer feierlichen und langsamen Bewegung auf sein Zimmer, indeß wir ihm alle, ohne ein Wort zu sprechen, nachsahen.

Eilftes Kapitel.

Kritik des vorigen Kapitels.

Es geschieht zuweilen, daß verschiedene Personen dasselbe thun, aber aus ganz verschiedenen Bewegungsgründen. Ich war still und nachdenkend, weil ich nun fand, daß man in der Geschichte des unbekannten Unglücklichen gar nichts einmal hinzu erfinden oder lügen dürfe, um sie äußerst interessant zu machen. Es war alles so vortrefflich zugeschnitten, daß dem Leser fast gar nichts mehr zu wünschen übrig blieb: ich fand es überdies äußerst wahrscheinlich, daß, wenn der seltsame Fremde nur noch einige Zeit fortlebte, er ohne Zweifel noch mehrere Erscheinungen, so wie andre Unglücksfälle, erleben würde, denn er stand jetzt erst in der unentwickelten Mitte seiner Geschichte, sein Einkehren bei mir mußte etwa den zweiten Theil beschließen, dann mußte er ein Stück weiter leben, und sein Biograph mußte dann zur Fortsetzung nach einer neuen Feder greifen.

Hannchen war stumm, weil sie nicht wußte, was sie aus der Erzählung machen sollte. Sie überlegte den Zusammenhang der Geschichte, und dachte über den, der sie erzählt hatte, und so bald sie über etwas in Zweifel ist, ist es ihr unmöglich zu sprechen. Viele Leute sprechen in diesem Zustande am liebsten, weil sie dann eine recht dauerhafte Materie des Gespräches haben.

Sintmal hatte eben bei sich ausgemacht, daß man die ganze Erzählung des Fremden sehr gut psychologisch erklären könne, ohne auch nur einen einzigen Umstand abzuläugnen: er glaubte, daß es eine recht interessante Abhandlung für die Erfahrungsseelenkunde werden könnte, wen man sich die Mühe geben wollte, alles recht umständlich auseinander zu setzen. Der Unglückliche sei auf der Reise voll von trüben Vorstellungen gewesen, ein Wahnsinniger sei ihm begegnet, und habe alles das wirklich zu ihm gesprochen, was er erzählt habe, dies habe ihn noch mehr erhitzt, die Vorstellung, seine Geliebte sei gestorben, sei nun bei ihm recht lebendig geworden, und so habe sich auf die natürlichste Art jene wunderbare Erscheinung erzeugt.

Ach was! rief mein Schwiegervater aus; wer wird sich hier noch mit einer vernünftigen Erklärung abquälen wollen: gewisse alberne Dinge sollte man niemals vernünftig anzusehen suchen, denn je mehr man sich diese Mühe giebt, je dummer werden sie. Weit kürzer ist es, daß ich alles für eine abgeschmackte Lüge halte, für ein schlechterfundenes Mährchen, wie es schon in tausend und tausend schlechten Büchern steht. Dieser Mensch ist ein Kerl, der gern alles erlebt haben will, und weil das in dem Alter nicht möglich ist, so will er sich mit seiner Phantasie nachhelfen, so gut er kann, und weil ihm auch davon Gott nicht viel hat zukommen lassen, so versteht er es nicht einmal, seine Erfindungen wahrscheinlich zu machen. Weil wir ihn so geduldig anhören, wird er mit jedem Tage unverschämter werden, er wird unserm Verstande immer mehr bieten, weil der es sich bieten läßt; er hat das Sprichwort im Kopfe, auf einen groben Kloz gehört ein grober Keil.

Sintmal. Sollte ein Mensch so unverschämt sein können?

Martin. Nichts natürlicher, denn wir sind es zu wenig: je blöder man mit Menschen von dem Schlage umgeht, je dreister werden sie selbst. Er wird uns nächstens erzählen, daß er Geister beschwören könne, und ich wette, daß wir alle wieder ganz still sitzen, und thun, als wenn wir es glauben; besonders hat mein Schwiegersohn immer einen verdammten Respekt vor solchen Windbeuteln; über Bücher, die so geschrieben sind, lacht er, und wenn ihm nun gar ein Mensch aus einem solchen abgeschmackten Buche in den Weg kömmt, so hält er ihn ordentlich für was Rechts.

Ich. Es ist sehr wahr, daß ich oft jemand zu sehr achte, bloß, um nicht in die Gefahr zu gerathen, ihm Unrecht zu thun.

Martin. Aber das andere ist ja noch schlimmer, es ist gerade, wie viele Leute ihre Kinder erziehn.

Ich. Aber was soll ich thun?

Martin. Solchen Leuten zu verstehen geben, daß man sie nicht leiden kann, oder es ihnen geradezu in's Gesicht sagen. — Wenigstens ich muß meinem Aerger Platz machen, wenn er noch einmal mit solcher Geschichte angezogen kömmt; ich werde ihm dann sagen, daß wir das alles schon irgendwo gelesen haben.

Sintmal. Es scheint mir auch am Ende so ein Bücherwurm zu sein, der aus schlechten Romanen seine Nahrung zieht, und daraus seinen Charakter distillirt.

Martin. Ganz Recht; nichts weiter ist er. Das ganze Gespräch mit dem Alten ist ja, als wenn es aus dem einen konfusen ägyptischen Buche abgeschrieben wäre; — ich kann mich nicht auf den Namen besinnen. —

Sintmal. Welches meinen Sie?

Martin. Wir fingen es einmal an zu lesen, weil uns der Prediger drüben gesagt hatte, es kämen so viele geheime und bedeutende Winke darin vor. — Je, es ist so ein gewisser wunderlicher Heiliger darin: — mich dünkt, es heißt, die Obelisken.

Sintmal. Ach, Sie meinen die Pyramiden.

Martin. Nun, Obelisken oder Pyramiden, ich habe nicht weit darin lesen können. — Da kommen viele solche interessante Gespräche vor, wo einer dem andern immer das Wort aus dem Munde nimmt, und man am Ende nicht weiß, was beide wollen. Solche Dialoge füllen die Seiten in den Büchern recht hübsch, und es liest sich wenigstens rasch weg.

Sintmal. Es ist eine gewisse neue Art zu sprechen, die man jetzt in vielen Büchern findet. Sie heißen's den kurzen, lebhaften Dialog. —

Es war indeß schon spät geworden, und jedermann ging schlafen.

Zwölftes Kapitel.

Bekenntnisse.

Nachdem einige Tage verflossen waren, reiste mein Freund Sintmal wieder fort, weil ihn seine Geschäfte abriefen. Unser Abschied ist immer so zärtlich, als wenn wir uns in sehr langer Zeit nicht wieder sehn würden: er saß wieder auf seinem geliebten Pferde, und trat die Rückreise mit vieler Zufriedenheit an.

Bald darauf kam der Unbekannte auf mein Zimmer und bat mich um eine Stunde Gehör, weil er mir allein etwas zu eröffnen habe. Ich war auf seinen Vortrag begierig, und er fing auf folgende Art an:

Sie haben doch ohne Zweifel die Confessions des Jean Jaques gelesen?

O ja. —

Und was sagen Sie dazu?

Das Kürzeste, was ich sagen könnte, wäre, daß ich nicht recht weiß, was ich dazu sagen soll.

Sie werden doch aber nicht zu jenen Elenden gehören, die nach diesen Bekenntnissen jenen großen Mann für einen Verworfenen halten? — Ich darf Ihnen also wohl gestehn, daß tausend unbeschreibliche Empfindungen, tausend qualvolle Erinnerungen und unwiderstehliche Ahndungen, ja das ganze Heer jener unbegreiflichen und unsichtbaren Wesen, die so oft unsre Handlungen gegen unsern Willen lenken, mich bewogen, Ihnen nicht meine Geschichte zu entdecken, sondern Sie mit einigen kleinen Erfindungen zu hintergehn.

O Schwiegervater! Schwiegervater! seufzte ich aus tiefer Seele, und wagte es nicht, die Augen aufzuschlagen.

Aber, fuhr jener fort, ich schäme mich jetzt selbst jener Kleinmüthigkeit, und daß ich zu einem edlen Manne so wenig Zutrauen fassen konnte. Ich will mich daher selbst bestrafen, und Ihnen jetzt weitläuftig meine wahre Geschichte erzählen. Wenn Sie unbillig sind, werden Sie mich vielleicht nach meinen Geständnissen noch mehr verachten, als Sie es jetzt schon thun; aber ich will es darauf wagen. —

Ich komme von der Stadt — —

Halt! rief ich aus: Ihre Geschichte, die Sie mir jetzt erzählen wollen, sei nun wahr, oder falsch, so mag ich sie nicht hören. Ich könnte Ihnen, wie Sie sagen, Unrecht thun, und darum verschonen Sie mich lieber damit.

Ich drehte mich unwillig um; der Unbekannte machte noch einige Einwendungen, da er aber sah, daß sie nichts fruchteten, verließ er endlich mit einer tiefen Verbeugung das Zimmer.

Bin ich nicht ein großer Mann! rief ich aus, und ging in der Stube auf und ab. — Kann ich mich denn nicht von jener Sucht losmachen, alles immer anders finden zu wollen, als die übrigen Menschen? Muß ich immer bei den simpeln Leuten in die Schule gehn, und so theures Lehrgeld bezahlen? — Wie wird mein Schwiegervater triumphiren! — Und nun weiß ich überdieß nicht einmal, wie ich den fatalen Menschen los werden soll. — So geht es, wenn man Bücher schreibt, und durchaus immer neue schreiben will: der Mensch wäre mir sonst gleich wie ein Narr vorgekommen, aber nun hat er mich zu einem weit größern gemacht, als er selber ist. —

Ich konnte mich gar nicht über mich selber zufrieden geben, ich war mir bis dahin edler und besser vorgekommen, als andre Menschen, weil ich einen unglücklichen Flüchtling in Schutz genommen hatte; ich bewunderte an mir die größere Toleranz, die zarte Fähigkeit, mich in jede fremdartige Seele zu versetzen: und nun erschien mir alles als eine Albernheit, als eine leere Großsprecherei vor mir selber; ich fand es am Ende nicht mehr so verächtlich, daß der Mensch mir so dummes Zeug vorgelogen hatte, weil ich mich selbst mit ähnlichen Abgeschmacktheiten getäuscht hatte.

Ist man erst einmal mit diesen Empfindungen im Gange, so treibt man auch die Feindschaft gegen sich selbst zu weit.

Nach zweien Tagen war der Unbekannte aus unserm Hause verschwunden, ohne von uns Abschied zu nehmen; auf seinem Tische lag ein Gedicht im freiesten Sylbenmaaße, worin er behauptete, daß ihn die Sterne weiter riefen, und er ihrer großen Gewalt nicht widerstehn könne.

Wir wunderten uns darüber, aber noch mehr, daß er meinem Schwiegervater eine ansehnliche Summe von harten Thalern gegeben hatte, für die er sich von ihm Gold hatte wechseln lassen.

Vater Martin war voller Freude, daß er mit seiner

Meinung doch Recht gehabt hätte; er setzte sich noch an demselben Tage nieder, und berichtete den ganzen Vorfall sehr weitläuftig seinem Freunde Sintmal.

Dreizehntes Kapitel.

Ein äußerst unruhiger Tag.

Ich ritt nach acht Tagen ohngefähr wieder nach der Stadt, von der ich schon einmal in diesem Theile gesprochen habe. Mein Schwiegervater war schon am vorigen Abende hingefahren, weil er mancherlei Geschäfte abzumachen hatte.

Kaum war ich in der Stadt angekommen, als ich zu meinem Leidwesen bemerkte, daß ich gerade einen sehr unglücklichen Tag ausgewählt hatte. Ich hatte unterdeß meine Theorie von den unruhigen Tagen ganz vergessen, sie war mir als eine abentheuerliche Schimäre vorgekommen, und ich war daher ohne alle Vorsicht, ohne Nachdenken von meinem Hause abgereist.

In allen Straßen ward ich gedrängt und gestoßen. Mein Pferd ward scheu, und die Wache wollte mich durchaus arretiren, weil es die Trommel vom Bock herunter und in die Gasse geworfen hatte. — Nachher ritt ich in einige Brauerwagen hinein, daß ich mich gar nicht wieder zurück finden konnte. Ein Lumpensammler betäubte mich mit seiner Pfeife so, daß ich beinahe aus dem Sattel in die Obstkörbe einiger Bäuerinnen fiel.

Auf den öffentlichen Plätzen schlug sich der Nährstand mit dem Wehrstand; ersterer behauptete, letzterer habe ihm etwas gestohlen: die Zuschauer waren theils für diesen, theils für jenen partheiisch, und auch ihre Händel wären bald in Thätlichkeiten ausgeartet.

Ich suchte in der Angst in einem Gasthofe einzukehren, aber alle öffentlichen Oerter waren besetzt: zum Ueberfluß kam mir nun noch ein Zug von Seiltänzern und spanischen Reitern mit einer lauten Musik entgegen, unter welche mein Pferd hinein trabte, und sie durchaus nicht eher wieder verlassen wollte, bis sie die ganze Stadt durchzogen hatten, und dann nach ihrem Gasthofe zurück kehrten. Hier fand ich noch ein kleines Zimmer, und ich glaubte nun, alle Mühseligkeiten überstanden zu haben.

Als ich nach dem Mittagsessen wieder ausging, hörte ich auf den Straßen ein gewaltiges Geschrei. Eine Menge von Gassenjungen liefen umher, und konnten nicht laut genug jauchzen. Ich erkundigte mich, was es denn gäbe, und man schrie mir entgegen: sie haben ihn, sie haben den falschen Münzer! —

Ich sah jetzt die Wache aus der Ferne kommen, die von so unzähligen Leuten begleitet ward, daß ich den Missethäter gar nicht herausfinden konnte. — Der Zug ging nun an mir vorüber, und zu meinem größten Erstaunen sah' ich meinen Schwiegervater Martin nach der Wache bringen.

Und hier muß ich nun vor's Erste die Geschichte dieses Theils beschließen; ich thue es bloß, um den Leser auf den folgenden desto neugieriger zu machen.

Vierzehntes Kapitel.

Ein Brief.

Ich will dem Leser nur noch einen Brief mittheilen, den ich vor einiger Zeit erhielt, damit er daraus sehe, welch ein bekannter und angesehener Mann aus mir wird. Ich habe schon mehr Leute gesehn, die Briefe, die sie von gekrönten Häuptern oder vornehmen Personen bekommen, unter Glas und Rahm fassen lassen, und zu jedermanns Erbauung in ihre Putzstube aufhängen. Ich habe mit nachfolgendem Briefe dasselbe gethan, aber ich will ihn hier noch zum Ueberfluß abdrucken lassen, damit ihn auch alle diejenigen lesen können, die sich nicht die Mühe geben wollen, mich zu besuchen.

Hochedelgeborner Herr!

Ich bin sehr erfreut, daß ich durch Dero Buch die Bekanntschaft von Ew. Hochedlen gemacht habe. Ich muß Denenselben nämlich zu wissen thun, daß ich mich von Jugend auf einer vernünftigen Aufklärung beflissen habe, ich lese daher nicht alle Bücher ohne Ausnahme, sondern nur die guten. Es wird Denenselben bekannt sein, daß Ihre Lebensbeschreibung in Wien verboten ist, und da ich nun eigentlich nur die verbotenen Bücher lese, so war es gleich mein erstes Geschäft, mir den ersten Theil des Peter Lebrecht, zugleich mit den grauen Brüdern und andern vortrefflichen Werken, kommen zu lassen. Ich ersah aus Dero Geschichte, daß Dieselben eigentlich ein Edelmann sind, ich war daher lange ungewiß, wie ich Sie anreden und tituliren sollte, doch, da Sie den Adel wieder abgelegt haben, und durch Ihre Mesalliançe zeigen, daß Sie ihn fast nicht achten, so habe ich endlich doch nach vielem Bedenken die bürgerliche Anrede gewählt, wodurch ich aber Dieselben auf keine Weise habe beleidigen wollen.

Ich will aber zum Zwecke meines Schreibens kommen. Ich habe aus Ihrem Buche gesehn, daß Sie ein Mann von ungemein großen Talenten sind, daß Sie vernünftig und aufgeklärt denken, und einen angenehmen und zugleich lehrreichen Styl in Ihrer Gewalt haben. Mich dünkt, die Nürnberger gelehrte Zeitung hat auch ein ähnliches Urtheil gefällt, ich kann also um so sicherer sein, daß ich nicht auf falschen Irrwegen wandle. Neulich sah' ich ich hier ein Werk in Folio, mit sehr vielen ausgemalten Kupfern; ich glaube, es war eine sogenannte Flora oder Fauna, wo sich ein Gelehrter die Mühe gegeben hatte, von Blumen, ihren Geschlechtern und Vorfahren ein weitläuftiges Wesen zu beschreiben. Nun hätt' ich gar zu gern eine solche Fauna mit ausgemalten Kupfern und Wappenschildern von meiner eigenen Familie; ich habe in meinem Schlosse ein großes Archiv, und ich wollte eben Dieselben ersuchen, hieher zu kommen, und allhier einen ähnlichen Folianten zu schreiben. Unter meinen Ahnherren waren große und denkwürdige Männer. Nur müssen sich Dieselben in diesem Buche vor dem scherzhaften und niedlichen Style sehr in Acht nehmen, sondern immer tief in's Große und Ernsthafte hineinzugehn suchen: denn Lachen hat seine Zeit, und auch die Würde hat ihre Zeit. So könnten

Ew. Hochedlen der Geschichtschreiber meiner Familie werden; das Buch müßte so eingerichtet werden, daß es in Wien verboten würde, damit auch eben so aufgeklärte und vernünftige Männer, als ich, es läsen und beherzigten, und indem ich Ihre Antwort erwarte, verharre ich

Dero Freund und Gönner,

Baron D.. zu F...frt., Erb- Lehn- und Gerichtsherr auf G...

Funfzehntes Kapitel.

Antwort und Beschluß an den Leser.

Hochwohlgeborner Herr!

Ueber das Zutrauen, das Dieselben zu mir haben, so wie über den Beifall, den Sie mir schenken, bin ich unendlich erfreut, nur thut es mir leid, daß ich nicht so glücklich sein kann, das gnädige Anerbieten des Herrn Barons anzunehmen, denn leider seh' ich mich genöthigt, zu erkennen, daß ich den großen und heroischen Styl nicht im mindesten in meiner Gewalt habe: ohne daß ich es bemerke, geht er oft in's Gemeine und Scherzhafte über. Ja, es ist mit mir so weit gekommen, daß mich das eigentliche Ernsthafte oft am allerlächerlichsten dünkt, und daß ich in manchen Stunden unter der komischen und betrübten Darstellung keinen Unterschied zu machen vermöchte. Daß eine solche Lebensbeschreibung in Wien verboten würde, wäre sehr leicht zu bewerkstelligen, ja, es sollte mir selbst keine Mühe kosten, es dahin zu bringen, daß man es noch in manchen andern Ländern nicht lesen dürfte, so, daß dieses Werk dadurch ein äußerst kostbares und unvergleichliches Werk würde, aber, wie gesagt, der historiographische Styl steht nicht in meiner Macht. Dero Ahnherrn aber haben vielleicht manches Gute und Vortreffliche bewerkstelligt, Länder angebaut, und Tausende von Menschen glücklich gemacht: damit also diese Geschichten nicht verloren gingen, so möchte ich wohl so frei sein, mir manches davon als einen Beitrag zu meinen neuen Volksmährchen auszubitten. — Ich verharre in der tiefsten Ergebenheit

Ew. Hochwohlgeborn

ergebenster
Peter Lebrecht.

An den Leser.

Hier schließe ich nun den zweiten Theil meiner Geschichte, wer von Ihnen den Fortgang erfahren will, wird sich wohl zum dritten hinüber bemühen müssen, in welchem man außer der Gefangenschaft meines Schwiegervaters noch die wahrhafte und äußerst interessante Historie antreffen wird, wie und auf welche Art sich mein Freund Sintmal verliebte. Ich hoffe auch, bis dahin manches Merkwürdige zu erleben, so, daß der dritte Theil ohne Zweifel sehr gelesen zu werden verdient.

Da ich noch so bald nicht zu sterben denke, so hatte ich erst, da ich um mich her so viele Journale aufwachsen sah, den Vorsatz, meine Geschichte in der Form eines Journals monatlich herauszugeben, so wie der Apollo nichts als Ritter- und Geistergeschichten enthält; ich hätte dann weit mehr in ein genaues und interessantes Detail gehn, und jeden Vorfall in meiner Familie sehr weitläuftig und umständlich berichten können; es wäre dann ein recht eigentliches Journal für Hausväter, und überhaupt für Leser in allen Ständen geworden. Meine Frau ist jetzt z. B. schwanger, ich erwarte in einigen Wochen ihre Entbindung, und wenn ich im Brandenburgischen lebte, so würden sich die Herausgeber der Denkwürdigkeiten der Churmark sehr freuen, den Namen meines Kindes, so wie den von allen Gevattern, aufgezeichnet zu finden, meine Geschichte gehörte dann gewissermaßen zu den Urkunden von den Preußischen Ländern. Jedes Journal zehrt auf seine Art von den Vorfällen des Tages, und so würde ich es mit meiner Familie gemacht haben, und wenn auch manchmal nichts vorgefallen wäre, so hätte ich dann manche Lüge von meinem Schwiegervater unter die Leute gebracht, und sie nachher im folgenden Stücke widerrufen und weitläuftig widerlegt. So hätte es mir gewiß am Stoffe nie gemangelt.

Ich wollte auch noch eine andre nützliche Einrichtung mit diesem Journale verbinden. Es fehlt den Deutschen bis jetzt immer noch an guten Satyren; ich that mich daher mit einem gewissen Gottschalk Necker zusammen, der bis jetzt im Archiv des Berlinischen Geschmacks gearbeitet hat, und der sich seinen Lesern, ohne ihm zu schmeicheln, als einzig in der Kunst schlecht zu schreiben gezeigt haben muß. Er versprach mir viele Satyren, und in einem noch andern Sylbenmaße, in dem er sich der Prosa noch mehr zu nähern bestreben wollte; er schrieb mir, daß er nun in seinen Satyren fast alle namhaften Männer in Berlin benannt hätte, er wollte nun auch zu andern Städten übergehn, so, daß seine Satyren zugleich als Namensregister berühmter Gelehrten gebraucht werden könnten. — Man kann sich einbilden, daß ich diesen Vorschlag mit beiden Händen ergriff, allein zu unserm Leidwesen wollte sich kein Verleger zu diesem Journale antreffen lassen, und so wird es dann wohl, Hochgeehrte Leser, dabei bleiben müssen, daß Sie im dritten Theil die Fortsetzung meiner höchstwahrhaften Geschichte suchen müssen.

Ende des zweiten Theils.

Die beiden merkwürdigsten Tage aus Siegmunds Leben.

Eine Erzählung.

1796.

Es war schon gegen Abend, als ein Wagen vor dem Gasthofe still hielt, und ein junger Mensch munter und fröhlich herausstieg, um sich vom Wirth ein Zimmer anweisen zu lassen. Es entstand ein Laufen im ganzen Hause, Treppe auf und nieder, um Licht und Feuerung zu besorgen, alle Schritte hallten fünffach von den großen Gewölben wieder, man führte den Fremden auf sein Zimmer und ließ ihm Wachslichter auf sehr eleganten Leuchtern da, und Herr Siegmund merkte aus allen Zeichen, daß er hier zwar in ein vornehmes, aber gewiß sehr theures Wirthshaus gerathen sei.

Mag's doch! sagte er ganz laut, indem er mit zuversichtlichen Schritten in seinem Zimmer auf- und abging, und flüchtig die englischen Kupferstiche betrachtete. Ich bin morgen vielleicht schon Rath, und alle Sorgen für die Zukunft sind gehoben.

Er sah aus dem Fenster; es war auf der Gasse noch ziemlich hell, und selbst hell genug, um ein allerliebstes Gesichtchen im gegenüberstehenden Hause zu bemerken, das aufmerksam nach ihm hinüber sah. Seine Augen begegneten ihren freundlichen Blicken, er grüßte endlich, und sie dankte verbindlich.

Der zukünftige Rath sah bei so guten Vorbedeutungen die Stadt mit sehr günstigen Augen an. Er träumte sich hundert angenehme Abentheuer, und sah es sehr ungern, als sich die Schöne von ihrem Fenster zurückzog, und er nur noch hinter ihren Vorhängen das Licht bemerkte, das sehr oft seine Stelle veränderte, und bald näher zum Fenster, bald weiter zurück gesetzt ward.

Er ließ ebenfalls die Vorhänge herunter. Der Ofen wärmte das Zimmer nur wenig, und da er von dem Fahren noch eine gewisse Unruhe im Körper verspürte, so nahm er die Lichter, verschloß die Stube, und bestellte unten in der Küche, daß er zum Abendessen zurückkommen würde. Es wurde ziemlich spät gegessen, und er hatte daher zum Spazierengehn noch Zeit genug.

Siegmund liebte nichts so sehr, als aufs Gerathewohl die Straßen einer fremden Stadt zu durchkreuzen, bald hier, bald dort zu verweilen, und die mannichfaltigen wunderbaren Eindrücke in seine Seele aufzunehmen, die die fremden Gegenstände, die unbekannten Häuser in ihm erregten. Es war ein angenehmer Herbstabend, allenthalben stand der Rauch des Abendessens über den Häusern und vermischte sich mit dem Dunste des feuchten Herbstnebels, der thauend in die Gassen niedersank; der Mond fing eben an die Dämmerung gelb zu färben, und aus den Fabriken kehrte jauchzend der Schwarm der jungen und alten Arbeiter nach Hause. Mädchen durchstreiften Arm in Arm die entfernteren Gassen und plauderten laut durch einander, um die vorübergehenden jungen Leute aufmerksam zu machen, und desto leichter ein interessanteres Gespräch mit diesen anzuknüpfen. Kleine Jungen balgten sich, und die Bettler sumsten ihre Bitten dreister den Eilenden nach.

Siegmund labte sich an den abwechselnden Gestalten, er stand oft still und sah durch ein niedriges Fenster in die sparsam erleuchtete Stube, deren Schein so anlockend, und deren enge von der Lampe schwarzgeräucherte Wände so abschreckend waren. Die Familien der Handwerker saßen um runde Tische und verzehrten froh und lebhaft kauend ihr Abendbrod; in andern Stuben saß eine emsige Alte beim Haspel, und zählte aufmerksam seine Umwälzungen, um morgen ihr gesponnenes Garn abzuliefern. Oft stand Siegmund still, wenn er in der Ferne auf den Fluren der Häuser ein Licht wahrnahm, und die hin und herschießenden Schatten; oder wenn sich eine Thür unter dem Schall einer lauten Klingel eröffnete, und der Hausherr mit vielen Bücklingen einen Besuch entließ, der mit einer ehrbaren Laterne nach Hause schritt. — Siegmund las bei solchen Wanderungen das ganze menschliche Leben gleichsam kursorisch, er dachte sich in jede Familie hinein, und erinnerte sich seiner frühesten Kinderjahre, wo ihm in trüben regnigten Nächten der Schein des Lichts aus den Häusern immer wie ein Feenland gewinkt hatte. — Er bestieg in seinem poetischen Taumel endlich noch den Wall der Stadt, und sah nun auf der einen Seite dunkelflimmernde Lichter, ein dumpfes Geräusch von Wagen und Stimmen durcheinander, die sich ablösenden Wachten und das Schlagen der Glocken, Häuser hinter Bäumen versteckt, und der Abendwind, der im rasselnden Laube nachsuchte, einen Kahn auf dem kleinen Flusse: — auf der andern Seite das freie Feld mit

Nebelwolken, mit fernen Hügeln und Wäldern, Bauern, die nach Hause fahren, Mühlen, die ihren einförmigen Takt im kleinen Wasserfall unermüdet wiederholen, Stimmen, von denen er nicht wußte, wo sie hingehörten, wandernde Vögel; — als er so alle die einzelnen zerstreuten Gemälde in ein einziges in seiner Phantasie sammelte, so war er mit sich und seinem Schicksale außerordentlich zufrieden, er dachte sich sein künftiges Leben hier recht schön, und es befiel ihn unter seinen Hoffnungen nur die dunkle Beklemmung, die sich fast jeglichem Menschen in fremden Gegenden nähert.

Siegmund überließ sich seinen Träumereien nnd ging immer in verkehrten Richtungen, wie sie der Zufall ihm bot. Er überließ sich gern einer unbestimmten Ahndung, um sich mühsam aus kreuzenden Wegen heraus zu finden, und am Ende mußte er gewöhnlich doch zum Fragen seine Zuflucht nehmen.

Die Scenen in den Straßen hatten sich jetzt sehr geändert, aus den Wirthshäusern tönte Musik und stampfender Tanz, die Fenster klirrten von fröhlichem Gelächter, Schattenspielleute zogen orgelnd und singend durch die Straßen, nnd kontrastirten seltsam mit den heiligen Liedern, die aus manchen unerleuchteten Dachstuben herunter winselten; an manchen Orten wurde gezankt, Bettler lehnten betrunken an den Ecken, und nahmen jetzt das Mitleid übel, das sie noch vor kurzem erfleht hatten. Die Grazien wandelten einsamer und stiller und viele waren in männlicher Begleitung; nur aus den vornehmern Häusern rauchten die Schornsteine noch und bewölkten den Mond.

Eben wollte sich Siegmund nach seinem Gasthofe erkundigen, als er ein lautes Gezänk durch die stille Straße schallen hörte; es machte ihn aufmerksam, und er ging dem kreischenden Tone nach. — Auf der steinernen Treppe eines kleinen Hauses stand ein ältlicher wohlgekleideter Mann in einem Winkel und schien in das Haus zu wollen. Eine alte Weiberstimme versagte ihm den Eingang. — „Und Sie wissen ja ein für allemal, daß Mamsell nichts mit Ihnen zu sprechen hat,“ — rief es zu wiederholten Malen kreischend aus dem Hause heraus; der alte Mann hatte aber immer wieder die Klingel in der Hand, und machte mit gedämpfter Stimme neue Vorschläge, von denen die Alte nichts wissen wollte. Die Kapitulation währte eine geraume Zeit, und Siegmund, der hier eine lustige Scene aus einem komischen Stücke zu sehn glaubte, konnte sich am Ende nicht mehr halten, sondern fing an überlaut zu lachen. Der alte Mann sah sich brummend um, und ging dem Lachenden hart vorüber nach Hause. Dieser erkundigte sich nun nach seinem Gasthofe, und die Reihe, ausgelacht zu werden, war jetzt an ihm, denn er stand dicht davor. — Das Haus, vor welchem die merkwürdige Kapitulation vorgefallen war, war dasselbe, aus welchem in der Dämmerung das allerliebste Mädchengesicht heraus gesehn hatte. —

Er ging in das Wirthszimmer, wo man schon stark mit Essen und politischen Gesprächen beschäftigt war. Es war gerade um die Zeit, als Dümouriez sein Heer verlassen hatte, und dieser Schritt den Verstand und die Imagination aller Leute beschäftigte, man schrie und eiferte, um ihn zu vertheidigen oder zu verdammen, es wurde seine Gesundheit getrunken und an einer andern Stelle auf ihn geflucht, ein Spieler schalt ihn niederträchtig und sprach mit Enthusiasmus von den hohen

Pflichten der Vaterlandsliebe; ein Gelehrter, der kürzlich einen Traktat über die römischen Sylbenmaße herausgegeben hatte, bewies, daß Dümouriez den ganzen Feldzug ohne die nöthigen taktischen Vorkenntnisse unternommen hätte; ein anderer sprach mit Verachtung von ganz Frankreich, und war schon halb betrunken, das arme Land hatte ihm in seinem eignen Weine Waffen wider sich in den Mnnd gegeben. —

Aber, meine Herren, der Präsident ist völlig meiner Meinung! rief ein kleiner untersetzter Mann hinter dem Tische hervor.

Sehr natürlich, antwortete der Spieler, weil Sie immer seiner Meinung sind.

Die ganze Gesellschaft lachte, und der kleine Mann ward roth, er wollte zu verstehen geben, daß er dem Präsidenten gar manches über die Zeitläufte unter den Fuß gebe, allein er fand kein Gehör. Je näher er die Parallele zwischen sich und dem Präsidenten zog, je deutlicher ward es den Zuhörern, daß er nichts als ein Echo seines Gönners sei, und manche spielten ziemlich handgreiflich darauf an, daß er nur durch sein Wiederhallen eine einträgliche Stelle suche. Der Mann ward immer hitziger und röther, und wandte sich vorzüglich mit seinen schutzsuchenden Blicken an Siegmund, dem die Verlegenheit des aufgelaufenen Gesichts wehe that, und der deswegen eine kleine Pause benutzte, um die Rechtfertigung des Kleinen über sich zn nehmen. —

Muß man denn, meine Herrn, immer nur Vortheil suchen, fing er an, wenn man der Meinung eines klugen angesehenen Mannes beitritt? Soll man ihm der Höflichkeit, der Freundschaft, ja seiner eigenen Ueberzeugung zum Trotz nur stets widersprechen, bloß um der Welt zu zeigen, daß man unabhängig von ihm leben könne? Nur der Egoismus kann in allen Schritten Eigennutz entdecken. — Und warum soll ich auch nicht die unschädliche Schwachheit eines Vornehmen auf eine unschädliche Art benutzen dürfen? Wir sind selbst gegen unsere vertrautesten Freunde nie ganz aufrichtig, wir geben ihnen manches zu, wovon wir nicht überzeugt sind, wir behalten in den herzlichsten Stunden eine gewisse Lebensart bei, wir schonen ihrer Schwachheiten, um sie nicht gegen uns aufzubringen, und damit sie wieder andere Schwächen an uns übersehn. Hanc veniam damus petimusque vicissim.

Schön, rief der Mann aus, der den Traktat geschrieben hatte — Schade, daß Sie ein Sophist sind, und für Sophistereien einen Spruch des redlichen Horatii citiren.

Machen wir es in unserm ganzen Leben anders? fuhr Siegmund fort, und machen sich wohl die edelsten Menschen Vorwürfe darüber? — Wer giebt dem Müller das Recht, einem Wasserfalle sein Mühlenrad unterzustellen, so daß die Wellen, statt frei und ungehindert fortzufließen, erst angespannt werden, um mit Mühe ein ungeheures Rad zu drehen? —

Eine seltsame Ideenkombination! rief der Traktatenschreiber. —

Nicht so seltsam kombinirt, antwortete der Mann, der in Verlegenheit gewesen war, und dessen Gesichtswellen sich jetzt zur Ruhe legten: — nicht so seltsam, als sie die Ode Justum et tenacem etc. erklärt haben. —

Sutor ne ultra crepidam! antwortete kaltblütig der Gelehrte, und warf sein Motto wie einen Fehdehandschuh über den Tisch hinüber. Der Gegner hatte eine außerordentliche Fertigkeit im Rothwerden, denn schneller als in einem erhitzten Thermometer stieg nun das Blut wieder in die aufgedunsenen Wangen. Er schöpfte frischen Athem, als Siegmund wieder von neuem anfing:

Wenn wir die Schwäche eines Menschen ertragen, so ist dies nichts als eine Pflicht der Menschenfreundlichkeit; bringt es aber der Zufall mit sich, daß wir durch diese Schonung irgend einen Vortheil erlangen können, so sind wir große Thoren, wenn wir uns nicht an dem Geländer festhalten, das uns einen steilen Pfad hinauf begleitet. Wer wird nicht bergunter langsam gehn, und einem bergabrollenden Steine aus dem Wege treten?

Der Freund des Präsidenten ward ein Freund Siegmunds, und bekräftigte alles, was dieser sagte, mit sehr gewichtvollen Blicken, die er langsam in der Gesellschaft herumgehn, und dann an dem überwundenen Gelehrten hängen ließ. Siegmund war ohne es zu wollen der Sprecher in diesem langweiligen Parlamente geworden, und alle Augen waren nach seinem Munde gerichtet. Man fragte den Wirth heimlich, wer der verständige Fremde sei; dieser aber wußte es selber nicht, und man hatte von Siegmund nur eine desto größere Hochachtung, da man seinen Namen und Charakter nicht kannte.

Die Gäste zerstreuten sich nach und nach, nur der kleine dicke Mann blieb mit Siegmund im Zimmer; dieser spürte jetzt einen weit größeren Muth, da er mit seinem Vertheidiger das Feld behalten hatte. Er wagte es jetzt dreister, sich in philosophischen Sentenzen zu ergießen, und Siegmund war gutmüthig genug, alles zu bestätigen, da er einmal sein Sekundant geworden war. Beide versprachen es sich, Freunde zu bleiben und sich öfters zu besuchen. — Man trennte sich und Siegmund ging schlafen.

Er wachte mit den angenehmsten Vorstellungen auf, die Sonne schien hell in sein Zimmer, und die freundlichen Tapeten und ihre Kupferstiche lachten ihm entgegen; er ließ sich frisiren und zog sich an. — Das hübsche Mädchen lag wieder im gegenüberliegenden Fenster, er grüßte, sie dankte, er sah noch einigemal hinüber, und stellte sich dann vor den Spiegel, um seinen Anzug und Anstand zu mustern. Dann ging er gedankenvoll im Zimmer auf und ab, und sagte zu sich selbst:

Es kann mir nicht fehlschlagen, meine Empfehlungen sind zu gut und dringend; es wäre Beleidigung des Generals, wenn man mir die Stelle versagte: Und warum sollt' ich eine unnütze und lächerliche Deutschheit und Biederkeit und wie die närrischen Titel weiter heißen mögen, affektiren? Man empfiehlt sich den Menschen immer auf das vortheilhafteste, wenn man recht demüthig erscheint, und sich gar nicht zu empfehlen sucht; man darf nur die Leute selber sprechen lassen, und sie finden, daß man ganz außerordentlich vernünftig redet. — Bis jetzt haben die eingebildeten Weltreformatoren noch nichts genützt, aber wohl sich und andern geschadet. — Wenn es in unserer Welt dazu gehört, daß man schmeichelt um ein Amt zu bekommen, eben so, wie man sich examiniren läßt, — je nun, so kann ich nicht begreifen, warum ich nicht etwas schmeicheln sollte, um in einen Zustand zu gerathen, daß ich mir kann schmeicheln lassen. Das Ganze ist doch wahrhaftig nicht unangenehmer, als wenn ich auf der Hicherreise mit dem Wagen umgeworfen und einen Arm gebrochen hätte, und doch wäre es wahrlich auch nur geschehn, um hier Rath zu werden. Der Präsident hat viele Schwächen, sie sollen mir eben so viele Haken werden, um mein Glück zu ergreifen.

Als er diese Rede geendigt hatte, ging er zum Wirth hinunter, um sich jemand von seinen Leuten auszubitten, der ihn zum Präsidenten führen könne. — Was ist das für ein Mädchen, die dort drüben wohnt? fragte er den Wirth zu gleicher Zeit ganz vorübergehend.

Der Wirth schüttelte bedenklich den Kopf. — Es ist eine von denjenigen, sagte er halb lächelnd und halb böse — nun, Sie verstehen mich wohl; sie lebt so auf ihre eigne Hand, wie man so zu sagen pflegt. Eine niederträchtige Kreatur! sie hat schon manchen jungen Mann ausgezogen. — Nehmen Sie sich nur vor der boshaften Person in Acht, setzte er spottend hinzu, sie kann sich so fromm und unschuldig stellen: ein wahres Krokodill, ein Ungeheuer!

Siegmund hatte nicht Zeit, um den Schmähungen des Wirths noch länger zuzuhören, er ging und sahe nach den Fenstern des Mädchens hinauf, sie blickte ihm nach, und er schickte ihr nach dem, was er so eben gehört hatte, einen sehr verächtlichen Blick zu, und ging in die nächste Quergasse, ohne sich noch einmal umzusehn.

Nachdem sie durch mehrere Straßen gegangen waren, zeigte ihm der Bediente gerade vor ihm ein sehr ansehnliches Haus, dessen vornehme Treppe, die großen Fenster und alles von dem aristokratischen und reichen Besitzer zeugten. Das Herz fing ihm an etwas zu klopfen, da er nun in kurzem den Mann persönlich vor sich sehen sollte, der seinem Glücke den Ausschlag geben konnte. Er hatte sich den Präsidenten so viel als möglich gedacht, aber es war doch immer ein fremder Mensch, mit dem er jetzt in Unterhandlungen treten sollte; sein Anzug erschien ihm jetzt bei weitem nicht so vortheilhaft, und auf dem hallenden, mit Marmor gepflasterten Flure schien es ihm sogar, als wäre er nicht Menschenkenner genug, um den Präsidenten so ganz in seine Gewalt zu bekommen, als er sich erst eingebildet hatte.

Er ward in das Vorzimmer geführt, um auf die Ankleidung des Präsidenten zu warten, er schickte ihm die Briefe des Generals hinein, und hatte Muße genug, um die ängstlich prächtige Möblirung des Zimmers zu mustern.

Als er in Gedanken seine Komplimente wiederholt, mehrmals leise und zahm auf dem getäfelten Boden auf- und abgegangen war, seine Uhr aufgezogen, ob es gleich noch nicht Zeit war, Taback aus einer recht eleganten Dose, einem Präsente, genommen hatte, um es sich von neuem ins Gedächtniß zu rufen, daß er doch auch schon ehemals mit vornehmen Leuten, und zwar auf einem ziemlich vertrauten Fuße, umgegangen sei, trat der Präsident endlich zu ihm in das Zimmer, und hielt nachlässig den Brief des Generals in der Hand.

Verbeugungen, gnädig und demüthig, und von beiden Seiten ein Schritt plötzlich zurück, Verlegenheit, besonders auf Siegmunds Gesichte, indem man sich gegenseitig erkannte: denn der Präsident war Niemand anders, als der alte Mann, den er gestern im Mondenscheine vor der Thür seines Gasthofs so derb ausgelacht hatte.

Das Benehmen des Präsidenten setzte sich leicht

wieder zu einer zurückstoßenden Kälte, die den vornehmen Leuten so leicht zu Gebote steht. Siegmund war in einer Verwirrung, die alles konfundirte, was er dachte und was er sagen wollte, die prästabilirte Harmonie war auf einige Minuten in ihm gestört, und er stammelte dem Präsidenten eine unzusammenhängende Entschuldignng ins Gesicht, daß er ihn gestern Abend unbekannterweise in der bewußten Gegend ausgelacht habe. Der Präsident fragte sehr ernsthaft und wie verwundert, was er meine, und Siegmund vermochte es kaum, sich auf seinen Beinen aufrecht zu erhalten.

Als er sich etwas erholt hatte, sah er ein, daß ihm unter diesen Umständen nur zwei Wege offen ständen, entweder sogleich den Präsidenten zu verlassen, Pferde zu nehmen, und nach seiner Geburtsstadt zurückzureisen, oder den Versuch zu machen, alles auf eine feine Art wieder ins Geleise zu bringen. Er entschloß sich zum letzten, da er sich erinnerte, daß er die gehoffte Stelle schon immer als sein Eigenthum angesehen und darnach alle Einrichtungen getroffen habe. Er fiel sich in den Zügel, und suchte bei der Dämmerung aller Sinne und Begriffe den rechten Weg wieder zu finden. Aber ich möchte den Mann sehn, der nach so vielen Unglücksfällen noch fein sein kann und doch ein Deutscher ist.

Der Präsident war verstockt genug, dem armen Sünder auch nicht einen einzigen Schritt entgegen zu thun, oder ihm Pardon anzubieten; er hatte vielleicht ein Wohlgefallen an den Krümmungen und wunderbaren Windungen des Supplikanten, der die Füße in alle mögliche Tanzpositionen brachte, der die Uhrkette und die Augenbraunen kniff, und nichts sehnlicher wünschte, als der Präsident möchte seine goldene Dose zur Erde fallen lassen, um sie ihm mit der demüthigsten Behendigkeit wieder reichen zu können.

Nach den gewöhnlichen Eingangsredensarten, von — „Leidthun" — „wünschen, ein andermal dienen zu können" — den Trauerkutschen, die unsre Hoffnungen so oft zu Grabe begleiten, kam endlich die abschlägliche Antwort zum Vorschein, die schon lange den armen Candidaten wie ein herannahendes Gewitter geängstigt hatte. Siegmund war ohne Trost, als jetzt der kleine Bellmann durch den Saal ging und ihn der Präsident sehr freundlich in sein Zimmer beschied, in welches er ihm sogleich folgen würde. Es fiel ihm schneidend ein, wie er gestern den Gönner des kleinen Mannes gespielt habe, und dieser heut mit einem Menschen so vertraut umging, der ihm fürchterlich war. Der Präsident suchte jetzt absichtlich die Visite abzukürzen, so wie Siegmund sie verlängerte, ohne eigentlich zu wissen, warum er es that. — Der Präsident sagte ihm endlich, daß der Mann, den er eben gesehn habe, derjenige wäre, dem die Stelle schon versprochen sei, auf die er gehofft habe. Siegmund fiel aus den Wolken.

Es giebt Momente im Leben, wo die Verlegenheit Stoß auf Stoß so auf uns einstürmt, daß wir uns endlich in blinder Verzweiflung widersetzen. Dies ist der Augenblick, wo alles Thierische im Menschen gewöhnlich die bessere geistige Materie zu Boden ringt, der gefährliche Augenblick, in welchem der Mensch allen feinern Empfindungen Abschied giebt, wo er in seinem Gegner den fühlenden Menschen verkennt und bloß den Feind wahrnimmt. In diesem stürmischen Augenblicke entdeckte Siegmund dem Präsidenten seine ganze Lage; wie er seinen vorigen Posten aufgegeben habe, weil er die hiesige Rathsstelle gewiß geglaubt, wie er Geld aufgenommen und nun nicht wieder zu bezahlen wisse, wie ihn jetzt plötzlich tausend Unannehmlichkeiten bestürmten, an die er bis dahin gar nicht gedacht habe.

Der Präsident zuckte die Schultern, eine Mitleidsbezeugung, mit der die Leute noch freigebiger sind, als mit Seufzern. Es kam ihm sogar ein Einfall, den er für witzig hielt, so daß er ihn unmöglich unterdrücken konnte.

Sie glaubten, sagte er mit sehr spitzigem Munde, daß guter Rath hier so theuer sei, daß man Sie auf den Händen tragen würde.

Man sieht, es war ein Wortspiel, die verschrieenste Abart unter den verschiedenen Arten des menschlichen Witzes; daß es außerdem noch unartig war, bedarf gar keiner Erwähnung.

Sie bringen mich zur Verzweiflung! rief Siegmund so aus, als wenn er schon wirklich verzweifelt wäre; der Präsident erschrak bei diesem Sprunge über die gewöhnliche Lebensart hinweg, er sicherte sich hinter einen prächtigen Sessel, vor dem Siegmund wie ein begeisterter Prophet stand und Reden führte, wie die verfolgte Tugend.

O wehe mir, daß ich sah, was ich sah, fuhr er fort zu klagen, und wandte eine Stelle aus dem Ovidius Naso auf seine Umstände an. Was konnte ich dafür, daß man Sie nicht in das bewußte Haus hineinlassen wollte? Was konnte ich dafür, daß ich Sie dort traf und wider meinen Willen lachen mußte?

Ist Ihnen das Glück eines Menschen nicht theurer, als daß Sie es ganz so vom Zufalle und Ihren Launen abhängen lassen? — O, widerrufen Sie Ihr Urtheil und verhöhnen Sie mich nicht in meinem Unglücke, denn ich hab' es nicht verdient, schicken Sie mich nicht so ohne Trost fort, und bestrafen Sie, wenn Sie können, den Zufall, nicht mich. —

Mein Freund, antwortete der Präsident mit einer unausstehlichen philosophischen Kälte — Ihr Unglück besteht ja eben darin, daß Sie mit diesem Zufall zusammengetroffen sind. Ist dies nicht vielleicht ein Wink des Verhängnisses, daß Sie unglücklich sein sollen? Ja, es ist Ihr Verhängniß, denn Sie sind ja unglücklich und haben nicht die Kunst verstanden, mein Herz zu Ihrem Vortheil einzunehmen, weil es das Schicksal nicht so haben will. Bewundern Sie die Anzahl von Zufällen, die Sich gleichsam mühsam aneinandergereiht haben, um diese Wirkung hervorzubringen.

Ich sehe nichts als Ihren Zorn und Unwillen, Ihre Hartherzigkeit mit meinem Unglücke, antwortete Siegmund. — Können Sie, ohne Reue zu fühlen, so ungerecht sein?

Ungerecht? Der Präsident fing unwillig dies Wort auf. — Und wo liegt denn, mit Ihrer Erlaubniß, die Ungerechtigkeit? — Wenn ich einen Freund habe, der mir schon seit lange eine Menge von Gefälligkeiten erzeigt hat, und ich finde nun endlich Gelegenheit, ihm wieder etwas Vortheilhaftes zuzuwenden, sollt' ich es da unterlassen, und diesen Nutzen einem Menschen gönnen, der mir fremd ist? Warum soll ich meinem Freund nicht nützen, wenn ich die

Gelegenheit dazu in Händen habe? — Ich halte es nicht für ungerecht, sondern für meine erste Pflicht. — Sie können nicht für den Zufall, aber ich eben so wenig für den, daß die Stelle schon meinem guten Freunde versprochen ist. — Leben Sie wohl.

Der Präsident machte ihm eine nachlässige Verbeugung, und der kleine Bellmann trat wieder aus dem Zimmer des Präsidenten; der Beschützer zog sich zurück, und der kleine Mann begleitete unsern Helden bis an die Treppe. Siegmund machte den Versuch, diesen wieder wie gestern zu imponiren; aber alle seine Kunst war vergebens, der kleine Mann kannte jetzt das Verhältniß, in welchem sie beide standen, und war fast eben so unhöflich als der Präsident selbst. Er bot ihm ein kaltes Lebewohl, und ging dann hochmüthig wieder in die Thür zurück.

Auf der Straße sah sich Siegmund ein paarmal um, um frische Luft zu schöpfen; er betrachtete die Vorübergehenden genau, um das Gesicht des Präsidenten in seinem Gedächtnisse zu verwischen; aber dieses stand mit allen seinen kalten und verhöhnenden Zügen wie angenagelt in seiner Phantasie da. Er ging in die erste Straße hinein, um nur das vornehme Haus aus den Augen zu verlieren, das ihm gleich beim ersten Anblick von so übler Vorbedeutung gewesen war. Es kam ihm vor, als wenn ihn alle Menschen höhnisch betrachteten, als wenn seine ganze Unterredung mit dem Präsidenten auf seiner Stirn geschrieben stehe.

Wie anders erschienen ihm alle Straßen jetzt, als gestern Abends! Das Gewühl der Menschen, die Kaufläden, die Thätigkeit, alles schlug ihn nieder, denn alles war ein Bild des Erwerbes, des Strebens nach

Wohlstand; eine Vorstellung, die ihm gestern Abend so wohl gethan hatte, und die ihm jetzt verhaßt war. — Wie tief war er in seinen Ideen seit einer Stunde gesunken!

Wenn ein Mensch in einer großen Verlegenheit ist, geht er gewöhnlich sehr schnell, er will allen unangenehmen Gedanken vorübereilen nach einem Moment der Ruhe und Zufriedenheit hin, der boshaft mit jedem seiner Schritte wieder einen Schritt voranläuft. Siegmund stieß an manche Lastträger, die ihm ihre Flüche nachschickten; Kutscher schimpften von ihrem Bocke herunter, weil er ihnen zwischen die Pferde lief; eine alte Frau fing ein jämmerliches Geheul an, weil er ihr einige Töpfe zerbrochen hatte, die er in der zerstreuten Eil mit dem sechsfachen Preise bezahlte. — Er ward des Getöses überdrüßig, und bestieg jetzt langsam, um sich wieder zu erholen, den Wall der Stadt.

Siegmund ward sehr verdrüßlich, als er auch hier die gehoffte Ruhe und Einsamkeit nicht fand. Geputzte Herren und Damen schritten vorbei, um gesehn zu werden. Männer gingen laut disputirend vorüber; — kein einziger Spaziergänger, der sein Auge an der schönen Natur erquickt hätte, und auch Siegmund that es nicht, denn er überlegte bei sich sein künftiges Schicksal.

O hätte ich nur meine gestrigen Empfindungen zurück! und lehnte sich an einen Baum. — Ich Thor! daß ich mich gestern des Kleinen so lebhaft annahm, und mir mein Genius nicht zuflüsterte, daß ich für meinen ärgsten Feind die Waffen ergreife! — Was soll ich nun anfangen? — dem General meine Verlegenheit melden? — Er ist froh, daß er sich seiner Verbindlichkeiten gegen mich entledigt hat. — Eine andre Stelle suchen? — Aber welche? —

Alles machte ihn betrübt, er sah in die Straßen der Stadt hinein, und verachtete das Treiben und Drängen der Menschen recht herzlich. Die Glocken riefen die Leute vom Spaziergange zum Mittagsessen; aber er hörte es nicht; der Wall ward nach und nach leer, doch er achtete nicht darauf, und befand sich in der Einsamkeit ungestörter und glücklicher. Es währte aber nicht lange, so kamen die Spaziergänger zurück; ja ihre Anzahl war größer, als Vormittags, die Damen waren noch geputzter und sahen ängstlich nach dem Himmel, ob die drohenden Herbstwolken näher ziehen und durch einen Regenguß ihren Anzug verderben würden. Aber die Sonne brach immer wieder mit neuer Wärme hervor, und der Spaziergang machte alle Gesichter froh und heiter.

Ein hagerer Mann gesellte sich durch einen Zufall zum melankolischen Siegmund; es war der Zeitungsschreiber des Orts, der gern allenthalben nach Neuigkeiten forschte. Dieser vaterländische Dichter hatte es aus dem Gesicht, dem Gange und der Kleidung Siegmunds herausgebracht, daß er ein Fremder sein müsse, er wollte daher einige Traditionen aus ihm herauszuziehn, um sie in Briefform mit andern Wendungen seinem Blatte einverleiben zu können. Siegmund war ziemlich einsylbig, seine Scene mit dem Präsidenten war für ihn jetzt die größte Weltbegebenheit, an diese dachte er unaufhörlich, und war sehr gleichgültig für alle politischen Bemerkungen seines neuen Bekannten, der viele Sachen prophezeihte und andre Prophezeihungen widerlegte.

Ein Pferd trabte hart an ihnen vorüber, und machte dann viele von den närrischen Geberden, die den Thieren mit großer Mühe in den Schulen beigebracht werden, um nicht ganz geschickte Reiter bei irgend einer schicklichen Gelegenheit in die Gefahr zu bringen, herunter zu stürzen. Dies war auch hier der Fall; der Reiter wankte von einer Seite zur andern, und wollte doch auch nicht gern den edlen Paradeur in seinen schönen Figuren unterbrechen. Der Reiter war Niemand anders, als der furchtbare Präsident. — Sehn Sie, sagte der Zeitungsschreiber heimlich, den wunderbaren Mann an. Glauben Sie wohl, daß er sich bloß unsertwegen die Mühe giebt!

Unsertwegen? unterbrach ihn Siegmund. Nicht anders, antwortete der hagere Mann; dieser Herr bildet sich auf nichts in der Welt so viel ein, als auf seine Reitkunst, und bloß um sich von uns bewundern zu lassen, läuft er jetzt Gefahr den Hals zu brechen. — Sehn Sie, wir sehn ihn kaum mehr und er läßt die Streiche doch noch nicht. — Der Präsident hatte sich indeß eine ziemliche Strecke unter Traversiren entfernt. Das Pferd drängte sich etwas zurück, er gerieth in die Zweige der Bäume und verlor in diesem Augenblicke einen sehr eleganten Hut. Kaum hatte der Zeitungsschreiber dies gesehn, als er schnell unsern Helden verließ, den Hut ehrerbietig dem gnädigen Herrn überreichte, und dadurch hinlänglich belohnt ward, daß der Präsident vor den Augen mehrerer Menschen eine Zeitlang mit ihm sprach, indem das Pferd wieder traversirte und der Zeitungsschreiber ebenfalls zu paradiren eifrigst bemüht war.

Wie gut, daß Siegmund zurück geblieben war, denn er fing so laut an zu lachen, daß ihn ein alter

Herr und eine ältliche Dame für verrückt erklärten, weil er so sehr alle Lebensart bei Seite setze und auf einem öffentlichen Spaziergang lache.

In seinem Stück, das er durchlachte, schien keine einzige Pause zu sein, denn es war ein einziger Strom von jenen unartikulirten Tönen, aus denen die Menschen nicht wissen, was sie machen sollen, und die sie Lachen betiteln. Es ist schwer zu berechnen, wie vielerlei Gedanken jetzt durch seinen Kopf gehen mochten; aber als er ausgelacht hatte, setzte er sich ermüdet auf eine Bank, rieb sich die Hände, sah ganz froh und heiter die Gegend an, und da es gerade an dieser Stelle einsam war, genirte er sich nicht, sondern begann folgenden Monolog: —

Giebt es in der ganzen Welt etwas Närrischers, als den sogenannten König der Welt, den Menschen? — Die seltsamste von allen Arabesken ist gerade in diesem bunten Gemälde des Lebens so angebracht, daß sie uns am meisten in die Augen fällt. — Ich komme hier mit der größten Zuversicht an, Rath zu werden, ich lache einen Menschen aus, von dem mein Glück abhängt, schütze mit kühnem Muthe meinen Feind vor den Angriffen seiner Spötter, werde von diesem und vom Präsidenten verachtet, ich fühle meine Abhängigkeit, — und doch giebt sich jetzt das Pferd und der Präsident meinetwegen die größte Mühe; er hängt von meinem Blick ab, und ein bedenkliches, verächtliches Kopfschütteln hätte ihn ängstigen können. Dieser hagre Mensch philosophirt über die Eitelkeit, und ist eitel genug, dem Präsidenten nachzulaufen, um mit ihm zu sprechen, die Vorübergehenden verspotten den Zeitungsschreiber, und werden bei der nächsten Gelegenheit sich nicht anders nehmen, und ich selbst wäre jetzt wieder im Stande, den Präsidenten den vortrefflichsten Reiter von der Welt zu nennen, um seine Gunst zu gewinnen, und an der nächsten Ecke liegt mein hoher Gönner vielleicht im Sande, weil er sich von einem vorübergehenden Dummkopf hat wollen bewundern lassen.

Siegmund fing hier von neuem an zu lachen, und rückte auf seiner Bank unter heftigen Erschütterungen des Körpers hin und her. —

Meinetwegen, fuhr er fort, hat der Präsident heut sein Pferd satteln und die beste Decke auflegen lassen; warum soll ich mich denn in einer demüthigen Abhängigkeit fühlen? — Mir zu gefallen sind diese Herren uud Damen so geputzt und festlich!

Durch diese Philosophie bekam Siegmund seine gute Laune so ziemlich wieder. Da gerade Leute vorbeigingen, setzte er seine Gedanken stillschweigend fort, und war immer mehr überzeugt, daß die Menschen Narren sind.

Siegmund genoß nun des Spazierganges mit ziemlich heiterm Muthe; er spottete in seinem Herzen über jedermann, den er sah, kein Gesicht und kein prächtiger Anzug setzte ihn in Verlegenheit.

Gegen Abend kehrte er in seinen Gasthof zurück; er war zufrieden, daß der Wirth noch eben so höflich gegen ihn war, ja noch höflicher als vorher, weil er sich einbildete, Siegmund habe beim Präsidenten gegessen. Er ging auf sein Zimmer und bestellte sich ein delikates Souper, weil er nicht an der Wirthstafel den Spöttereien seines guten Freundes Bellmann ausgesetzt sein wollte. Er ließ den Vorhang herunter, setzte sich einen behaglichen Sessel an den Tisch, und ließ sich eine Flasche vom besten Weine geben. Darauf fing er mit dem besten Appetit seine Mahlzeit an.

Als er einige Gläser des feurigen Weins getrunken hatte, kam er sich vor, wie ein Prinz in einem Feenpallast, auf dessen Gebot sich alle dienstbare Geister in Bewegung setzen; man trug die leeren Schüsseln fort und brachte andre mit neuen Gerichten, und er fühlte sich in in seinem Zimmer warm und behaglich, und der Wein machte, daß ihm das Blut leicht und hüpfend durch das Herz strömte. Er vergaß seine Situation gänzlich, und lebte im Sinnengenuß die glücklichsten Minuten. Die Wände tanzten in einer leichten Bewegung um ihn her, er lachte und scherzte mit dem Marqueur, der nicht genug die kuriösen Einfälle des lustigen Herrn bewundern konnte.

Er trank jetzt mit einem langen Zuge das letzte Glas aus, und wankte die Treppe hinunter, um am schönen Abend noch einen Spaziergang zu machen. —

Die Häuser mit ihren erleuchteten Fenstern kamen ihm außerordentlich schön und freundlich vor; er grüßte ein paar Vorübergehende sehr höflich, ohne sie zu kennen, stand auf einer Brücke still, und lachte gewaltig über einen Kahn, der mit einer kleinen Kette an einer Waschbank befestigt war und hin und her schwankte. Er trug gar kein Bedenken, einen Mann mit einem Kuckkasten anzuhalten, und in seinen Schauplatz bei dem kreischenden Gesange des Alten hineinzusehn und sich von Herzen zu amüsiren. Als das Schauspiel geendigt war, wollte er sich ohne Bezahlung heimlich davon machen, bloß um mit dem Direktor des Nationaltheaters zanken zu können. Als dieser Streit über das usurpirte Freibillet geendigt war, gab er dem Manne zwölfmal so viel als er verlangte.

Die freie Luft nahm nach und nach den Taumel von seinen Sinnen hinweg; es herrschte nun in ihm jene frohe Laune, die kälter und eben deswegen angenehmer ist. Die Umrisse der verschiedenen Gegenstände waren nicht mehr in einander verflossen, er ging langsamer, und alles, was er sah, machte ihn froh und heiter. Das warme, frohmachende Klima, der helle Sonnenschein und der blaue Himmel werden gleichsam verkörpert in den Weinfässern nach unserm Norden hergefahren; durch den Genuß des Weins wird der Mensch auf einzelne Stunden der Bewohner jener schönen Länder, und kehrt nur ungern in sein kaltes Klima nach den verflogenen Dünsten zurück. Siegmund nahm sich in dieser Stimmung vor, eine große und poetische Apologie des Weins und der Trunkenheit zu schreiben, zu beweisen, wie mit dem Rausche das Herz erwärmt und gehoben wird, wie unbemerkte geistige Kräfte des Menschen sich aus ihrem Hinterhalte hervorschleichen, und das Gehirn zum bunten Tanzplatz der schönsten und feinsten Gedanken machen. — Um sich nicht selbst Lügen zu strafen, gab er einem alten Krüppel alles Geld, das er bei sich trug, ohne es auch nur vorher zu zählen. Da ich mich glücklich fühle, sagte er, so nimm, und sei es auch heute Abend, und meine Augen sollen nicht wissen, was meine Hände thun.

Siegmund war fast schon wieder nüchtern, als er vor seinem Gasthofe stand und sich wunderte, als er die Thür verschlossen fand; er klingelte, es öffnete jemand das Fenster, und bald darauf hörte er Pantoffeln auf der Treppe und die Thür mühsam und tiefathmend aufschließen; sie öffnete sich, und eine alte Frau leuchtete ihm die Treppe hinauf. Noch ehe er sich besinnen konnte, stand er in einem fremden Zimmer, wo das oftерwähnte Mädchen mit dem hübschen Gesicht in einem Sopha saß.

Es wäre unschicklich gewesen, sich zu entschuldigen und wieder fortzugehen; die Alte war verschwunden, und Siegmund nahm nach einer freundlichen Einladung Platz zur Seite des Mädchens.

Siegmund wollte seinem fröhlichen Taumel die Krone aufsetzen, und erstaunte sehr, als er seine dreisten Liebkosungen nicht so erwiedert fand, wie er nach allen Umständen erwarten konnte, sondern die Schöne machte sich im Gegentheil von ihm los, und bat ihn mit so vielem Anstande, sich gesitteter zu betragen, daß er roth ward und verschämt um Verzeihung bat. — Das Gespräch nahm nun eine andere Wendung; man sprach von gleichgültigen Dingen, und Siegmund, der eine mit Achtung vermischte Zuneigung zu dem Mädchen fühlte, war endlich schwach genug, ihr seine ganze Geschichte zu erzählen. — Sie gestand ihm im Gegentheil, daß er ihr gleich beim ersten Anblick auf eine sehr vortheilhafte Art aufgefallen wäre, daß sie sogleich seine Bekanntschaft gewünscht, daß sie aber nach dem Blick, den er ihr heut Vormittag zugeworfen habe, gänzlich daran verzweifelt sei.

Siegmund erinnerte sich nun, was ihm der Wirth am Morgen von diesem Mädchen gesagt hatte, und er fand sich jetzt schon aufgelegt, ihm kein Wort zu glauben.

Man hat gewiß von mir nachtheilig zu Ihnen

gesprochen, fuhr die unbekannte Schöne fort, aber ich versichere Sie, es ist Verläumdung gewesen.

Siegmund bestätigte alles, was sie sagte; beide schimpften mit vereinigten Kräften auf die Bosheit der Welt, daß gerade die schlechtesten Menschen am schlechtesten von andern redeten. Hüten Sie sich besonders vor Ihrem Wirthe! sagte die Schöne sehr eifrig; er ist der größte Betrüger in der ganzen Stadt, ziehn Sie sobald als möglich von ihm aus, sonst wird er Ihnen eine ungeheure Rechnung machen!

Siegmund erschrak nicht wenig über diese Nachricht; er glaubtė schon die geschriebene Summe zu sehen, die er dem wohlbeleibten Manne auszahlen solle.

Man sprach noch viel über die mannichfaltigen und zusammengesetzten Charaktere der Menschen, über Bosheit und Niederträchtigkeit, Edelsinn und Rechtschaffenheit. — Siegmund hatte es ganz vergessen, in welchem Hause er sich befand, und moralisirte tapfer darauf los.

Ich glaube nun Sie zu kennen, fuhr die Schöne fort; jetzt will ich Ihnen auch etwas von meiner Geschichte ganz aufrichtig erzählen, damit Sie sehen, wie sehr man sich in manchen Leuten irren kann.

Ich bin ein armes Mädchen, meine Aeltern sind früh gestorben, meine Erziehung war nicht die beste; was ich ohngefähr weiß, oder von Bildung erhalten habe, habe ich mir ganz allein zu danken. Man hat mich von Jugend auf ziemlich hübsch gefunden, und ich bin am Ende überredet worden, es selbst zu glauben.

Da ich kein Vermögen hatte, suchte ich meinen Unterhalt durch Sticken, Putzmachen und andere dergleichen Beschäftigungen zu erwerben; meine Anbeter verfolgten mich unaufhörlich, und ich überlegte mir meine Situation etwas vernünftiger, und seit der Zeit lebe ich vergnügter, und bin nicht so sehr, wie vordem, dem Mangel ausgesetzt.

Man darf nur um sich her die Beschäftigungen der Menschen und das Triebwerk ihrer Thätigkeit betrachten, so findet man sehr bald, daß nichts als Eigennutz alle Maschinen in Bewegung bringt, und forscht man nach dem reellen Nutzen bei den meisten Beschäftigungen, so ist es kein anderer, als daß der Magen der Arbeitenden angefüllt wird. —

Gelehrte, schöne Geister, Musiker, alle Arten von Menschen leben von den Talenten, die ihnen die Natur mitgegeben hat. — Warum soll es denn nur erlaubt sein, mit geistigen Schätzen oder körperlichen Kräften zu wuchern? — Warum soll man nicht auch andre Vorzüge geltend machen dürfen? Wenn die Menschen närrisch genug sind, ihr Vermögen einem Mädchen aufzuopfern, das sie für schön halten, warum sollte man nicht aus dieser Narrheit Nutzen ziehn, so wie Marktschreier, Doktoren, Seiltänzer und Schriftsteller die Schwächen der Menschen nutzen? Ich fand, daß es kein Gewerbe gebe, bei welchem nicht eine Art von Betrug statt fände, und daß die Dummheit, sich betrügen zu lassen, die List des Betrügers gewissermaßen rechtfertigt. — Sie lächeln über meine Geständnisse, und werden gewiß in Ihrem Herzen glauben, daß ich Recht habe.

Ich bin ganz Ihrer Meinung, meine schöne Freundin, antwortete Siegmund, der eben daran dachte, wie er noch gestern die Schmeichler vertheidigt hatte.

Jeder, fuhr die Rednerin fort, sucht die Armseligkeiten seiner Nebenmenschen dazu zu brauchen, sich einen ebnen Weg durchs Leben zu bahnen; der eine kleidet sich, wie sein Gönner es gern sieht; ein anderer hat dieselbe politische und philosophische Meinung, die man von ihm fordert; ein dritter heirathet, um reich zu werden; ein vierter übervortheilt im Handel; jeder lügt, hintergeht, spielt den Charlatan; die ganze Welt maskirt, und nur die Macht der Schönheit soll von dieser allgemeinen Sucht, andre zu beherrschen, ausgeschlossen bleiben?

So lebe ich angenehm und im Wohlstande. Fremde, die, wenn nicht mir, einem andern Mädchen ihren Reichthum hingetragen haben würden, vermehrten mein Vermögen; Narren verfolgten mich, und drangen mir, so sehr ich mich weigerte, ihre Börse auf. — Aber ich wähle auch aus; ich bin, so wie Sie mich hier sehn, aufs eifrigste Demokratin, und hasse und verachte alles, was sich Edelmann nennt; so habe ich Ihren Präsidenten immer mit dem größten Spott abgewiesen, so sehr er sich mir aufgedrängt hat. — Ich habe schon manchen Armen unterstützt, und mancher Familie aufgeholfen, und so kann ich nicht einsehn, warum ich nicht mit mir zufrieden sein, sondern mich für ein verworfenes Geschöpf halten sollte?

Sie sind die liebenswürdigste Philosophin von der Welt! rief Siegmund aus. Ich habe noch kein

Frauenzimmer gefunden, deren Seelengröße sich mit der Ihrigen messen dürfte.

Die Schöne drückte einen zärtlichen Kuß auf die schmeichelnden Lippen. — Ich habe sie heut Abend kommen sehn, sagte sie, und Ihnen bloß die Thür eröffnet, weil Sie mir gefallen, und weil ich Sie jetzt sogar liebe, ohne Vortheil von Ihnen zu hoffen. Ich denke, meine Liebe ist uneigennütziger, als die anständige Zärtlichkeit mancher Ehefrau.

Siegmund ward immer mehr bezaubert; er schloß sie an sein klopfendes Herz und überdeckte Wangen und Busen mit feurigen Küssen.

Ich habe einen Einfall! rief die Geliebte wie begeistert aus, ich habe einen Einfall, für den Sie mir gewiß danken werden. — Sie sollen sehn, daß ich nicht nur uneigennützig bin, sondern daß ich mich auch aufopfern kann, wenn ich mich jemandes Freundin nenne. — Ich habe mir einmal vorgesetzt, daß Sie hier in der Stadt bleiben sollen, und ich will für Sie den unangenehmsten Schritt thun: ich will mich nämlich mit dem Präsidenten in Capitulation einlassen.

Siegmund konnte nicht Worte genug finden, ihr zu danken. — Sie gab ihm in derselben Nacht noch zu mehrerem Dank Gelegenheit, und er verließ sie, um sich in seinem Gasthofe von dem philosophischen Raisonnement zu erholen, das ihn ermüdet hatte.

Es ward sogleich zum Präsidenten geschickt, der nicht zu kommen ermangelte. — Als sich Siegmund auskleidete, um zu Bette zu gehen, sagte er zu sich selbst: Einem Freudenmädchen soll ich also vielleicht mein Glück verdanken? Nicht meinen Talenten und Kenntnissen? — Aber ich verdanke es mir ja doch selbst; meine Gestalt hat dies Mädchen ja so für mich eingenommen. Es hätte mir wahrhaftig weniger Ehre gemacht, wenn ich bloß dem vornehmen Fürwort des langweiligen Generals, der mich nicht kannte und nicht besonders leiden mochte, alles schuldig geworden wäre. — Ich bin nicht der Erste, und werde auch nicht der Letzte sein, der durch ein Frauenzimmer eine Stelle erhält; sie geben uns als Säugling Milch und als Männer Brot, und es ist gewöhnlich noch anstößiger, wie viele durch eine verheirathete Frau oder durch Heirath versorgt werden.

Er schlief bald ein und lag noch in süßer Ruhe, als ihn der Marqueur weckte und ihm ein Billet vom feinsten Postpapier überreichte. Noch schlaftrunken erbrach er es. Es war eine außerordentlich höfliche Einladung vom Präsidenten, ihm die Ehre seines Besuchs zu gönnen; er habe gestern vergessen, sich nach manchen Umständen zu erkundigen, die ihn sehr interessirten.

Siegmund sprang schon aus dem Bette, ehe er noch zu Ende gelesen hatte, seine gestrigen Scrupel fielen ihm gar nicht einmal ein. Er rief den ersten vorübergehenden Friseur hinauf, zog sich so eilig an, daß es dadurch eine Viertelstunde länger währte, und lief trabend zum Präsidenten. Der Bediente führte ihn in das Schlafzimmer des gnädigen Herrn, der um Verzeihung bat, daß er ihn schon so früh inkommodirt habe. Siegmund wußte gar nicht, wie er die großen und ausgesuchten Höflichkeiten beantworten sollte. Der Präsident erklärte, daß er den Brief des Generals noch einmal überlesen und sich gestern aus Zerstreuung in der Person geirrt habe, er habe schon seit lange so viel von der Geschicklichkeit und den unbeschreiblich großen Talenten des Empfohlenen rühmen gehört, daß er ihm die verlangte Stelle unmöglich, ohne die größte Ungerechtigkeit zu begehen, abschlagen könne.

Kurz, alles ward in dieser Unterredung berichtigt; Siegmund war Rath, und miethete sich sogleich, als er den Präsidenten verließ, seine künftige Wohnung, forderte im Wirthshause die Rechnung, und erschrak zwar nicht, aber erstaunte doch ein wenig über die große Summe.

Alles schien hier in der Stadt sein Gewerbe philosophisch zu treiben, denn als der Wirth das langgezogene Gesicht des Bezahlenden sah, sagte er ganz kalt: Man kann es unser einem nicht übel nehmen, wenn man den Vortheil nimmt, wo man ihn findet; ich lasse mir auch dafür etwas bezahlen, daß mein Gasthof der beste ist, und jeder Eingehende kann doch nachher erzählen, daß er hier logirt habe. Ueber fünf Jahre ungefähr wird es auch bei mir etwas wohlfeiler sein, denn ich denke, daß ich dann die Summe wieder erübrigt habe, um die mich einmal ein verkleideter Herzog betrog.

Der Bürger muß also auch bei Ihnen die Schulden der Fürsten bezahlen? fragte Siegmund lachend.

Zum Glück ist mein Gasthof hier in der Stadt der einzige recht gute, fuhr der dicke Mann ungestört fort; ich habe daher die Summe, auf die ich hoffe, schon so gut wie in der Tasche. Der Goldschmid ist ein Narr, der das abfallende Silber nicht sammelt.

Die Rechnung ward quittirt, Siegmund zog aus und in seine neue Wohnung.

Als er auf den Mittag wieder im Gasthofe aß, sprang ihm der kleine Bellmann in die Arme, und freute sich, daß ein so würdiger Mann die erledigte Stelle erhalten habe. Seine Freude war ungeheuchelt, denn er hatte die Aussicht, in wenigen Wochen mit einer andern eben so einträglichen Würde bekleidet zu werden.

Der Zeitungsschreiber machte in seinem Blatte einen großen Artikel aus der Ankunft und Einführung des neuen Raths.

Siegmund, der Präsident und das Mädchen lebten seit der Zeit in der größten Eintracht; die Schöne stimmte ihr demokratisches Gemüth etwas aristokratischer, und schon am folgenden Tage sah man den Präsidenten in der Gesellschaft Siegmunds reiten. Siegmund that ihm den Gefallen, nur wenig zu schließen, und mit dem Pferde etwas ungeschickt umzugehen. Der Präsident gab ihm viele Regeln; Siegmund dankte und lernte besser reiten.

Der General antwortete auf das Danksagungsschreiben des Raths: er habe wohl gewußt, daß der Präsident nicht unterlassen könne, seine Empfehlung zu beachten. —

Dies sind die beiden merkwürdigsten Lebenstage aus Siegmunds Geschichte. — Der Leser, der nur ein halb gutes Buch über die Moral gelesen hat, wird leicht die schlecht erfundene sophistische Charade auflösen können; folglich braucht sich der Verfasser gar nicht weiter darüber zu erklären, daß er die aufgestellten Personen nicht für Ideale auszugeben gesonnen sei.

Ulrich, der empfindsame.

Erzählung.

1796.

In einer Stadt, wo man schon sehr früh, um die Aufklärung zu befördern, Leihbibliotheken einrichtete, damit die Jugend, so wie sie lesen könne, lerne, wie man lieben und verzweifeln, deklamiren und tragiren, auch wie man zärtliche Dialogen führen müsse; in dieser Stadt, wo die Knaben im zwölften Jahre Verse machten und im vierzehnten die Dichter Deutschlands vom ersten bis zum letzten rezensiren konnten, in dieser Stadt lebte Hartmann, ein alter reicher Kaufmann, den die jungen Leute geizig nannten, weil er sich einfach trug und kein Mitglied ihrer Ressourcen war, man ihn auch nie auf einem Kaffeehause Billard spielen sah; alte Leute nannten ihn einen Sonderling, weil er fast mit Niemand in der Stadt Umgang hatte, sondern sich immer nur mit sich selber beschäftigte.

Hartmann hatte in seinen jüngern Jahren viele Reisen gemacht, und war dabei mit mancherlei Menschen in Bekanntschaft gerathen; er hatte viel erfahren, und sich mit in den bunten verworrenen Zirkeln gedreht, aus denen das seltsame Ding vom menschlichen Leben gebildet ist. Er hatte hundert Freunde treulos und eigennützig, tausend Bekannte albern und langweilig, dreitausend Frauenzimmer koquett und ohne Herz gefunden, so daß ihm, als er älter ward, der Umgang mit Menschen anekelte. Er etablirte eine Handlung und spekulirte kaltblütig und gut, sein Vermögen wuchs mit jedem Jahre, und um einen Erben seines Geldes und seiner Handlung zu haben, heirathete er ein unbefangenes, einfältiges Mädchen, die ihm nach zwei Jahren einen Sohn zur Welt brachte, nach dem er sich gesehnet hatte. Von dieser Zeit an bekümmerte er sich wenig um seine Frau, er hatte keine Freunde und Bekannten, sondern lebte gewöhnlich in einem verschlossenen Zimmer unter seinen Rechnungen und Büchern, mit denen er sich den ganzen Tag beschäftigte. Es ist ausgemacht, daß einen Menschen, dessen Seele beruhigt ist, nichts so sehr anzieht, als seine Arbeiten, sie mögen nun bestehn, worin sie wollen; er bildet sich nach und nach eine Welt um sich her, die ihn in der Einsamkeit genügend unterhält. Viele Leute, die diese Selbstbeschäftigung nicht begreifen konnten, und gern irgend etwas Wunderbares erzählen mochten, vertrauten daher jedem unter dem Siegel der Verschwiegenheit: der alte Hartmann sei eigentlich ein Goldmacher.

Die Frau Hartmann war sich also mit ihrem Sohne Ulrich ganz selber überlassen, so daß sie ihn erziehen uud verziehen konnte, wie sie nur wollte. Sie hatte einen eignen kleinen Schrank voll empfindsamer Erziehungsschriften in das Haus gebracht, deren Theorie jetzt bei dem Knaben praktisch angewendet wurde.

Dieser Ulrich ist der Held der gegenwärtigen Geschichte. Da er der einzige Sohn war, ward er von den Muhmen und Vettern der Mutter natürlicherweise für ein Genie erklärt; er konnte sich schon, noch eh er sprechen lernte, allein in die Speisekammer finden, und als er sich die menschliche Sprache erworben hatte, wußte er sehr geschickt den Diebstahl der eingemachten Sachen, die man vermißte, von sich abzulehnen und auf das Gesinde zu schieben.

Hartmann hatte in der Stadt nur noch einen einzigen Verwandten, den er je zuweilen sah, einen abgedankten und auf Pension gesetzten Offizier, und von diesem hatte der junge Sprößling eben den Vornamen Ulrich empfangen.

Hätte der alte Hartmann einigen Geschmack gehabt, oder nur im Tristram Shandy das Kapitel von den Namen gelesen, so würde er gewiß nicht so unbesonnen gewesen sein, seinem Erben aus bloßer Höflichkeit einen Namen von so übler Vorbedeutung zu geben. —

Es ist seltsam, wenn man bedenkt, was sich die Menschen einander für Höflichkeiten erzeigen. Hartmann nannte seinen Sohn Ulrich, und bedachte dabei nicht, daß er seinem Freunde, dem auf Pension sitzenden Offizier, den Charakter, ja das Glück von vielen Jahren seines Sohnes aufopfere. Denn in keiner Sache kann ich so sehr mit dem alten Shandy sympathisiren, als eben in seiner wunderbaren Theorie über die Namen; ich halte nicht nur alles für wahr, was sein Sohn in dem bekannten Kapitel schreibt, sondern ich bin sogar oft in Versuchung gekommen, dieses Kapitel besonders abdrucken zu lassen, und es mit einem Kommentar und neuen Zusätzen zu versehen. — Ich will nur zu bedenken geben, welche sonderbaren Eindrücke in der Seele eines Kindes entstehen müssen, wenn es sich immer mit einem dumpfen Laut, wie ein verzauberter Geist, Ulrich gerufen hört, wenn es diesen seltsamen Klang mit dem Begriff seiner Ichheit verbindet: ob dies nicht einen Einfluß auf das ganze Leben des Menschen haben muß, und sich daraus tausend Charakterzüge nach und nach entwickeln können, die man sonst gewiß nicht an ihm finden würde. Man erwäge nur, an welche Zufälligkeiten sich der zarte Kindergeist lehnt, und die nach und nach seine Originalität bilden, um einzusehn, daß es nicht ganz und gar Narrheit war, was die Weisheit des alten Shandy sprach.

In Campens Kinderbibliothek lernte der junge Ulrich lesen, auch wurden ihm oft gute und erbauliche Kupferstiche vorgehalten; man hielt ihm die großen Muster einiger Kinder, als Gretchen, Minchen oder Wilhelmchen beständig vor Augen; auch wurde ihm die Moral und Religion in nuce beigebracht, und der Knabe wuchs und gedieh, und es fehlte weiter nichts, als daß man ihn in Kupfer stechen und eine Epopöe in Hexametern auf ihn dichten ließ.

Ein junger Mensch, mit Namen Seidemann, ward in dem Hause bekannt, und sein zartes Herz fühlte sich vom ersten Tage zu der hoffnungsvollen Pflanze hingezogen. Er kam unlängst von der Universität, und hatte einen Dornenstock, abgeschnittene Haare, viel Weltkenntniß und wenige Hefte mitgebracht: er war jetzt über Dessau gekommen, um das weltberühmte Philanthropin in Augenschein zu nehmen, und sein Herz schlug so gewaltig, als er die Meritentafeln mit goldenen Punkten, die Ordensbänder und das Privattheater, die Uniform und das Voltigirpferd sah, daß er das Gelübde that, wenigstens im Kleinen eben so viel zu wirken, wenn es ihm etwa nicht gelingen sollte, in's Große zu gehn.

Gottlob, daß alle diese Narrheiten, von denen ich hier spreche, nun in die Polterkammer geworfen sind, wo sie bald mit so dickem Staube werden überzogen sein, daß man ihre eigentliche Farbe und Gestalt gar nicht erkennen kann, daß unsere Nachkommen uns nicht werden glauben wollen, wenn wir ihnen von den wunderseltsamen Fratzen erzählen, die wir erlebt haben. Nirgends zeigt sich mehr Mannichfaltigkeit, nirgends größere Abwechslung, als in den menschlichen Narrheiten; wer kann die gedrängte Schaar zählen und übersehn, die seit funfzig Jahren allein unser Deutschland durchzogen hat? Das Füllhorn leert sich immer wieder von neuem und wird doch nicht erschöpft; Dichter und Rezensenten, Pädagogen und Philosophen, Kleiderthoren und Jakobiner, Aufklärer und Schwärmer, Betrüger und Betrogene, Feuillants und Terroristen, Journale und Zeitungen, Fausts Gesundheitskatechismus und die Debatten für und gegen die Beinkleider, — und alles zum Besten der Menschheit! Da sich jetzt von allen Seiten so viele Aerzte hinzudrängen, so sollte man fast auf den Gedanken kommen, daß sie in den letzten Zügen läge, so daß man nur noch in der Eil alle möglichen Mittel aufbieten müsse, um sie zu retten. Aber die Menschheit krankt eigentlich nur an diesen unberufenen Aerzten, es geht ihr wie den Staaten, wo oft die Mitglieder allen Unfug anrichten, die sie regieren und verbessern wollen. — Doch damit nur etwas wirklich Heilsames zum Besten der ganzen Menschheit geschehe, will ich in meiner erzmoralischen Erzählung fortfahren, und mir nicht durch unnütze Anmerkungen unter meinen eigenen Lesern einen Haufen von Feinden erwecken.

Also Herr Seidemann erbarmte sich des jungen Ulrich, und erhob ihn zum Stande eines ordentlichen kultivirten Menschen. Er lehrte ihn schreiben und rechnen, die Anfangsgründe der Sprachen wobei der Lehrer die so oft gepriesene Bemerkung an sich machte: docendo discere. Als der Jüngling anfing, zuweilen nach der Aufwärterin zu schlagen, oder den Hund unter dem Tische heimlich mit dem Fuße zu stoßen, suchte der Pädagoge, mit zartem Sinne, diese Kraftäußerungen zu ihrem wahren Endzweck zu lenken.

Manche von den alten epikurischen Philosophen sind der irrigen Meinung gewesen, der Mensch sei da, um zu trinken und zu essen, worüber sie denn längst sind belehrt und zurecht gewiesen worden. Die neuern Pädagogen besonders nahmen an, der Mensch existire, um sich zu bewegen; daher muß vor allen Dingen die Theorie, wie man sich am besten bewegt, um die Gesundheit zu bewahren, in's Reine gebracht werden. Die Kunst, sich Bewegung zu machen, ist nicht so leicht, als man auf den ersten Anblick meinen dürfte, sie scheint zwar jedem Menschen angeboren, und noch leichter, als die Kunst zu sprechen; aber wie wenige Menschen sprechen gut, und wie wenige bewegen sich auf die wahre Art! Unserm erleuchteten Zeitalter (das dem Herrn Guthsmuth gar nicht genug dafür danken kann) war es aufbehalten, ein eignes schönes Buch nach Kapiteln und Abschnitten darüber zu bekommen, und so die natürliche Leibesbewegung zu einer Wissenschaft zu erheben.

Von der Kunst also zu laufen und zu springen, so wie vom Balgen und Voltigiren, hatte Herr Seidemann wenigstens oberflächliche, encyklopädische Kenntnisse, die zwar nicht gründlich, aber doch auch nicht völlig zu verachten waren. Er hatte überhaupt einen kompendiösen Auszug von der jetzigen kompendiösen Bibliothek aller Wissenschaften im Kopfe, und dies war die Ursache, daß er nicht so schwer an seiner Gelehrsamkeit zu tragen hatte, wie es wohl vielen unsrer altfränkischen Gelehrten geht, die das menschliche Wissen noch gern in Masse handhaben.

Madam Hartmann war von dem jungen Manne entzückt, denn er kam ihr wie ein Heiland vor, der die Welt von Stock und Ruthe, von Buchstabiren und Pedanterie erlösen würde; sie betrachtete ihn als einen Engel, der ihr ausdrücklich vom Himmel geschickt sei, um aus dem kleinen Ulrich das kräftigste Urgenie zu bilden, das nur jemals in Deutschland auf Stelzen gegangen ist.

Seidemann machte in der Stadt erst Aufsehen, und dann viele Bekanntschaften. Die Damen wurden besonders durch das runde Haar entzückt, welches damals noch nicht so gewöhnlich war als jetzt, wo es sich selbst Leute zu tragen unterstehn, die keine Genies sind; Seidemann kam allen als ein wunderbarer Mensch vor, und wenn sie die kräftigen Bücher lasen, die damals Mode waren, in denen sich mehr Apostrophen als Buchstaben fanden, so glaubten sie im Stillen, sie wären von diesem wunderbaren Candidaten. Bald erhielt er in vielen der angesehensten Häuser Zutritt, und jemehr in seiner Abwesenheit die alten Männer die Köpfe über ihn schüttelten, um so mehr gewannen ihn die Frauenzimmer lieb; denn jemehr einer ein determinirter Narr ist, um so mehr macht er Glück bei diesem Geschlecht, weil die Frauen sich dann vor einem solchen um so weniger zu geniren brauchen, und ein Hausfreund in einem Hause, wo sich Frauenzimmer befinden, und ein Thor, sind in unserm modernen Dialekte fast gleich bedeutende Worte. — Es währte nicht lange, so bekam der Wundermann in mehrern Familien die Direktion der lieben Jugend, an der er zur Erbauung der Aeltern und zum Schrecken der Großväter frisch darauf los erzog. Er gab ihnen keinen bestimmten Unterricht über irgend eine Wissenschaft, sondern er hatte nur die allgemeine Aufsicht und Herrschaft über die ganze Erziehung, er stand wie mancher Premierminister an der Spitze, ohne von den Details unterrichtet zu sein; er konnte weder Französisch noch Latein, weder Fechten noch Tanzen, weder Springen noch Voltigiren, aber er gab doch mit einem wahren Rezensenteneifer in allen diesen Dingen den gründlichsten Unterricht. — So wuchs die Jugend der Stadt unter Springen und Laufen auf, und ward groß und rüstig, philosophisch und lustig, und es hatte dabei den Anschein, als wenn sich Seidemann ein ganz artiges Vermögen sammeln würde.

Der alte Hartmann wußte von diesem Unfuge nichts, denn er bekümmerte sich nicht weiter um seinen Sohn, außer, wenn dieser etwa krank war, in welchem Falle er sich sehr fleißig nach ihm erkundigte; er wunderte sich zwar manchmal über dessen wunderliche Geberden und Ausdrücke, aber er schrieb alles auf die Rechnung der großen Jugend, und blieb ohne Sorgen. —

Ulrich verachtete unter der Anführung seines Lehrers nicht nur alle Einwohner der Stadt, sondern auch alle Gelehrten und selbst alle Wissenschaften. Wenn er irgend einen naseweisen Satz gesprochen, und ihn sein Lehrer dabei recht unmäßig gelobt hatte, so kam er sich größer vor als Cicero und Aristoteles. Sein Lehrer sparte nichts, ihn schon recht früh zur edlen und freien Kunst der Impertinenz anzuführen, vermittelst deren so manche unbedeutende Leute imponiren, und schon oft ihr Glück gemacht haben; er zeigte ihm, daß in unserm Zeitalter das eigentliche Leben nur in der Lebensart bestehe, und daß Lebensart nichts weiter sei, als daß man im Stillen bei sich ausmache: man sei der vollkommenste Mensch auf Erden, und so untrüglich, wie weiland der Pabst oder jetzt die Kantische Philosophie; auf diese Art könne man nie in Verlegenheit gesetzt werden, und die Menschen im Allgemeinen würden vor einem solchen Wesen stets eine heimliche Achtung haben, und im Allgemeinen müsse man die Menschen immer nehmen, wenn man mit ihnen zurecht kommen wolle; der Ausnahmen, die es etwa gäbe, wären so wenige, daß es nicht der Mühe werth sei, sie zu studiren.

Diese kompendiöse Menschenkenntniß suchte sich Ulrich tief einzuprägen, um in vorkommenden Fällen nach ihr zu handeln. Er war der hauptsächlichste und Lieblingsschüler des Seidemann, daher vertraute ihm dieser, daß er bloß dieser Art von Philosophie sein Glück zu verdanken habe, alle Menschen wären Narren, die einen so, die andern anders, man müsse sich, so viel man könne, in jeden schicken, damit dieser sich wieder nach uns bequeme. — Diese Geständnisse waren nur die Vorboten von andern, die für beide Partheien ungleich wichtiger waren.

Eine Fähigkeit, auf die sich der Pädagoge fast am meisten zu Gute that, war seine Kunst zu deklamiren; er hatte einmal etwas darüber gehört und gelesen, ohne es zu verstehen, und seine erhaschte Theorie rasch auf die Praxis angewendet. Er gab der ganzen Stadt einmal gegen ein billiges Eintrittsgeld die Freiheit, ihn zu bewundern, als er sich bei einigen Stellen von Klopstock und Shakspear außerordentlich angriff, und acht Tage hindurch von einem heftigen und hartnäckigen Katharr zu leiden hatte; er malte mit Händen, Füßen und Mienen, und fand darin den Unterschied zwischen einem Maler oder Bildhauer und einem Schauspieler. Alle Zuhörer hatten Mitleiden mit dem armen Menschen, der sich zu ihrem Besten so abquälte, und im folgenden Monate hatte Seidemann zwölf Eleven mehr.

So einfältig manche Menschen sind, so haben doch diese grade oft eine große Portion von Lebensklugheit. Der verdiente Pädagoge sah ein, daß ihn nichts so sehr halte, als daß er bis jetzt keinen Nebenbuhler habe, der es ihm in dieser oder jener Narrheit zuvor thue; er hielt es daher für nöthig, sich von einem Vierteljahr zum andern wieder aufzufrischen, um nicht ein abgestandenes Gericht zu werden, und dann selbst von einem noch fadern Narren verdrängt zu werden: er setzte daher einen Plan ins Werk, den er schon lange heimlich bei sich genährt hatte.

Es war damals die Zeit, als man, der lieben Jugend zum Besten, auf Privattheatern mancherlei Schau- und Trauerspiele auf eine jämmerliche Art darstellte, um sich gegenseitig in der Kunst gerührt zu werden, zu üben. Seidemann hatte ein Projekt, in der Stadt ein Nationaltheater ganz heimlich zu errichten, ohne daß die deutsche Nation ein Wort davon wüßte; er hatte die Stücke ausgesucht, die gespielt werden sollten, so wie die Rollen, die er sich zu übernehmen getraute, und es fehlte nun nur noch an den übrigen Spielern.

Ulrich war der Erste, den er zu seiner Entreprise engagirte. Er wußte es diesem so annehmlich zu machen, wie schön es sei, sich in die verschiedenen überaus edlen Charaktere hinein zu studiren, wie nöthig, um sich auszubilden, wie diese ganze Uebung der Seele einen neuen Schwung gebe, und wie man Miene, Geberdensprache und Gedächtniß zu gleicher Zeit vervollkommene, erwähnte dabei der Thränen, die man aus den schönsten Augen locke, kurz, er stellte ihm alles so paradiesisch vor, daß Ulrich, der ein ziemlich stammhafter Junge geworden war, sich nur gleich einen niederträchtigen Menschen herwünschte, den er nach einer ausgelernten Rolle im Edelmuth übertreffen könnte.

Mehrere Eleven wurden überredet, an dieser herrlichen Uebung Theil zu nehmen, und da es so außerordentlich nützlich sein sollte, fanden sich bald auch verschiedene Frauenzimmer, die sich gern dazu verstehn wollten, vor den Augen einer ansehnlichen Zuhörerschaft, von ihren begeisterten Liebhabern angebetet zu werden. — Der wahre Zusammenhang der Sache, der auch dem geliebten Ulrich eröffet wurde, war aber dieser: Seidemann hatte sich bei seinen pädagogischen Bemühungen in ein Mädchen aus einer angesehenen Familie verliebt, das er noch immer nicht, trotz allen seinen Bemühungen, hatte sprechen können; er glaubte Mittel zu finden, sie in das Garn seines Theaters zu treiben, und so ihre nähere Bekanntschaft zu machen. Ulrich machte seiner Seits die Bedingung, daß Louise Wallmuth eine der mitspielenden Personen sein müsse, woraus denn Seidemann den politischen

Schluß zog, das Herz des Jünglings sei nicht mehr frei: eine Entdeckung, die ihm außerordentlich angenehm war.

Und wie oft haben wir es nicht gehört und in Büchern gelesen: daß die Liebe eigentlich den Menschen erziehen müsse? Der Pädagoge kann nichts weiter thun, als ihn aus dem Groben hauen, wie Dädalus, und es ist schon immer bewundernswürdig viel, daß ein solches erzogenes Wesen zu gehen und zu sprechen scheint: die Liebe aber setzt erst den Meißel eines Phidias und Praxiteles an ihn, und bearbeitet die unbeholfene Masse. Erzieher können daher nicht genug damit eilen, daß sich ihre Zöglinge irgendwo verlieben, weil sie dann die bequemsten Ferien haben, und ein wahrer Erzieher braucht dann nur zuzusehn und der begierigen Welt die Wunder aufzuschreiben, die er erlebt. — Seidemann versprach sich also jetzt von seinem theuren Eleven ein wahres Fest, er beschloß für einen künftigen Erziehungsroman alle interessante Erscheinungen zu sammeln, und dabei in jener Liebe ein Vertrauter, Tröster und Rathgeber zu sein. Denn eine Liebe ohne Unglück ist völlig undenkbar.

Alles ward bald eingerichtet, die Mütter gaben ihre Töchter gern hin, damit die ganze Stadt nur Gelegenheit hätte, sie zu bewundern, ja einige Mütter übernahmen selbst die ältern Rollen, damit das patriotische Unternehmen guten Fortgang haben möchte.

Man eröffnete die Bühne mit einem empfindsamen Familiengemälde, in welchem Seidemann den ersten Liebhaber, und seine Geliebte die Heldin des Stücks spielte. Ulrich spielte einen dummen Jungen zur Freude aller Zuschauer, und er that sich auf das Lob, das er einärntete, nicht wenig zu Gute. Der alte Hartmann wußte kein Wort von den Fortschritten, die seine Vaterstadt jetzt in der Kultur machte, und daß deren im Modejournal auf eine rühmliche Art Erwähnung geschehen würde.

Alle Schauspieler konnten nach geendigtem Stücke nicht schlafen, jeder berechnete die Rollen, in denen er noch würde glänzen können, ein jeder hatte die Hauptrollen, und in dieser Nacht entsprang die Quelle aller künftigen Gezänke und Streitigkeiten.

Livius Andronikus kann in Rom nicht mehr Aufsehn gemacht haben, als Seidemann in dieser Stadt. Man hielt ihn für mehr als Garrick, man stellte ihn höher als den lateinischen Roscius, und einige ahndende Seelen sahen in ihm das Genie, das einst alle übrigen in Deutschland verdunkeln würde.

Ulrich näherte sich während der Proben und beim Aufführen hinter den Coulissen seiner geliebten Louise immer mehr, und sie schien ihm gar nicht abgeneigt zu sein; es währte nicht lange, so führte man sehr zärtliche Gespräche, indeß andre auf dem Theater gehalten wurden, und über eine kurze Zeit wollte Ulrich aus dem komischen Fache in das Fach der ersten Liebhaber übergehn.

Da entstanden nun viele Streitigkeiten mit Seidemann, der sich seine Rollen nicht wollte nehmen lassen, vorzüglich da Mademoiselle Stolbein immer die Liebhaberin spielte. Er wollte seine Autorität beweisen, aber der hartnäckige Ulrich achtete nicht darauf. Die Republik würde sich gewiß durch innerliche Bürgerkriege aufgerieben haben, wenn nicht grade damals zum Glück einige andre Stücke erschienen wären, in denen es wenigstens Fünfen bis Sechsen gegeben war, vor ihren Herzgeliebten niederzustürzen, ewige Treue zu schwören, abzustürmen, und dergleichen mehr. Die Rezensenten, die diese Stücke so sehr herabgewürdigt haben, sind gewiß nicht darauf gefallen, welchem Unheil sie bei so manchem deutschen Privattheater Einhalt gethan haben.

Ich will hier dem Leser eine große Entdeckung mittheilen, die ich so eben gemacht: daß ich nämlich in dem klassischen Werke des Ovidii, de arte amandi, eine große Lücke entdeckt habe.

Ist es nicht zu verwundern, daß dieser große Kopf in seinen Vorschlägen, in der Kunst der Minne Terrain zu gewinnen, das Komödienspielen gänzlich ausgelassen hat? Nur Eine Hypothese kann ihm zur Entschuldigung dienen, daß nämlich das Leben der alten lateinischen Menschen vielleicht nicht so, wie das unsrige, mit Privatkomödien ausgeflickt war. In unserm Zeitalter sind Privatkomödien die wahren Stützen armer Verliebten, und es ist eine schöne Erfindung, daß sie sich ihre Herzensmeinung vor hundert Zuschauern sagen dürfen, die dabei noch gerührt sind und in die Hände klatschen, wohl gar zur Aufmunterung ein Bravo rufen, welches in unsern Konzerten und Schauspielen eben so zur Sache gehört, wie der Kolofonium und die Illumination; der größte Vortheil ist aber der, daß solche verliebte Seelen in der Fülle ihres Herzens ihren armen Kopf nicht noch obenein anzustrengen brauchen, sondern daß alles im Buche steht, was sie sich etwa zu sagen haben könnten. Man sehe darüber nur die rührenden Stellen in der Klara du Plessis. — Der Liebhaber muß nur immer auch in der Komödie in seine Angebetete verliebt zu sein suchen; je herzhafter die Rolle geschrieben ist, je mehr erweicht sie sich für ihn; gleichgültige Rollen, vorzüglich aber komische, thun ihm großen Schaden, und vor diesen muß er sich, so wie vor den Spitzbuben und Betrügern, in den Stücken hüten, eben so vor den feigen Charakteren; ist ein Liebhaber aufzutreiben, der muthig oder wohl gar ein Held ist, so muß er sich diesen auf keinen Fall nehmen lassen, denn dann geht er in die Gunst seines Mädchens gleichsam mit Meilenstiefeln hinein; die Rollen, in denen geküßt wird, sind nicht mit Gold zu bezahlen, und Kotzebue hat hauptsächlich für die Privattheater gearbeitet, die ihn daher auch nicht genug spielen und loben können. — Ich habe diese wenigen scharfsinnigen Bemerkungen nicht unterdrücken wollen, weil sie, wie gesagt, im Ovid und in allen Büchern über dasselbe Sujet, die ich kenne, gänzlich fehlen.

Ulrich und seine Louise spielten sich also mit jedem Tage in das Verliebtsein mehr hinein, er machte alle leidenschaftlichen Scenen außerordentlich rührend und beweglich, wenn er auf die Kniee stürzte, so wankte das ganze Theater, und in dem Fußstampfen hatte er sich eine Fertigkeit erworben, in der es ihm schwerlich irgend ein Held oder Tyrann der deutschen Bühne gleich thun wird. Seine Mutter hatte seine herzliche Freude an ihm, und schluchzte manchmal laut, wenn es wohl vorkam, daß er sich zu ermorden drohte, oder andre ehrliche Leute umbrachte, und sich dann zuletzt selber erstach; ein andermal hatte sie dann wahre Hochachtung vor ihm, wenn er alle übrige Menschen in der Großmuth übertraf, oder sehr viel kindliche Liebe zeigte, und sie und alle Mütter fanden das Komödienspielen außerordentlich moralisch, weil doch in den jungen Leuten überflüssige gute Gesinnungen auferweckt würden, denn es waren damals manche von den modernen Stücken noch nicht geschrieben, die die Vorurtheile so gewaltig bekämpfen, und gegen die unsre Aeltern daher so heftig eifern.

Louise und Ulrich, so wie Seidemann und Mademoiselle Stolbein führten nun eine Parallelliebe neben einander, die ich nicht zu schildern unternehme, so sehr sich auch vielleicht meine Leserinnen einen solchen Plutarch des menschlichen Herzens wünschen würden. Ich kann bloß sagen, daß sie sterblich in einander verliebt waren, sich ewige Treue schwuren, und Stellen in Romanen anstrichen, die wie auf sie gemacht waren.

Der junge Ulrich sollte nun zur Handlung angeführt werden, weil es endlich Zeit war, daß er sich zu irgend einer Lebensweise bestimmte; allein er hatte sich so an eine poetische Existenz gewöhnt, daß ihm dies prosaische Leben, als rechnen und Briefe schreiben, durchaus nicht behagen wollte, er behauptete, daß es unendlich leichter sei, dreimal in einem Tage edelmüthig zu handeln, als nur Eine Stunde die Buchhalterkunst zu studiren; er bejammerte die goldnen Kinderjahre, die ihm so plötzlich unter den Händen fortgekommen waren, und recitirte, wenn er allein war, lange Stellen aus Tragödien, um sich zu ennuyiren und so mittelbar zu trösten. Denn die Leute, die die Langeweile für eine eben so unnütze Gabe des Himmels halten, als Fliegen und Mücken, haben nicht bedacht, daß in ihr nicht nur aller Trost im Leiden, sondern auch das stärkste Motiv aller menschlichen Thätigkeit liegt. Wenn die Menschen lange genug ihr Unglück empfunden haben, so fängt es an, ihnen langweilig vorzukommen, sie greifen zu den Zerstreuungen, die Zerstreuungen werden ennuyant, und sie fangen an zu arbeiten, bis ihnen die Arbeit Langeweile macht, und sie eine Weile müßig gehn; da nun der Müßiggang grade der einförmigste Zustand von der Welt ist, so fangen sie wieder an thätig zu werden, oder sie fallen zur Abwechselung in ein neues Unglück, und so geht es immer im Zirkel herum. Die alte griechische Mythe von der Jo und ihrer Bremse habe ich immer für eine Allegorie auf die Menschen gehalten, die unaufhörlich von der Langeweile verfolgt werden, so daß sie mit ihnen zu Pferde und in den Wagen steigt, unter dem Arbeitstisch sitzt und laut gähnt, und mit ihrem Löffel zuerst in die Suppe greift. Es ist die Frage, ob diesen unglücklichen Menschen selbst das Sterben als eine Abwechselung vorkömmt; für sie ist doch die Zeit gewiß nicht ein bloßer Verstandesbegriff, sie sind unter den Menschen die Uhren mit ungeheuren langen Penduln, die langsam und schläfrig fortschwingen, und auf dem kleinen Zifferblatt ihrer Existenz die Zeiger ganz unmerklich rücken. So wie Prometheus seinen gestohlnen Funken in einen Feuerstahl versteckte, so sind diese Menschen nur lebendige Schachteln, die die größten Gesellschaften hinlänglich mit der nöthigen Langeweile verproviantiren können, und die auch zu diesem Endzweck immer ordentlich mit eingeladen werden; ja, um auch noch dem spätern Enkel nützlich zu werden, schreiben sie oft dicke Bücher, streuen sie in der Zukunft und im gegenwärtigen Zeitalter den Nesselsaamen aus, und aus diesem ächt patriotischen Gesichtspunkt muß man, glaube ich, die Gesprächsromane, Heinrich der Vierte, und Friedrich mit der gebissenen Wange, ansehn, eben so die meisten unsrer gangbaren Journale, und es steht zu vermuthen, daß diese nützlichen Institute sich von Jahr zu Jahr vermehren werden, bis die Sündfluth der allgemeinen Langeweile Städte und Dörfer überschwemmt hat.

Hartmann glaubte gar nicht, daß es möglich sei, bei Rechnungen und beim Buchhalten Langeweile zu empfinden, er bekümmerte sich daher auch nicht um die verdrüßlichen Gesichter, die er wohl zuweilen an seinem Sohne wahrnahm, sondern arbeitete immer fort und ließ diesen weiter studiren; er wußte nicht, daß die Seele des jungen Ulrich sich schon zur Verzweiflung neige.

Es wurden jetzt seltner Stücke aufgeführt, und er sah daher seine Geliebte nicht so häufig als sonst, — und, o Jammer! ein andrer junger Mensch, der Sohn eines reichen Advokaten, hatte im Hause von Louisens Aeltern Zutritt gefunden, und machte dem Mädchen ziemlich öffentlich die Aufwartung. Dieser Nebenbuhler war älter als Ulrich, und schon seit einem halben Jahre von der Universität zurück. Er hatte Aussichten auf ein einträgliches Amt, und Louise entdeckte dem armen Verlassenen, daß dieser Mensch sie unaufhörlich mit seiner Neigung quäle und sie durchaus heirathen wolle, ja daß die Aeltern ihn gern zu sehn schienen, und ihn auf jede Weise begünstigten. — Welch ein fürchterlicher Schlag für das Herz des jungen Liebenden!

Es wurde ihm bald Gelegenheit zu noch größerem Verdrusse gegeben; der Nebenbuhler drängte sich in die

Komödie ein, und riß die dankbarsten Rollen, in denen am meisten geküßt wurde, wie ein wahrer Eroberer an sich, und Louise mußte spielen und küssen, sie mochte wollen oder nicht. Der Jammer ging für Ulrich zu weit, er beschloß, ein unerhörtes Ding zu thun, es möchte auch ausfallen wie es wolle.

Nichts ist für einen verzweifelnden Liebhaber so bequem, als sein Mädchen zu entführen. Aeltern, Verwandte, niemand kann dann dagegen etwas thun. Dieser Gedanke war auch gleich nach dem, sich umzubringen, der Erste in Ulrichs Seele. Er hatte es aus Romanen wohl inne, daß solche Entführungen immer einen äußerst romantischen und glücklichen Fortgang haben. Er theilte seinen Gedanken seiner Geliebten mit, die zwar anfangs davor erschrak, sich aber bald darin fand, da er so vertraulich und gleichgültig davon redete. Ulrich brachte also so viel Geld zusammen, als er nur konnte, und entdeckte seinem geliebten Lehrer nichts von diesem Vorsatz, weil er dessen Mißbilligung fürchtete.

O Ulrich! wärest du doch deinem Lehrer, deinem Chiron mit mehr Vertrauen entgegen gekommen! Denn eben dies Mißtrauen war die Ursach, daß sich ihre Liebe jetzt, die bis dahin in so schönen Parallellinien neben einander hingelaufen war, durchkreuzte und verwickelte.

Seidemann, der es nicht wagen durfte, auf die Tochter eines so angesehenen Mannes, als Stolbein war, Anspruch zu machen, und der überhaupt anfing etwas in Verfall zu gerathen, war auf denselben Gedanken gefallen, den sein Zögling gefaßt hatte. Ein unglücklicher Zufall machte, daß beide ihre Entführung auf einen und eben denselben Abend festsetzten; zwei Wagen hielten vor dem Thore mit Kleidern und Wäsche bepackt.

Es wurde in der Stadt ein großer Ball gegeben, zu welchem fast die ganze Jugend der Stadt eingeladen war. Seidemann und Ulrich wollten beide unter dem Tumulte ihre Schönen davon führen, und mit ihnen über die Gränze eilen.

Schon sah Ulrich aus seinem Fenster Wagen mit geputzten Schönheiten vorüberrollen, die mit Federn und langen Schleppen sich hinfahren ließen, um im Saale recht viel Aufsehen und Staub zu erregen; junge Herren traten mit weißen seidenen Strümpfen behutsam über die schmuzige Straße; die Musikanten wankten schon nach dem Hause: und noch immer blieb sein Friseur aus. Er stampfte mit den Füßen, und studirte schon auf die Antrittsrede, wenn dieser in die Thür treten würde, aber er blieb aus; er bedachte, wie viele Zeit er noch zu seinem Anzuge brauchen würde, und sah von neuem aus dem Fenster, um den ersten Haarkünstler heraufzurufen, der vorüber rennen würde. Aber alle Menschen ließen sich jetzt frisiren, und die Straße war völlig an weißen Röcken leer. Endlich kam einer, der schnell um die Ecke lenkte und vorbeieilte. Ulrich rief so laut er konnte, der Friseur nahm den Hut ab, und schüttelte stillschweigend mit dem Kopf. Ulrich schickte ihm einige Flüche nach, und schrie nach der Aufwärterin, um sie zu seinem Friseur zu schicken. Sie war ausgegangen, um auf dem Balle dem Tanze zuzusehen, der schon seinen Anfang genommen hatte. Er stampfte noch ärger mit den Füßen, und sprach tragische Worte; noch nie hat jemand diese

Begierde gehabt, sich einpudern zu lassen. Er rief endlich jemand von der Straße, und schickte ihn gegen ein ansehnliches Trinkgeld zu seinem Perückenmacher, daß er sogleich, ja sogleich kommen solle. Bis der Bote wieder kam, lag Ulrich in einer stillen Verzweiflung auf seinem Sofa; ein Kranker, der auf dem Tode liegt, kann seinen Arzt nicht so sehnlich herbeiwünschen, als Ulrich, der immer mit starren Augen nach der Thüre sah, den hereinrutschenden weißen Rock erwartete. Aber der Bote kam mit der Nachricht wieder, er habe weder Meister noch Gesellen zu Hause angetroffen, sobald nur irgend einer von ihnen zurückkäme, wollte ihn die Frau sogleich dem jungen Herrn zuschicken. Der Bote empfahl sich wieder, und Ulrich saß wieder einsam in der Dunkelheit auf seinem Sofa, und zählte mit einer unbeschreiblichen Angst, die so hoch stieg, daß sie wieder eine Art von Vergnügen ward, jede vorüberziehende Minute, er sah starr auf den Boden, und raufte sich manchmal wild in den Haaren, die aber bei allen seinen Bemühungen unfrisirt blieben.

O unglücklicher Jüngling! o bedauernswürdiger Ulrich! siehst du es nun wohl ein, wie sehr die Pädagogen Recht haben, wenn sie sich die Haare rund schneiden, und verächtlich von den Leuten sprechen, die von ihrem Friseur abhängen? denn Seidemann ist schon längst auf dem Balle, und —— doch, ich muß jetzt erst die Verzweiflung meines Helden zu Ende schildern, da ich mich überdies nicht erinnere, in irgend einem unsrer tragischen Romane eine ähnliche Situation gefunden zu haben.

Hundertmal war Ulrich im Begriff, sich, so gut

es gehn möchte, selbst zu frisiren, aber er hatte sich in der Verzweiflung die Haare nur noch mehr durcheinander gerissen, so daß es selbst dem künstlichen Kamme des Meisters beschwerlich fallen mußte, die wilden Ruinen wieder zu einem schönen Gebäude zu ordnen.

Endlich klopfte ein leiser Finger schnell an die Thür, die sich schon öffnete, noch ehe er herein! rief. Selbst in der dicksten Finsterniß erkannte er den alten behenden Meister Leyser. Er fuhr diesem fluchend auf den Hals, und der gewandte Perückenmacher konnte nicht unterscheiden, wo die Stimme herkam, die ihn so anfuhr. Man verglich sich endlich; Leyser bat tausendmal um Verzeihung, wie er gewiß und wahrhaftig den jungen Herrn beinah vergessen habe, er sei mit allen Kunden fertig gewesen, und habe sich nur auf eine halbe Stunde nach so vielen Strapazen beim benachbarten Weinschenken erquicken wollen, wo ihm der Gedanke an den jungen Herrn Hartmann wie ein Stein aufs Herz gefallen sei. — Da Ulrich überlegte, daß es nun endlich Zeit sei, nicht noch mehr Zeit zu verlieren, indem er schon seit zwei Stunden hätte auf dem Ball sein sollen, so ward endlich mit dem Künstler ein Vergleich geschlossen, daß er ihn recht schön und schnell frisiren solle; der Friseur willigte ein, machte aber die Bemerkung, daß man zu dieser Beschäftigung nothwendig Licht haben müsse. Ulrich suchte in allen Winkeln das Feuerzeug, und konnte es nirgends finden, und als er es fand, schlug er den Feuerstein entzwei und sich fast die Hände wund, aber der nasse Zunder wollte nicht zünden, — Ich bitte alle meine Leser aus dem besten Herzen, sich ja sogleich, indem sie noch dieses lesen, aus Berlin eine von den schönen und äußerst nutzbaren elektrischen Lampen zu verschreiben; hätte man damals schon diese nützliche Erfindung gekannt, so stände der verunglückte Prometheus jetzt nicht mit knirschenden Zähnen da, und bliese in den nassen Zunder, so daß ihm Augen und Backen glühen, und nur das eigensinnige Feuerzeug kein Feuer fangen will, so sehr er auch demüthig bittend ein Endchen des Schwefelfadens hineinhält. — Der Friseur brachte indeß ganz kaltblütig sein Handwerkszeug in Ordnung, und nichts empört in einer ähnlichen Situation so sehr, als einen kaltblütigen Menschen vor sich zu sehn. — Da sich kein Funken entzünden wollte, mußte man auf eine andre Art Licht zu bekommen suchen. Ulrich wankte im ganzen Hause herum und fand alle Zimmer verschlossen, denn seine Mutter war auf einen Besuch. Er klopfte endlich an die verschlossene Thür seines Vaters, der bei seinen Büchern saß und ihm brummend öffnete. Ulrich bat um Verzeihung und zündete eilig sein Licht an, kam aber sogleich wieder, weil es ihm beim zu großen Eilen auf der Treppe wieder ausgelöscht war. Der Vater öffnete wieder mit einer geduldigen Verdrüßlichkeit, und mußte es noch zweimal thun, weil ein boshafter Zugwind die Flamme immer wieder von neuem ausblies. Endlich war das Licht unbeschädigt hinaufgebracht, und Ulrich setzte sich, um frisirt zu werden, nieder. Ist eine Geduld erst abgenutzt, so reißt sie leicht bei der kleinsten Gelegenheit. So raufte der Friseur seinen Untergebenen kaum dreimal etwas empfindlich in den Haaren, als er auch schon eine so schallende Ohrfeige empfing, daß die Flamme des Lichtes wankte. Herr Leyser, der im nächsten Laden ziemlich viel getrunken hatte, und den eine ganze Atmosphäre feuriger Geister umgab, erstaunte nur einen Augenblick, dann warf er sich auf den Helden der Geschichte, und suchte ihm auf eine geschickte Weise die Ohrfeige wieder zurückzugeben. Ulrich widersetzte sich und ward wüthend, als er die Fäuste des Friseurs in seinen kaum etwas ausgekämmten Haaren verspürte. Ulrich fiel vom Stuhl herunter und der Friseur auf ihn, so daß Ulrich einen sehr empfindlichen Stoß an das Schienbein bekam: unter stummen Geberden wälzten sie sich ein paarmal übereinander, als der Friseur plötzlich aufstand und stillschweigend Hut und Muff ergriff. Ulrich, der seinen Entschluß errieth, hielt ihn beim Kleide fest, und wollte ihn zwingen, den Haarbau zu vollenden. Der Friseur aber hatte die Klinke in der Hand, und drängte mit seinem Knie herzhaft gegen die Thür; so stritten sie eine Weile, indem dieser jenen zurückhielt, und jener in jedem Augenblicke zu entwischen drohte, und von Impertinenzen, beleidigter Ehre und dergleichen redete. Ulrich mußte endlich wirklich zu Höflichkeiten und Bitten seine Zuflucht nehmen, nur um den theuren Mann da zu behalten; man schloß also einen Waffenstillstand, und Ulrich setzte sich wieder nieder, aber mit dem Gesichte gegen die Thür, damit ihm der Friseur nicht heimtückischerweise plötzlich entlaufen könne. Dieser bedachte sich in der Bosheit seines Herzens, ob er nicht, wie durch einen Zufall, das Licht von neuem auslöschen solle, und strich mit seinem Rücken oft dicht daneben weg; da er aber doch die Wuth und die Stärke des jungen Menschen fürchtete, so gab er diesen Gedanken wieder auf. Aber er versuchte dafür, ob er den Kopf

Ulrichs nicht nach Herzenslust raufen dürfe, und fing daher in den Haaren ganz leise an zu ziehn, und immer stärker und stärker, indem er beständig über die unauflösliche Verwickelung klagte. Da er merkte, daß Ulrich ganz geduldig blieb, um nur endlich fertig zu werden, zog er die Haarschrauben immer schmerzhafter an, und touppirte und kämmte, wickelte und stach in den armen Ulrich hinein, daß diesem endlich Hören und Sehen verging. Dann beschüttete ihn Leyser noch mit einem gewaltigen Puderregen, ließ den Helden sitzen und empfahl sich.

So war Ulrich doch nun wenigstens frisirt. Er stand auf, nahm das Licht und stellte sich dicht an den Spiegel, um mit einem Messer den Puder von der Stirn zu streichen. Ueber alle Verwirrungen hatte er seinen Plan beinahe ganz vergessen, und er dachte jetzt wieder zum erstenmale an die entworfene Entführung.

Er zog sich nun mit unbeschreiblicher Eile an, und vergaß und verwickelte dabei alle Augenblicke etwas. Er war schon fertig, und mußte wieder umkehren, weil er den Hut vergessen hatte. Er nimmt ihn und eilt davon; sein Schienbein schmerzt ihn, und er stößt sich unten an der Treppe noch einmal; ihm ist, als höre er ein kleines Prasseln an seinen Füßen, er geht an die Laterne vor der Thür und sieht den einen von seinen seidenen Strümpfen von unten bis oben aufgerissen.

Ich hoffe, ich habe nun das tragische Mitleid für meinen Helden bis auf den höchsten Punkt gespannt. — O warum stehn denn die Tage nicht im Kalender, in einem von den unzähligen Taschenbüchern, mit denen jetzt Deutschland überschwemmt ist, an welchen wir so viele ähnliche Unglücksfälle erdulden müssen? Ist es denn überhaupt an den schwarzen Kolossen nicht genug, die wie schreckliche Meilenzeiger in unserm Leben hinunterstehn, müssen uns auch noch diese Gewürme von Unglücksfällen anspringen, und uns mit ihrem stechenden Rüssel rasend machen? Denn rasend war Ulrich fast, als er von neuem aus seines Vaters Stube Licht holte, der ihm nun noch zum Ueberfluß den Text las, als er wieder oben ging, um andere Strümpfe anzuziehn. Er suchte und suchte wieder, und fand immer kein weißes Paar; endlich erinnerte er sich, daß sich die andern schon anf dem Entführungswagen befänden. Er mußte also in der Noth ein schwarzes Paar anziehn, das wieder nothwendigerweise einen ganzen veränderten Anzug nach sich zog. — Endlich war er fertig, blies das Licht aus und ging. —

Er hatte nun alle widrigen Zufälle überwunden, aber das größte Unglück blieb ihm noch zurück. Louise hatte ihn immer erwartet, war oft hinausgegangen um zu sehn, ob er nicht käme. Seidemanns Geliebte war krank geworden und konnte nicht kommen; der Lehrer ging eben so oft, um sie zu suchen, beide Suchenden begegnen sich endlich auf dem dunkeln Gange. Seidemann redet sie an, in der Meinung, es sei Mademoiselle Stolbein, sie antwortet, in der Meinung, er wisse als der Vertraute Ulrichs den ganzen Plan, so verlassen beide den Ball und die Stadt, setzen sich in den dazu bestimmten Wagen und fahren davon.

Ulrich rannte einen Bedienten um, der ihm mit Thee entgegen kam, er stürzte in den Saal, und ein lautes Gelächter lief an den Wänden herum, denn der schön geputzte junge Herr erschien ohne Weste.

Ulrich ließ sich nicht irre machen, sondern forschte nur nach seiner Geliebten, ohne in seiner Verwirrung daran zu denken, daß dieses emsige Nachsuchen nothwendig Aufsehen erregen müsse. Er fand sie nicht und wurde immer ängstlicher; andere, die durch ihn aufmerksam gemacht waren, suchten auch nach der Mademoiselle Wallmuth, und sie war immer nirgends zu finden; die ganze Tanzgesellschaft versammelte sich endlich, selbst mit den Musikanten, um sich zu verwundern und nachzuforschen. Man bemerkte nun auch, daß Seidemann fehle, und Ulrich gab sich etwas zufrieden und ließ einen Wink über seinen Entführungsplan fallen: die Aeltern des verlornen Mädchens waren indeß hinzugekommen, man schickte nach Seidemanns Wohnung, er war fort und hatte viele seiner Sachen weggeschickt. Aller Verdacht fiel jetzt auf den jungen Hartmann; man glaubte, alles sei mit seinem Pädagogen ein abgeredeter Plan, die Aeltern zankten mit ihm, alles war in der größten Verwirrung, Ulrich stand ohne Bewußtsein da, und ward endlich arretirt und nach dem Stadtgefängnisse hingeführt.

In dem engen Gefängnisse hatte Ulrich wieder Zeit, sich zu sammeln; er stand an der Wand gelehnt, fuhr sich mit der Hand über die Stirn, sah sich von allen Seiten um und redete also:

O boshaftes Schicksal! Ward es mir aufbehalten, den schrecklichsten von deinen Kelchen zu leeren? Bin ich unter den Millionen Geschöpfen auserlesen, das elendeste zu sein? — Ein Friseur läßt mich sitzen, und schlägt sich dann mit mir herum, selbst die leblose

Natur empört sich gegen mich, Stein, Zunder, Feuerzeug, Weste und seidene Strümpfe: und nun endlich — meine theure Geliebte! O! wo bist du, und wo soll ich dich finden? Hier eingesperrt, bin ich dir, und du bist mir verloren. O Seidemann, Seidemann, warum hast du mir das gethan?

Er überlegte noch einmal sein ganzes Schicksal, und wollte immer mehr verzweifeln, je mehr er es überlegte. Er sprang manchmal hastig auf, als wenn er einen großen und schrecklichen Entschluß faßte, aber die verschlossene Thür und die eisernen Stangen vor den Fenstern erstickten immer wieder allen heroischen Muth. Da er gar nichts thun oder verbessern konnte, so überließ er sich endlich einer trägen Dumpfheit, die so oft bei Unglücksfällen unsern Verstand und unser helles Bewußtsein ablöst, und unsern Hoffnungen, aber auch unsrer Reue ein Ende macht.

Der alte Hartmann erstaunte nicht wenig, als er die Gefangennehmung seines Sohnes erfuhr; er verließ sich darauf, daß dieser gewiß unschuldig sei, und legte sich daher ruhig schlafen. Die Mutter weinte und betete viel ehe sie einschlief; sie dachte an die üble Nachrede, in die jetzt die Familie kommen würde.

Ulrich selbst konnte die ganze Nacht hindurch nicht schlafen. Am Morgen brachte ihm der Aufseher sein Frühstück und kündigte ihm an, daß er gegen Mittag verhört werden solle. Ulrich hatte gerade, um sich etwas zu trösten, alles Geld aufgezählt, was er bei sich trug, nur um etwas Anschauliches zu haben, wobei sich besser überlegen ließe. Der Aufseher sah die Goldstücke mit glänzenden Augen an, und näherte sich schleichend dem Tische, an welchem Ulrich saß, und den Kopf melankolisch auf den Arm stützte. — Ei, so in Gedanken? schmunzelte er sehr freundlich.

Ulrich, der zum erstenmal im Leben unglücklich war, hatte noch noch viel Vertrauen auf das Mitleid der Menschen; er sah den Aufseher mit weinenden Augen an, und dieser fing an, ihn über seine Lage zu trösten.

Ei, junger Herr, sagte er mit einem rauhen Tone, Sie müssen nicht so kläglich thun; Sie sind nicht der Erste, der hier gesessen hat, und werden auch nicht der Letzte sein. Nur munter und lustig! Mancher ehrliche Mann hat da schon auf dem Stuhle gesessen, und mancher Schlingel ist hier lustig und guter Dinge gewesen. Drum nicht gegrämt! Es kann ja noch alles gut werden.

Ach nein, seufzte Ulrich aus tief betrübter Seele, ach nein, ich bin ganz unglücklich.

Sie dauern mich, junger Herr, sagte der rauhe Mann, gewiß und wahrhaftig, Sie dauern mich! Aber was ist da zu machen? Gerechtigkeit muß sein, und wie du mir, so ich dir. — Ein Komplott machen! Ei, in so jungen Jahren! Und ein Mädchen entführen! Ei, ei, junger Herr, wo haben Sie hingedacht? Solch' Ding kann kein gut Ende nehmen, da muß sich die Obrigkeit drein schlagen.

Ach, wenn ich nur hier fort wäre! klagte Ulrich.

Ja das Lied hab' ich schon von manchem hier singen hören, antwortete der Aufseher, und ich bin eine gute mitleidige Seele; wenn's auf mich ankäme, ja ich ließe meiner Seele alle Vögel gleich ausfliegen.

O, fiel ihm Ulrich hastig und freudig ein, es

kommt ja bloß auf ihn an, laß Er mich fort, lieber Mann, wenn er des Mitleids fähig ist, so laß Er mich gehn.

Wenn man uns nicht auf die Finger klopfte, sagte jener; ja wenn sich das so thun ließe! Aber wir sind in Eid und Pflicht genommen; und ich würde auch noch gar ins Gebet genommen werden. —

Nur diesmal; nur dies einzige Mal kann es ihm ja unmöglich Schaden thun! rief Ulrich immer dringender.

Sie bitten wohl, rief der Mann, aber wenn ich Sie um etwas bitten wollte, Sie würden nicht gleich so bei der Hand sein.

Alles, alles, fordr' Er, was Er will! —

Nun, wenn ich nun sagte, schenken Sie mir etliche von den Füchsen, so —

Nehm' Er, nehm' Er, so viel Er will!

Der Gewaltige hatte schon acht Stück zwischen den Fingern und machte Miene wegzugehn. — Nun, ich will sehn, sagte er im Fortgehn, ob ich bei Gelegenheit etwas für Sie thun kann; und so ging er und schloß wieder hinter sich zu.

Ulrich war wie versteinert, er hatte eine augenblickliche Erlösung gehofft, und war nun so übel dran als zuvor. Er ging mit großen Schritten im Zimmer auf und ab, und deklamirte gegen die Niederträchtigkeit der Menschen. Endlich bemerkte er, daß die Thür nur angelehnt war, und empfand ein freudiges Erstaunen bei dieser Entdeckung. Er merkte nicht, daß es vorsätzlich geschehen sei, und berathschlagte lange mit sich selber, ob er es wohl wagen dürfe, hinauszugehn. Er machte endlich die Thüre leise auf, und schlich sich mit

Herzklopfen einen langen Gang hinunter. Im Vorhause begegneten ihm einige Menschen, die aber nicht auf ihn achteten, weil er gut gekleidet war; so kam er auf die Gasse, und eilte sogleich um die nächste Ecke.

Louise war jetzt sein einziger Gedanke, und er ging daher geradesweges zum Thore hinaus, mit dem Vorsatze, sie aufzusuchen. Er berechnete auf eine ganz falsche Art, wie lange er wohl noch von dem Gelde zehren könne, das er bei sich habe, und ging so wohlgemuth die große gebahnte Straße hinunter, ohne auf den kalten Wind besonders zu achten, der ihm einen feinen schneidenden Regen entgegen trieb.

So lange Menschen Hoffnung haben sind sie nicht arm und nicht unglücklich, ein Satz, der schon außerordentlich oft gesagt ist: so hatte Ulrich immer Louisens Bildniß vor Augen, er dachte sich schon die verschiedenen Dörfer und empfindsamen Haine, in denen er sie wieder finden könne, und fiel gar nicht darauf, daß sie ja eben so gut aus dem entgegengesetzten Thore hätte fahren können, und es war sehr gut, daß ihm dieser Gedanke nicht einfiel, sonst hätte er wahrscheinlich allen Muth zu seiner Wanderschaft verloren. Dabei stellte er sich die Menge von Bequemlichkeiten vor, die er sich auf der Reise machen könne, sein kleines Vermögen erschien ihm als ein unermeßlicher Schatz, und er sah in seiner Phantasie schon Flaschen Wein und Tische mit einer Menge von Gerichten vor sich. Hätte er auch hier die Nichtigkeit seiner Rechnungen gefühlt, so wäre er vielleicht noch an demselben Tage zu seinen Aeltern zurückgekehrt.

Von je an sind solche irrende Ritter ihrem Instinkte gefolgt, und haben den ersten Weg genommen, der ihnen unter die Füße gekommen ist. Diesem löblichen Gebrauche folgte auch Ulrich; denn was kann uns der Verstand in einer Sache nützen, wo wir gar nichts wissen und nichts berechnen können? Eben weil es hier keinen vernünftigen Grund zu handeln giebt, so müßte man am Ende gar nichts thun, wenn man nicht die unvernünftigen Gründe für sehr gültig erklärte. — Er fand auf seiner Reise das Paradies nicht, das er sich geträumt hatte, er mußte oft mit schlechtem Essen und noch schlechtern Betten, manchmal sogar mit einer Streu zufrieden sein: da er zu Fuße ging, waren die Wirthe oft sehr grob, und manche, die ihn für verdächtig hielten, weil sich seit einiger Zeit Spitzbuben in der Nähe merken ließen, stichelten auf ihn auf eine ziemlich handgreifliche Weise.

Sein Muth wurde zwar etwas gedemüthigt, er setzte aber seine Reise demohngeachtet fort. — An einem Abend, als es schon anfing dunkel zu werden, gesellte sich ein Reisegefährte zu ihm, mit dem er allerhand Sachen sprach. Als sie um eine Ecke im Walde bogen, und der Forst nun dichter ward, kamen noch mehrere Menschen zu ihnen und gingen denselben Weg. Ulrich, der sich plötzlich unter so vielen fremden Menschen sah, fing an, etwas ängstlich zu werden, er erinnerte sich so mancher Geschichten, die er ehemals in Romanen gelesen hatte, von grausamen Ermordungen und Plünderungen; mit diesen Erinnerungen hielt er die Erzählung mancher Wirthe von den benachbarten Straßenräubern zusammen, und da es um ihn her mit jeder Minute dunkler ward, und immer noch kein Dorf erscheinen wollte, so glaubte er am Ende zu der Ueberzeugung ein Recht zu haben, daß er sich unter Spitzbuben befinde.

Seine Begleiter ließen ihn auch nicht lange in Zweifel, sondern fielen über ihn her, und nahmen ihm Geld und Uhr, und was sie sonst noch brauchbar fanden. Dann zwangen sie ihn mit zu ihrer Wohnung zu gehen, wo sie ihn bereden wollten, ein Mitglied ihrer Gesellschaft zu werden.

Sie kamen nach mancherlei verschlungenen Fußpfaden an eine geräumige Hütte im Walde an. Hier nahmen alle Mitglieder Platz, zu denen sich bald noch mehrere gesellten. Man sprach über die Einrichtung ihres Staats und über die Beuten, die jeder noch zu machen hoffte, indessen Ulrich zahm und in sich gekehrt im Winkel saß, und mit heimlicher Furcht dem Gespräche zuhörte. Als er gefragt ward, ob er sich noch nicht entschlossen habe, sagte er weder Ja noch Nein, sondern schlich sich mit seiner Antwort zwischen beide Extreme hindurch. — Als man noch sprach, kam ein Bote in der größten Eile, der ihnen ansagte, daß eben aus dem benachbarten Städtchen ein Detaschement von Soldaten ihren auf der Spur sei. Alle griffen sogleich zu den Gewehren und verließen schnell das Haus.

Aber statt ihren Verfolgern zu entwischen, liefen sie diesen grade in die Hände. Man erstaunte von beiden Seiten, sich so schnell und unvermuthet anzutreffen, man feuerte auf einander und auf beiden Seiten fielen einige Mann.

Ulrich erschrak nicht wenig, als die Unterredung plötzlich eine so ernsthafte Wendung nahm, er retirirte sich eilig mit seinen Begleitern in das dickste Buschwerk zurück. Die Soldaten verfolgten sie durch wiederholtes Schießen, und der unbewaffnete Ulrich war zweifelhaft, zu welcher Parthei er sich schlagen sollte. Jetzt fiel der von den Räubern neben ihm nieder, der seine Börse zu sich gesteckt hatte, und die übrigen entflohn. Ulrich stand eine Weile, dann untersuchte er die Taschen des Getödteten, und fand einen großen schweren Beutel, in welchem er mit vieler Wahrscheinlichkeit auch seine Goldstücke zu finden hoffte. Er überlegte nicht lange, was hier Recht oder Unrecht, sein oder eines andern sei, sondern steckte den Beutel zu sich, ward aber in demselben Augenblicke von den nachsetzenden Soldaten ergriffen und fortgeführt; einen andern Räuber hatte man auch gefangen genommen, und man hielt es für bequemer die andern laufen zu lassen, weil das Nachsetzen in der Nacht eine höchst unsichere Sache schien.

Man führte den gefangenen Ullrich im Triumph in das nächste Städtchen, wo man ihn mit dem Räuber in ein fest verwahrtes Loch sperrte, so sehr er auch protestirte, daß er nicht zu ihm gehöre. Da aber der Räuber das Gegentheil behauptete, so achtete man nicht viel auf seine Einwendungen.

Da saß nun der arme Ulrich zum zweitenmale in strenger Verwahrung. Die Leute kamen häufig um die beiden Delinquenten zu sehn, und verwunderten sich besonders über Ulrich, daß er schon in so zarter Jugend einen so bösen Lebenswandel anfange. Ulrich weinte viel, und bereute es mit jedem Tage mehr, daß er je seine Vaterstadt verlassen, daß ihm je der verwegne Gedanke einer Entführung in den Kopf gekommen sei. Sein Gefährte im Gegentheil war sehr lustig und guter Dinge, und hatte seine Freude an der Angst, die er dem armen Ulrich machte, er redete ihm täglich vor, daß er doch nur höchstens aufgehängt werden könne, daß das ganze Leben, so wie der Tod nur ein lustiger

Spaß sei, und daß er sich wie ein braver Kammerad betragen, und nicht den Muth so schändlich sinken lassen solle.

Es wurden mehrere Verhöre mit den Verbrechern vorgenommen, in denen Ulrich alles läugnete, und der Mitgefangne ihm beständig widersprach, und dem unglücklichen Hartmann selbst eine Menge von Bubenstücken andichtete. Es ward alles Wort für Wort niedergeschrieben und Ulrich hörte von jedermann, daß es mit seinem Handel sehr übel stehe. — Die Richter schienen manchmal wohl von seinen Klagen gerührt, aber der Gang der Gerechtigkeit war immer gerade aus, und da sahe man nicht auf das Mitleid, das manchmal neben dem Wege lag.

Doch es ist Zeit, daß wir uns endlich wieder um Louisen, die Geliebte Ulrichs bekümmern.

Louise Wallmuth also stieg mit ihrem Entführer ohne Bedenken in den dazu bestimmten Wagen und fuhr fort. Seidemann regierte die Pferde selbst, es war eine trübe regnigte Nacht, beide litten von der Kälte und sprachen daher nur wenig. Sie stiegen in einem Wirthshause ab, das einsam im Walde lag, und hier erkannte Seidemann mit großem Schrecken, wen er entführt habe. Louise war ziemlich ruhig, und fragte nur nach ihrem Geliebten. Seidemann, der sich bald erholte, gab ihr zweideutige Antworten, um sie nur zufrieden zu stellen. Nach einer kurzen Zeit, in der man sich erquickt hatte, stiegen beide wieder in den Wagen und fuhren weiter.

Die Wege waren vom häufigen Regenwetter sehr schlecht geworden, und der Wagen konnte jetzt nur langsam weiter fahren, worüber Louise anfing etwas furchtsamer zu werden, und Seidemann über seine Lage ernsthafter nachzudenken. Was ist hier zu thun? sagte er bei sich selber. Ich bin wahrlich in einer schönen Verlegenheit! — Soll ich umkehren oder weiter fahren? In beiden Fällen hab' ich nichts gewonnen. — Je nun, es findet sich vielleicht am Tage ein guter Gedanke. — Bei dieser letzten Vorstellung trieb Seidemann die Pferde von neuem an, die den Wagen eben in einer sumpfigen Stelle wollten stecken lassen. Sein guter Gedanke, auf den er gehofft hatte, kam, noch eh es Tag wurde, und es war kein andrer, als Louisen immer weiter mitzunehmen. Seidemann sah nämlich mit seinem praktischen Verstande sehr wohl ein, daß das Geschehene nun nicht mehr zu ändern sei, die Reue aber hielt er für die allerdummste Erfindung des menschlichen Geschlechts, der kein großer Geist jemals unterworfen sein müsse. Er überlegte, daß Louise doch fast ein eben so hübsches Mädchen sei, als Mademoiselle Stolbein, daß er also doch immer einen guten, wenn gleich nicht den besten Fang gethan habe, und daß er sich also auf die Art zufrieden geben müsse. Er überlegte dies von allen Seiten, und fand, daß es das vernünftigste sei; er leitete also schon in der Nacht von seinem Sitz herab seinen Plan durch zärtliche Gespräche ein, denn er bedachte, daß er doch wenigstes eine Frau gewonnen habe, wenn ihm sein Anschlag gelinge. Und an ein Mißlingen konnte er durchaus nicht glauben, denn Louise war ohne ihn in einer unbekannten Gegend, von Geld entblößt, unter fremden Menschen gänzlich verlassen.

Als es Morgen ward, lößte er seiner schönen Begleiterin das seltsame Räthsel ihrer Entführung auf, als sie eben zu wiederholten Malen nach ihrem geliebten Ulrich gefragt hatte. Sie erstaunte, und Seidemann glaubte in diesem Erstaunen schon das Entgegenkommen auf halbem Wege zu bemerken. Ein Mann, hatte er bei sich selber schon ehemals ausgemacht, der über einen Antrag in Verwunderung geräth, ist schwer zu gewinnen, und Menschen, die etwas durchsetzen wollen, müssen daher sehr genau auf die Mienen derer Acht geben, mit denen sie sprechen; bei einem Weibe aber ist schon alles gewonnen, indem sie erstaunt, denn sie hat schon immer alle möglichen Fälle in Gedanken kombinirt, und sich dagegen gerüstet; tritt aber irgend eine Idee in ihren Kopf, die eigentlich dort nicht zu Hause ist, so verliert sie Gedächtniß und Besinnung, und eben deswegen, weil sich ein Weib nie schnell entschließen kann, wird sie es immer leichter finden, das Ungescheidteste zu thun, als einen gescheidten Entschluß zu fassen. Seidemann hatte einen eignen kleinen Roman geschrieben, (und ich glaube, er ist noch in manchen Buchhandlungen zu haben,) in welchem er diesen Satz hauptsächlich durchgeführt, und sich in seiner Weiberkenntniß gleichsam erschöpft hatte. In diesem seinem Buche läßt er eine äußerst vortreffliche Frau durch einen Menschen verführt werden, der weder schön noch besonders geistreich ist; denn wie hätte er einen geistreichen Menschen darstellen wollen? Dieser geistlose Held des Seidemannischen Romans also hatte bloß die Fähigkeit, sich sehr gut mit der stillen ruhigen Maske eines Pietisten bedecken zu können, er ging im Hause aus und ein, und schien für alle Güter dieser Welt so gleichgültig, daß kein Mensch den Fuchs hinter diesen Schaafskleidern argwöhnte. Aber wie erstaunte die oben erwähnte vortreffliche Frau, als er plötzlich in einer Stunde der Einsamkeit die Maske fallen ließ? sie wußte keinen andern Entschluß zu fassen, als sich zu ergeben. — Als Seidemann seinen Roman fertig hatte, und ihn einigen seiner vertrauten Freunde vorlas, lernte er selbst recht viel aus seinem eigenen Buche, er zog die Moral davon auf sich, und beschloß, stets nach seiner selbst erfundenen Theorie zu handeln. Allein die wahre List ist die, List zu verbergen, und Seidemann hatte im Grunde nur eine Ahndung davon, wie man listig sein könne, — er handelte daher beständig viel zu fein, um eigentlich klug zu handeln; er machte bei keinem Frauenzimmer Glück, eh er nach Ulrichs Geburtsstadt kam, und hier that das Fremde und Geheimnißvolle, das ihn umgab, mehr als alle seine Theorie.

Dieser Hang zum Wunderbaren nimmt in der Konstitution der menschlichen Seele einen großen Paragraphen ein, bei den Frauenzimmern aber macht er sogar ein eignes Kapitel aus. Kein andrer Mann wird bei diesem Geschlechte so viel Glück machen, als ein Fremder, der plötzlich in der Stadt auftritt, und aus dem man nicht recht klug werden kann; alle Zirkel drängen sich nach ihm, um ihn in ihrer Mitte zu haben; dies ist für alle Liebhaber die gefährlichste Periode, und es giebt, glaube ich, gar keine Kriegslist gegen einen solchen Menschen so lange, bis er sich für eine der regierenden Schönheiten ausdrücklich erklärt hat; dies ist die einzige Art, wie ein außerordentlicher Mensch zu einem gewöhnlichen herabsinken kann. Allen fahrenden Abentheurern und Glücksrittern ist es daher sehr anzurathen, sich auf keinen Fall zu verlieben, und nie ein gewisses geheimnißvolles Wesen und eine Kälte gegen alle Weiber ganz abzulegen. Die Menschen sind die interessantesten, eben so wie die Frühlingstage, die nicht hell sind, aber wo die Sonne in jedem Moment durchbrechen will.

Mancher findet es unbegreiflich, wie Cagliostro und so manche andre Betrüger haben Glauben finden können; aber ich begreife es wohl. Die Menschen, besonders aber wieder die Frauenzimmer, machen sich so gern eine poetische Täuschung, die unendlich stärker ist, als der prosaische Zweifel. Ihr Vergnügen an wunderbaren Abentheuern ist daher gerade dasselbe, das wir bei guten Tragödien empfinden; so wie wir uns im Schauspielhause umsehn, oder so wie der Vorhang fällt, oder ein elender Spieler auftritt, in allen diesen Momenten hört unsre Täuschung nothwendigerweise auf, aber die Illusion ist uns weit lieber, als die trockne Ueberzeugung, daß wir uns in einem simpeln Komödienhause befinden, daher knüpfen wir freiwillig die unterbrochene Täuschung wieder an. Eben so geht es den Weibern, man braucht es ihnen gar nicht zu sagen, daß N. N. sehr wahrscheinlich ein Betrüger sei, denn ihr feiner Sinn hat das schon lange durchgesehn, eh' es ihnen ihre Männer sagten, die freilich früher davon überzeugt waren, als sie es glaubten; aber sie knüpfen an den wundervollen Menschen den Gedanken, daß denn doch wohl alles, was man von ihm erzähle, und noch tausend seltsame Sachen, die nur keiner wisse, möglich sein könnten, und dies setzt sie in eine so wunderbare Stimmung, daß sie in manchen Stunden alles glauben. Das Sprichwort: „ein Prophet gilt nichts in seinem Vaterlande," ist daher außerordentlich richtig, weil man dort nicht den Dunstkreis um sich her versammeln kann, der zum Prophezeien gewiß außerordentlich nöthig ist.

Um diese Bemerkungen auf Seidemann anzuwenden; so hatte er bloß diesem Hange zum Wunderbaren sein Glück bei Frauenzimmern in Ulrichs Geburtsstadt zu verdanken. Sie wurden ihm alle gewogen, weil sich jede in seiner Person etwas anders denken konnte: einige hielten ihn für einen unglücklichen Grafen, der in irgend einem Duell Unheil angerichtet, und sich deshalb die Haare rund geschnitten habe, um desto leichter inkognito zu bleiben; andre machten aus ihm einen Geisterseher oder Goldmacher, weil er mit dem einen Auge ein wenig schielte; noch andre meinten, er wäre ohne Zweifel das Haupt einer geheimen wohlthätigen Gesellschaft; — und doch waren alle diese Damen Freunde der Aufklärung, und Antagonisten aller möglichen Schwärmerei; sie hatten auch gar keine Gründe zu diesem seltsamen Glauben, aber sobald sie Gründe gehabt hätten, wäre ihnen Seidemann auch sogleich uninteressanter geworden, weil dann ihren erfindungsreichen Muthmaßungen ein Ziel wäre gesetzt worden.

Charlotte Stolbein war ein viel zu einfältiges und eben darum zu vernünftiges Mädchen, als daß sie den Pädagogen hätte liebenswürdig finden können: aber der Hang zum Wunderbaren riß sie zu ihm hin, sie konnte ihn nicht leiden und liebte ihn, sie interessirte sich für ihn, weil es mit zur Mode gehörte. Kaum aber hatte sich Seidemann auffallend für sie erklärt, als er auch sogleich einen großen Theil seines Ansehns verlor; ein Mann wird nur recht liebenswürdig gefunden, so lange sich ihn jedes Mädchen als ihren Liebhaber denken kann, entscheidet er sich aber für eine bestimmte Geliebte, so sehn ihn alle übrigen nur als einen Anhang ihrer Feindin an; er ist ein todtes Wild, das nicht mehr gejagt wird.

Seidemann glaubte also auch jetzt seine eben aus-einander gesetzte Ueberraschungstheorie bestätigt zu finden. Ich brauche den Leser wohl nicht auf das jugendliche und unreife darin aufmerksam zu machen, und wie diese Wahrheit zu denen gehöre, die man nur umzukehren brauche, um sie noch wahrer zu machen. — Louise ging wider seine Erwartung plötzlich vom Erstaunen zum Schmerze über, sie weinte, sie klagte, sie verwünschte wechselseitig bald Seidemann, bald ihr grausames Schicksal: ein Wort, das eben so zum verwünschen erfunden ist, als die Namen Cajus und Sempronius in den juristischen Collegien die Exempelträger sind. — Seidemann wußte nun selbst nicht, was er für Erstaunen thun sollte, er war selbst außer aller Fassung, denn alle seine feinen Bemerkungen waren nun plötzlich umgestoßen, dabei hatte er noch die Pferde zu regieren, die jetzt ungeduldig werden wollten, Louisen zu trösten, und was mehr als alles war, sie zu überreden, daß sie seine Gedanken, seine Liebe und seine Person annehmlich fände; wahrlich, Cäsar ist mit seinen Briefstellern dagegen nur ein kleines Licht gewesen. Ist es daher dem Seidemann auch wohl so besonders zu verübeln, wenn keine von seinen Bemühungen recht gelingen wollte? Es überstieg die Kräfte eines Menschen, und Seidemann, der nur ein Sterblicher war, unterlag seinen Versuchen.

Aber so geben Sie sich doch zufrieden, theureste Freundin, rief Seidemann. Umkehren können wir auf keinen Fall, ohne uns der Schande und Strafe

Preis zu geben; wer weiß wie es mit Ulrich geworden ist, Sie bedürfen meiner Hülfe. — Hier mußte er inne halten, denn die Pferde liefen seitwärts, da er immer das Gesicht nach der Chaise zukehrte, und drohten den Wagen in einen Graben zu werfen.

Louise hörte indessen nicht auf sich zu beklagen, sie schalt den armen Pädagogen, der jetzt die ungezogenen Pferde statt der geduldigen Jugend unter Händen hatte, einen schändlichen Bösewicht, einen Betrüger; er suchte sich zu vertheidigen, und ihr zugleich zu erklären, wie er sie jetzt plötzlich liebe und anbete; seine pathetische Erklärung ward unaufhörlich von Interjectionen unterbrochen, die die Fuhrleute erfunden haben, um sich den Pferden verständlich zu machen. Wie? rief er; himmlisches Wesen meiner einzigen ewigen Liebe — halloh! hottoh! — Wollen Sie nicht glauben? — Ich schwöre Ihnen beim Firmament und allen — will der Racker wohl im Wege bleiben! — und allen seinen Gestirnen, daß — ich werde Dir auf den Grind kommen, Spitzbube! — daß mein inbrünstiges Herz nur dieß Eine Gefühl — der Satan stellt sich lahm, das infame Vieh! Weg da vom Graben! — Eine ideale Empfindung, aus dieser Verkettung von Umständen — Himmel! Donnerwetter noch einmal! — Was sagten Sie, Geliebteste? Louise hörte wenig auf seine Betheurungen, sondern ward zorniger, er immer verliebter, und mit Schwüren und Betheurungen zudringlicher, der Weg ward unebner und die Pferde noch ungeduldiger. Jetzt fielen ihm sogar die Zügel aus der Hand, und die Pferde standen durch einen glücklichen Zufall; er stieg hinunter, um die Zügel behutsam wieder aufzunehmen, denselben Augenblick aber benutzte Louise, um leise vom Wagen zu steigen, und, ohne zu wissen, was sie thue, feldeinwärts zu laufen. Seidemann saß schon wieder auf seinem Regierungssitze, als er mit nicht geringem Erstaunen die flüchtige Louise schon in einer ziemlichen Entfernung wahrnahm; er stieg schnell von neuem herunter, und die Pferde benutzten diesen glücklichen Augenblick, in welchem er die Regierung niederlegte, um, sich selbst überlassen, mit dem rasselnden Wagen durchzugehn.

Seidemann stand nun in einem wahren Dilemma, ohne zu wissen, ob er Louisen, oder dem flüchtigen Wagen folgen solle; und da eine Kugel, die von zwei Punkten gestoßen wird, die Diagonale geht, so lief Seidemann weder dem Wagen, noch Louisen nach, sondern in einer Mittelrichtung, um beide wieder einzuholen. Da er aber eine Strecke gelaufen und wieder zur Besinnung gekommen war, und einsah, daß er auf diesem Wege beide verlieren würde, so wandte er sich jetzt zu Louisen, und lief noch stärker. Es kamen Menschen übers Feld gegangen, und er eilte nun dem Wagen nach; der Wagen schien an einer Anhöhe still zu stehn, und er wandte sich wieder zu Louisen, und so ward er von entgegenstehenden Empfindungen hin- und hergetrieben, bis er müde war, und Louisen sowohl, als den Wagen aus den Augen verloren hatte.

Nun ging Seidemann ganz gelassen zu Fuß den gebahnten großen Weg hinunter, und wäre herzlich zufrieden gewesen, wenn er in seinen Beinen weniger Müdigkeit gefühlt hätte. So geht es den Menschen, sagte er schwerseufzend, wenn sie zu viele Plane zu gleicher Zeit verfolgen! Und so sprach er bei dieser Gelegenheit unwissend das Klügste aus, was er noch in seinem Leben gesagt hatte.

Seinen Wagen traf er ganz wohlbehalten im nächsten Flecken wieder an. Die Pferde waren bald langsamer gegangen, und ein Vorübergehender war mit dieser Gelegenheit weiter gereist, er hatte den Sitz bestiegen, und war auf die Art als blinder, und zugleich regierender Passagier froh und gutes Muths im Flecken angelangt. Der Zank zwischen diesem und dem Pädagogen war sehr bald beigelegt.

Erst nach einigen Tagen kam Louise in eine ansehnliche Stadt, wo es ihr gelang, als Kammermädchen in einem vornehmen Hause Dienste zu finden, da sie nicht wagte, zu ihren Aeltern zurückzukehren. — Sie fühlte hier ihre bedrängte Lage nun oft, und bereute herzlich den voreiligen Schritt, den sie gethan hatte, aber sie mußte sich in ihr Schicksal finden und einsehn lernen, daß die Entführungen oft ein sehr unromantisches, unglückliches Ende nehmen.

So viel zur moralischen Nutzanwendung; und nun wollen wir zu unserm Hauptthelden zurückkehren, da die Nebenpersonen alle in der weiten Welt zerstreuet sind. —

Ulrich saß noch immer im Gefängnisse, und ward oft und immer schärfer verhört. Der Richter wandte alle nur ersinnliche Kunstgriffe an, um ihn in seinen Aussagen zu verwickeln, und auf die Art die Wahrheit zu ergründen: aber Ulrich war zu einfältig, um sich zu widersprechen, er hatte sich keinen Plan gemacht, wie er sich in seiner seltsamen Lage benehmen wolle, sondern antwortete stets dasselbe, was er schon am ersten Tage ausgesagt hatte. Die Richter wußten nicht, was sie aus ihm machen sollten, und hielten ihn endlich für den abgefeimtesten Schurken, für ein wahres Genie unter den Spitzbuben, weil er alle ihre Bemühungen vereitelte, und sich sogar fromm und ehrlich zu stellen wußte.

Die wiederholten Verhöre aber, die beständigen Beschuldigungen seines Mitgefangenen, und dessen seltsame Art den unglücklichen Jüngling in seiner Lage zu trösten, die Leute, die die Delinquenten besuchten, alles zusammengenommen, machte endlich, daß Ulrich selbst anfing an seine Ehrlichkeit zu zweifeln; in manchen Augenblicken glaubte er es selbst, daß er ein Straßenräuber und ausgemachter Spitzbube sei, und er fürchtete sich dann vor dem nächsten Verhöre, um sich nicht zu verrathen.

Als man endlich seinem Gesellschafter das Urtheil sprach, ging dieser in sich, bezeugte die Unschuld des jungen Menschen, und erzählte, wie er in ihre Gesellschaft gerathen sei. Die Richter freuten sich, daß die Unschuld doch nun endlich an's Tageslicht komme, und setzten den jungen Hartmann sogleich in Freiheit. Wer war glücklicher, als Ulrich! ihm war zu Muthe, als wenn er das Leben verwirkt hätte, und nun aus übergroßer Gnade Pardon erhielte. Er bedankte sich bei seinen Richtern, und dachte in seiner Freude gar nicht daran, die Goldstücke wieder zu fordern, die das Gericht mit dem Beutel des Räubers an sich genommen hatte. Man erinnerte ihn auch nicht weiter daran, sondern ließ ihn so seine Straße ziehen.

Ulrich sah mit inniger Freude das freie Feld rings umher an, als er die Stadt verlassen hatte; er ging in das Wirthshaus eines Dorfes, und bestellte sich ein gutes Mittagsessen, ohne daran zu denken, daß er es nicht bezahlen könne. Er erinnerte sich erst, daß man in dieser besten Welt, selbst unter den glücklichen Dorfbewohnern Geld nöthig habe, als ihn der Wirth nach Tische mit seinem Knechte prügelte, so viel er nur konnte, um sich wenigstens statt der Bezahlung eine Motion an ihm zu machen. — Ulrich schüttelte gedankenvoll das Haupt und ging weiter.

Er glaubte jetzt einzusehn, daß die Lebensart, die er seit seiner Flucht geführt hatte, nicht die beste und angenehmste sei. Er erinnerte sich der schönen Tage, die er im Hause seines Vaters verlebt hatte, sein Rücken schmerzte ihn, und das Buchhalten und Rechnen kam ihm heut weit erträglicher als damals, ja sogar angenehm vor. Er wußte nicht, was er jetzt anfangen solle, und nahm daher in einem Bauerhause Tinte und Feder, und schrieb auf einem Blatte Papier, das ihm die Leute schenkten, folgenden Brief an seinen Vater:

Theuerster Vater!

Wenn Sie sich Ihres Sohnes noch erinnern, So versagen Sie ihm nicht Ihr Mitleid und Ihre Verzeihung. Meine Reue und Bitte um Ihre Vergebung ist aufrichtig; ehe ich aber nicht von Ihrer gütigen Gesinnung gegen mich überzeugt bin, wage ich es nicht, vor Ihnen zu erscheinen, oder Ihnen den Ort meines Aufenthalts zu nennen. Aber, wenn Sie sich meiner erbarmt haben, so lassen Sie es mich durch eines der öffentlichen Blätter erfahren.

Er blieb einige Tage bei dem Bauer, den Ulrichs häufige Thränen gerührt hatten. Bald darauf las er in der Zeitung folgende Nachricht:

Ein ungerathener Sohn muß erst Zutrauen zu seinem Vater haben, eh' ihm dieser seine Bosheit verzeihen kann; bis er nicht persönlich zurückkehrt, kann sich der Vater auf keine Weise mit ihm in Bedingungen einlassen.

Ulrich war in Verzweiflung; er fürchtete nur den Zorn seines Vaters, sonst wäre er dennoch zu diesem zurückgekehrt. Der alte Hartmann war jetzt auch wirklich sehr gegen ihn aufgebracht, er hielt seinen Sohn für einen ausgemachten Bösewicht, seit dieser aus dem Gefängnisse entsprungen war. Die Mutter weinte täglich um ihren Ulrich, und Seidemann ward in der ganzen Stadt als ein Verführer der Jugend gehaßt. Das Komödienspielen ward eingestellt, die runden Haare und Dornenstöcke wurden verdächtig, und jedermann bekam ein großes Mißtrauen gegen alle Philosophen. Die Prediger sprachen von den letzten Zeiten und von den falschen Propheten, die sich dann zeigen würden, und deuteten alles sehr scharfsinnig und erbaulich auf die Pädagogen.

Ulrich mußte jetzt das Haus des Bauers verlassen, bei dem er indeß die Dienste eines kleinen Knechtes verrichtet hatte. Er stand von neuem auf der großen Heerstraße, und konnte hingehn, wohin es ihm gefiel.

Er wanderte unter tiefsinnigen Betrachtungen durch einen Wald, als sich ein Mensch zu ihm gesellte, der dieselbe Straße ging, und bald ein Gespräch mit ihm anspann. Dieser erkundigte sich, warum Ulrich so trübsinnig sei, und dieser bedachte sich nicht lange, sondern erzählte ihm den größten Theil seiner Geschichte.

Ulrich konnte unmöglich gegen seinen Gefährten zurückhaltend sein, denn dieser hatte in seinem Aeußern außerordentlich viel Aehnlichkeit mit seinem geliebten Seidemann. Er trug wie dieser einen Dornenstock und abgeschnittenes Haar, und hatte eine so auffallende Weltbürgerphysiognomie, daß es dem Ulrich war, als wenn er ihn schon seit lange gekannt häte. Der Unbekannte trug einen Bündel auf dem Rücken, und sah ganz so aus, wie wir so häufig in den Büchern die wandernden Menschenfreunde beschrieben finden.

Er nannte sich Holmann, und sprach dem abgehärmten Ulrich wieder Muth ein. Er war grade der Mensch, für den ihn Ulrich gleich anfangs gehalten hatte, und sie liebten sich beide schon, als sie sich noch kaum gesehen hatten.

Da das Wetter schön war, setzten sie sich im Walde an einer angenehmen Stelle nieder. Holmann fing an zu erzählen, daß er ein Schriftsteller sei, und daß Ulrich eben dies Gewerbe, wenn er einen Trieb dazu in sich fühle, ergreifen könne.

Ulrich erschrak bei diesem Vorschlage, weil er sich gar keine Kräfte zutraute, um ihn auszuführen. Der reisende Schriftsteller aber hob ihn bald durch seine Erfahrungen über alle Bedenklichkeiten hinüber.

Sie sehn, sagte er, in mir einen Mann, der schon im sechszehnten Jahre sein erstes Buch drucken ließ, ich gehöre zu jenen frühreifen Genie's, die sich schon in der Kindheit entwickeln. Sie sind noch jung, es ist wahr, aber um desto origineller wird Ihre Schreibart sein; Sie sind von der modernen Erziehung, nun gut, versuchen Sie die Grundsätze derselben in ein recht helles Licht zu stellen, wir können dann mit gegenseitiger Unterstützung arbeiten. Ich habe über alle Fächer der Pädagogik viel und reiflich nachgedacht, und gefunden, daß wir in diesem Fache noch außerordentlich wenige nutzbare Schriften besitzen. Lassen Sie uns hier eine neue Fackel der Aufklärung anzünden.

Er öffnete darauf das Bündel, zeigte ihm seine Manuskripte, und las ihm einige Stellen vor, die er so ohngefähr für die besten hielt. Es waren Lieder für Kinder, von der Wiege bis zum männlichen Alter; dann eine Anleitung, wie man auch ohne Kirche gottesfürchtig sein könne; ein bündiger Beweis, daß die natürliche Religion die allein seligmachende sei; verschiedene kleine Abhandlungen über den Nutzen des Stelzengehens.

Holmann erzählte ihm nachher von den verschiedenen Projekten, die er noch auszuführen gedächte. Er hatte sich vorgenommen, ein Aufklärer zu werden, und vorzüglich auf die untern Volksklassen zu wirken, er meinte, daß man die Menschen nur erst recht genau eintheilen müsse, um ihnen auf die wahre Art nützlich sein zu können. So wollte er ein eignes Gesang- und Verhaltungsbuch für Dienstmägde schreiben, eigne Volkslieder für ein jedes Handwerk, moralische Betrachtungen bei den unterschiedenen Handwerksgeräthen. Manche von diesen Büchern sind auch nachher wirklich herausgekommen.

Ulrich hörte seinen Gesprächen aufmerksam zu, und entdeckte nun plötzlich eine wahre Schatzkammer von Talenten in sich, an die er bis dahin noch gar nicht gedacht hatte. Er summirte im Kopfe die Bücher zusammen, die er gar wohl noch schreiben könne, ohne seinen Kopf besonders zu erschöpfen. Er sah schon im Geiste Drucker und Setzer mit seinen Schriften beschäftigt, das Vaterland, das nicht müde werden konnte, sie zu kaufen und zu lesen, die Aufklärung, die wie eine neue Morgenröthe aus seinen Manuskripten hervorstieg. Unwillkührlich bewegte er die Finger der rechten Hand, die alles zu schreiben brannten, was er nur irgend denken mochte.

Beide Wandrer machten sich wieder auf den Weg und erreichten bald das nächste Städtchen, den Wohnort des Schriftstellers. Ulrich zog bei diesem ein, und fing noch an eben dem Tage einen Aufsatz an: Wie die Privattheater auf die Bildung der Jugend und so mittelbar der ganzen Nation wirken könnten. Alles was er schrieb, gefiel seinem Beschützer Holmann außerordentlich, er fand so viele Spuren eines neuen Urgenies darin, so tiefe und doch so praktische Ideen, daß er es sich sechsmal hintereinander vorlesen ließ.

Man muß gestehen, daß damals in Deutschland alles, was nur die Finger regen konnte, zum Besten der Jugend arbeitete, und auch Holmann und Ulrich thaten redlich das Ihrige; sie vermehrten die ungeheure Bibliothek für Kinder, die so anwuchs, daß ein Kind wenigstens dreißig Jahr alt werden muß, um nur das Nutzbarste daraus mit Nutzen lesen zu können.

Ulrich lernte manchen neuen Gedanken kennen, manchen alten würdigen; und schätzte vorzüglich die Vorstellungen und schrieb sie nieder, die ihm wohl schon manchmal als Schimären durch den Kopf gegangen waren, und die er nie geachtet hatte. Holmann aber zeigte ihm, wie man eigentlich keinen Gedanken umsonst denken, und die Finger nicht ohne unmittelbare Bezahlung bewegen müsse. Holmann hatte überhaupt ein eignes Noth- und Hülfsbüchlein für Autoren im Kopfe, das Ulrich sich auswendig zu lernen bemühte. — Nach dem Beispiel der größten Männer fing der angehende Schriftsteller nun auch an, sein eignes Leben zum Besten der Jugend zu beschreiben, worin er sich als außerordentlich liebenswürdig, und die erlittenen Drangsale als ungeheuer darstellte. Er machte dabei die Erfahrung, wie ein Mensch in sich selbst etwas hineinlügen könne, der von dem Vorsatz ausgegangen, die lauterste Wahrheit zu sprechen.

Wie es dem Menschen gewöhnlich geht, so erging es auch unserm Ulrich. Er vergaß die Leiden nach und nach, die er überstanden hatte, und hielt bald seine gegenwärtige Lage für die allerunglückseligste; er sehnte sich wieder nach Louisen hin, seine Liebe erwachte mit neuen Kräften in ihm, und er dachte bei Tage und in der Nacht nur an sie. Sein Styl ward unvermerkt sehr empfindsam, und zog sich die Mißbilligungen des gesetzten Holmann zu; in seinen Büchern ward viel von Liebe beigemischt, so daß sie sein Beschützer gar nicht mehr wollte drucken lassen: — endlich faßte Ulrich an einem Morgen einen raschen Entschluß; er nahm sein vorräthiges Geld und seinen Wanderstab, und begab sich noch einmal auf die Reise, um Louisen aufzusuchen.

Er hatte sich vorgesetzt, seine Reise ziemlich weitläuftig zu beschreiben, er eilte daher nicht zu sehr, sondern verweilte gern an Orten, an welchen er beschreibungswürdige Merkwürdigkeiten erwartete. Er wollte das Buch sehr empfindsam einrichten, und ließ sich daher oft mit Bauern und jungen Mädchen in Gespräche ein, bekam aber fast eben so oft Händel, weil die Leute glaubten, er wolle sie foppen. — Er ward unterwegs zum Mitgliede mancher bekannten und unbekannten Gesellschaft aufgenommen, die alle zu gleicher Zeit ihre Hände in Deutschland hineinstrecken, um es aufzuhelfen, und dafür das gebührende Lob und Geld zurück zu empfangen.

Er kam endlich an eine Stadt, und schon beim Eintritt in's Thor sagte ihm eine Ahndung, daß hier das Ende seiner Wanderschaft sein würde. Selbst die aufgeklärtesten Menschen glauben an Ahndungen, weil es eine Poesie ist, die in ihnen selbst ertönt, und nicht von außen in ihr Ohr kömmt. — Es war ein trüber Abend, und er freute sich herzlich, als er an einer Ecke einen Komödienzettel angeschlagen fand. Man spielte Nicht mehr als sechs Schüsseln; und Ulrich ging stehenden Fußes in das Theater.

Es war eine herumziehende Truppe, die hier die Sitten verbesserte; die Bühne war im Rathskeller aufgeschlagen, und eben nicht die prächtigste. Die Basis bestand aus einer Menge von ausgeleerten Tonnen, die der Wirth gerade entbehren konnte, nur wenige Lichter brannten, der Vorhang war ein buntes verschossenes allegorisches Gemälde voller Tugenden und Laster, das Orchester bestand aus den Söhnen des Stadtmusikanten, die mit dem Bogen auf gesprungenen Geigen herumfuhren, und mit der größten Freimüthigkeit die Pedanterie des Taktes und der Tonarten verachteten. — Das Publikum war gemischt, d. h., es bestand aus

Personen beiderlei Geschlechts und von verschiedenen Vermögensumständen, deren Geschmack aber so gleich abgeschliffen war, daß alles so eben und platt war, daß man auch nicht die kleinste Nüance entdecken konnte. Die meisten waren hergekommen, weil sie gehört hatten, im Stücke komme ein gar kurioser Sattler vor, den ein Schauspieler zur allgemeinen Freude mit einer ungeheuern langen hochroth gefärbten Nase spiele.

Manche der Schauspieler trieben sich unter den Zuschauern herum, und machten sich bald auf dem Theater, bald im Parterre Geschäfte, um sich schon vorher bewundern zu lassen; besonders konnten sich die nicht genug hervordrängen, die zu ihren Rollen fremde Kleider von den Einwohnern der Stadt geliehen hatten.

Man klagt so oft darüber, daß unser Theater jetzt ganz mit dem wahren Geschmack verfallen, und beides bald in einen völligen Ruin begraben liegen werde. Es ist hier gar nicht meine Absicht, das Gegentheil zu beweisen, sondern nur zu zeigen, daß dieser Verfall gut und heilsam sei, und zwar so sehr, daß wir ihn von allen Seiten wünschen und befördern sollten.

Wenn wir uns einmal auf die philosophische Seite legen, (und das versucht doch jetzt wohl ein jeder,) so werden uns bald alle sogenannten schönen Künste abgeschmackt erscheinen, vorzüglich aber das Theater. Der Zweck der Bühne ist, uns durch erlogene Geschichten zu rühren, und Thränen aus den Augen zu locken, oder uns zum Lachen zu bewegen: je mehr ein Theater dies bewerkstelligt, um so vortrefflicher ist es.

Wir lesen in Beschreibungen, daß es ehedem Schauspiele und Stücke gegeben habe, die diesen Zweck auf die beste und vollkommenste Art erfüllt haben, man schrieb Dramaturgien, um die Kunst und den Geschmack des Publikums zu veredeln, ein großer Theil der Nation, und gerade der bessere, interessirte sich lebhaft für das Schauspiel, von allen Seiten kamen Vorschläge zu Verbesserungen, Uebersetzungen guter Stücke, und Versuche, auch im Deutschen gute Schauspiele zu schreiben. Es war ein wahres Fieber in Deutschland, Geschmack und Liebe zum Theater mußte jedermann haben, aber es war nur die Vorbereitung zu einer klügern Existenz.

Man überlege nur, ob vernünftige Menschen sich wohl auf lange für Lügen interessiren können, oder ob sie nicht viel mehr so bald als möglich wieder zur Wahrheit greifen werden. Das erste Prinzip der Moral ist, Niemand zu täuschen, und das erste Prinzip der Klugheit, sich von Niemand täuschen zu lassen.

Den ersten reellen Stoß, als die Bewunderer und Geschmacksmenschen ausgestorben waren, erhielt das Theater schon von jenen verständigen Leuten, welche sagten: warum soll ich noch nach einem eigenen Hause gehn, um Unglück zu sehn und zu erleben, wohl gar zu weinen, welches sich durchaus nicht für einen alten Mann schickt, da ich im Hause Unglücks genug, und ohne Geld auszugeben, Ueberfluß daran habe? Muß ich mich nicht täglich mit meiner Frau zanken? Bin ich nicht um Geld betrogen? Macht mein eigener Sohn nicht liederliche Streiche genug? Ist mein Bedienter nicht dummer, wie der beste in der Komödie? u. s. w. Dadurch sahen andere vernünftige Menschen ein, daß sie Narren wären, die ihr Geld und ihre Rührung für bessere Gelegenheiten sparen könnten. Das Theater kam in ein lächerliches Licht zu stehn, und wenn man noch etwa hinging, nahm man sich sehr in Acht, sich von keiner Rührung überraschen zu lassen.

Aber so wie die Menschheit immer gesetzter und philosophischer wird, so sah man nun ein, daß das ganze Theater nur ein kindisches, unnützes und lästiges Spielzeug sei; es wurde von Obrigkeitswegen und durch die Mehrheit der Stimmen beschlossen, es nach und nach ganz eingehen zu lassen, damit die Menschen sich den ernsthaftern Beschäftigungen widmen könnten. Weil man aber fürchtete, daß dies bei manchen unverständigen Leuten Mißvergnügen und Unzufriedenheit erregen könnte, so beschloß man, die Sache leiser anzugreifen, um sie dann desto sichrer in den Gang zu bringen.

Es thaten sich daher langweilige Schriftsteller zusammen, die die bessern Stücke, die gar zu leicht einen Respekt vor der Kunst einflößen könnten, verdrängten; man machte Langeweile, um darauf aufmerksam zu machen, wie wenig unterhaltend das ganze Vergnügen sei, so wurden wir mit schlechten Lustspielen und Familiengemälden überschüttet, eine Reihe von Dialogen, wo der Vorhang manchmal dazwischen fällt, um sie zu ordentlichen Stücken von vier bis fünf Akten zu machen. Da der guten Schauspieler weniger wurden, so traten andre auf, die eben so wie jene Bewunderung erregten, weil die Verständigern nun schon das Theater verlassen hatten; diese verschrieen und zerstampften die ältern guten Stücke, sie lernten die Rollen nicht mehr auswendig, sie geberdeten sich wie unsinnig, um die elende Täuschung völlig zu zernichten. Diese haben der Aufklärung einen wesentlichen Dienst gethan, denn seit der Zeit sieht man nur selten noch einen vernünftigen Mann im Theater.

Nun wurden die Bühnen zu Nationalbühnen erhoben, und dieser Schritt war für die Aufklärung sehr berechnet und nothwendig. Nun waren die Schauspieler unter schützenden Privilegien schlecht, und Niemand durfte es wagen, viel dagegen zu sprechen, wenn auch noch hie und da ein Thor gewesen wäre, der im Theater von Kunstwerk, Geschmack, oder dergleichen Narrenpossen geredet hätte. Denn die ganze Absicht war, die Theater zu einer Art von Kaffeehäusern zu machen, in denen zufälliger Weise manche Menschen auf einem erhöhten, illuminirten Gerüste etwas lauter sprachen als die übrigen.

Darauf wurde noch die Oper eingeführt, um den Rest von gesundem Menschenverstand mit den Wellen einer strömenden Musik wegzuspielen, die ausgetretenen Kinderschuhe wurden wieder hervorgesucht, das Theater wurde zu einem Tollhause umgeschaffen, und seit der Zeit schämt man sich zu gestehn, wenn man nämlich Minna von Barnhelm gelesen hat, daß man im Theater gewesen sei.

An manchen Orten soll die Obrigkeit sogar Direktoren angesetzt haben, die sich vorsetzlicherweise stellen, als verstünden sie vom Theater nichts, um diese abgeschmackte Spielerei nur völlig zu Grunde zu richten. Man nimmt immer mehr schlechte Schauspieler an und dankt die bessern ab, es werden unaufhörlich Opern auf Begehren gespielt, die Schauspieler schreien immer stärker, die Dichter schreiben immer langwieriger, so daß das deutsche Theater und der deutsche Geschmack gewiß eine eiserne Natur haben müßten, wenn sie dies alles, ohne zu sterben, ertragen könnten. — —

Ulrich stand und erwartete das Emporziehn des Vorhangs; es geschah, und der Hofrath zankte mit Friedrich, dieser Hofrath aber war niemand anders, als Seidemann.

So hat er das Fach des Liebhabers aufgegeben! dachte Ulrich bei sich; ja wohl ist das Theater ein Bild des menschlichen Lebens! begeisterte Liebhaber werden unglückliche Väter, die Geliebten zänkische Tanten, Narren ernsthaft, und gesetzte Leute Narren.

Ulrichs Erstaunen wurde noch vermehrt, als er im Kammerherrn seinen alten Friseur Leyser erkannte, auch die Frau von Schmerling kam ihm bekannt vor, er konnte sich aber gar nicht erinnern, wer es sein möchte. Das Stück ging seinen Gang fort, und ward recht tapfer zu Ende gearbeitet, die Biederkeit des Hofraths erhielt allgemeinen Beifall. In der letzten Scene, die die Frau von Schmerling hat, erkannte Ulrich sie plötzlich an einem eigenthümlichen Zeichen der Augenbraunen: es war Niemand anders, als seine Louise. Er sprang sogleich über das Orchester hinweg, und kletterte über Lichter und Lampen zum Theater empor, fiel der erstaunten Schauspielerin um den Hals; alles, Theater und Publikum war erstaunt, der Regisseur ließ den Vorhang fallen, und das Stück war auf die Art mit einem neuen Schluß versehn.

Seidemann, Louise und Leyser freuten sich, ihren Ulrich wieder zu sehn, es kostete nur wenig, ihn dazu zu bereden, ein Mitglied der Truppe zu werden. In wenigen Tagen trat er als rechtschaffener

Liebhaber auf, und beschämte an Edelmuth die ganze Truppe; in vierzehn Tagen war er Louisens Ehemann.

Das Publikum fand sein Spiel bewundernswürdig, denn er hatte einen weit herzhaftern Tritt als alle übrigen in der Gesellschaft, er ward unaufhörlich beklatscht, und dies erweckte den Neid seiner Gefährten.

Ulrich lernte nun die Fülle der niedrigen Kabalen kennen, von kleiner und heimtückischer Bosheit; vorzüglich that ihm Leyser viel Herzeleid, der in der Truppe die Spitzbuben spielte, und nun manches aus seinen Rollen auf den armen Ulrich anwandte. Auch Louise, die bis dahin nicht von Seidemann gekannt war, hatte viel zu dulden. Der Direkteur gab beiden endlich den Abschied, und da sie nun gar nicht wußten, was sie anfangen sollten, ward ihre Reue und ihr Schmerz nur um so lebhafter.

Ulrich faßte endlich einen schnellen Entschluß, nahm Louisen und reiste mit ihr zu seinem Vater, der auf dem Krankenbette lag, und ihnen darum leichter, als sonst, verzieh. Da ihm Louise bald darauf einen Enkel brachte, war der alte Mann wieder ganz heiter, und Ulrich widmete sich dem Kaufmannstande.

Sein Vater starb bald nachher. Ulrich sieht jetzt als Kaufmann dem damaligen Ulrich gar nicht mehr ähnlich; er lebt äußerst eingezogen und haushälterisch, und alle Leute sagen von ihm, er sei ein solider, vernünftiger Mann geworden.

Fermer, der geniale.

Erzählung.

1796.

Als Fermer von der Universität zurückgekommen war, ging er zuerst mit hochklopfendem Herzen nach der Straße, in der seine Geliebte wohnte. Er gedachte auf diesem Gange zu verscheiden, so drängte sich ihm das Blut aus allen Adern nach dem Kopfe.

Die Straße war etwas entlegen, und er hatte Zeit, unterwegs einige nicht unwichtige Betrachtungen anzustellen. Ist sie mir noch getreu geblieben? sagte er zu sich selbst, — warum habe ich seit langer Zeit keine Briefe von ihr erhalten? — Bei Gott! wenn ich sie treulos fände! — —

Mit einem erhitzten Gesicht lief er gegen ein langes Stück Bauholz, das ein Lastträger mit einer unverschämten Miene durch die Gasse trug: Vorgesehn! rief dieser, als er bemerkte, daß der junge Fermer eben in hitzige Vorwürfe ausbrechen wollte.

Fermer fluchte ein paar mal und fuhr dann in seinen Seufzern fort, denn er sah nun schon das Haus vor sich, ja er glaubte sogar am Fenster eine weibliche Gestalt zu bemerken.

Fermer hatte Vermögen, seine Aeltern waren gestorben; er hatte nur, wie man zu sagen pflegt, zu seinem Vergnügen studirt, um in der Welt über manches mitsprechen zu können, denn das ist ein Nutzen, den man den Wissenschaften nie wird abläugnen können.

Fermer klingelte jetzt, ein Bedienter öffnete die Thür. — Er ging die Treppe hinauf, er fand Louisen in ihrem Zimmer.

Ohne weiter Umstände zu machen, sprang er auf sie zu und drückte sie herzhaft in seine Arme: dies ist von jeher ein Vorrecht der Verliebten gewesen. — So sehr er trunken von Wonne war, so glaubte er dennoch zu bemerken, daß seine Geliebte seine Herzlichkeit nicht so erwiederte, als sie wohl hätte thun sollen; indessen die Scene war einmal zur Freude bestimmt, und so gab er sich denn darüber zufrieden.

Warum hast Du mir so lange nicht geschrieben, Theureste? — rief er aus; — wie konntest Du mich in dieser entsetzlichen Ungewißheit lassen? Du glaubst nicht, was ich gelitten habe, alle mein Glück, alle meine Plane lagen zerschlagen vor meinen Füßen, und der wüthendste Schmerz fraß und nagte in meinem Herzen.

Louise schlug die Augen nieder. — Ich war nicht wohl, mein Vater war krank, unsre liebe Vertraute, durch die Du immer meine Briefe bekommen hast, war verreist.

Fermer. Louise, schreckliche Dinge gingen damals in meinem Innern vor, ich glaubte Dich untreu, alles fiel mir bei, was ich je in Büchern von dem Leichtsinn der Mädchen gelesen hatte. Keine Nacht konnt' ich schlafen. — Du glaubst nicht, was ich gelitten habe.

Louise. Unaussprechlich Theurer!

Fermer. Wie wohl ist mir, daß ich Dich wieder habe, daß ich mich wieder an diesen Augen erlaben kann, daß ich Deine süße Stimme höre! Alle Harmonie in mir war zerrissen und verstummt, ich glaubte an keine Unsterblichkeit mehr, alle meine Nerven zitterten.

Louise. Schrecklich, schrecklich!

Fermer. Ja wohl schrecklich! — die getrennte Liebe ist die Hölle auf Erden. — Aber Du bist nicht so froh, wie ich dich wünschte, um mich blühn alle Seligkeiten des Himmels und Du —

Louise. Ich kann mich von dieser Freude noch gar nicht erholen.

Die Aufwärterin trat herein, um Louisen zu ihrem Vater abzurufen; die Lieben drückten sich noch einmal zärtlich an die Brust, dann schieden sie.

Fermer kam sich auf der Straße wie ein großer Held vor; er machte noch einen kleinen Spaziergang, redete einige Bekannten an, that gegen andre, als hätte er sie nie gesehn, und ging dann nach Hause.

Er gehörte nicht zu den schönen Leuten, seine Augen waren nicht blau und sanft und klug, in denen aber doch das Feuer des Muthes aufleuchtete, auch nicht dunkelbraun, eine Farbe, die bei den Liebhabern und Helden von Geschichten auch sehr beliebt ist, sondern, wenn ich die Wahrheit sagen soll, so fielen sie mehr ins Graue. Er war klein von Person, sein Gesicht war gelblich und hatte häufige Pockennarben.

Es braucht mir Niemand zu sagen, daß ich hier gegen die ersten Regeln eines Schriftstellers anstoße; gegen Regeln, die sogar die Kinder auswendig wissen. Die Wahrheit aber ist mir theurer, als alles, und darum habe ich den jungen Geliebten so beschrieben. Der Leser darf nur die gangbaren Bücher zusammenrechnen, die Helden und Heldinnen summiren, so wird er erstaunen, welche Menge von Schönheitsidealen sich unter uns Deutschen herumtreiben, und dann die Klagen der Bildhauer und Maler gar nicht begreifen können, die unaufhörlich jammern, daß es ihnen so ganz an schönen Modellen fehle. So oft ich gereist bin, habe ich mich in den Städten und auf dem Lande fleißig nach der unzähligen Menge von vortrefflichen Liebhabern und Liebhaberinnen umgesehn, die ich in den Büchern hatte kennen lernen; aber immer wurde ich getäuscht. Seit der Zeit mißfallen mir alle jene bezaubernde Schilderungen, jene Menge von Engels- und Adlersblicken, jene unbeschreiblich lieblichen Physiognomieen, weil ich nicht mehr daran glauben kann.

Als Fermer nach Hause gekommen war, war seine erste Frage, ob der Briefträger keinen Brief gebracht habe. Der Bediente überreichte ihm einen; er besah das Siegel und sagte: Gottlob! dann erbrach er ihn und las:

Geliebter meiner Seele!

„Dich sollt' ich vergessen können? — Unmöglich! — Schon seit anderthalb Tagen bist Du abgereist, und immer steht Dein Bild noch so lebendig vor mir, als wenn Du noch hier gegenwärtig wärst. Immer hör' ich noch Deine süßen Schwüre, die gewaltigen Ausdrücke, die Deine Liebe suchte und so behende fand. Du hast Recht, etwas Außerordentliches muß auch auf eine außerordentliche Art ausgesprochen werden. — Ich lese die Bücher, die Du mir empfohlen hast, und bin jetzt eben beim Thurnier von Nordhausen; schreibe mir doch Deine Meinung darüber, die kühne Darstellung hat mich gewaltig ergriffen, wie ich denn überhaupt sehr für das Große bin."

„Ich denke an Dich, ich träume von Dir; ich weiß nicht, wie es mit mir werden soll, in sechs Monaten wird eine schlimme Periode für mich eintreten. Doch ich kann mich dann vielleicht schon mit einem süßern Namen nennen, als ich mich jetzt unterschreibe

Deine Geliebte Nanette B.

Wie war Fermer von Nanettens Liebe, von ihrer Seelengröße gerührt! Er konnte vor Bewunderung gar nicht zu sich selber kommen, bis er bemerkte, daß er gähne, und sich daher sehr schnell niedersetzte, um diesen theuren Brief noch an diesem Abend zu beantworten. Er wunderte sich über seine seltsame romantische Lage, stand wieder auf, und ging in der Stube auf und ab. Aus seiner Büchersammlung nahm er ein Buch und fing den Clavigo an zu lesen, um sich wieder etwas zu beruhigen; der Styl war ihm nur nicht stark genug, er fing an zu seufzen, dachte recht inbrünstig an Nanette, suchte Louisen auf einige Augenblicke zu vergessen, und schrieb nun seinen Brief nieder:

Theureste meiner Seele!

„Wie leer und nüchtern ist mir die Welt, seit ich Dich verlassen habe. Allenthalben steht mir Dein Bild noch vor den Augen. — So eben bin ich vom Wagen gestiegen, und so eben habe ich Deinen Brief gelesen; welche Wonne strömte durch alle meine Adern, als ich die Züge Deiner Hand gewahrte."

„Das Thurnier zu Nordhausen ist gewiß eins der kräftigsten deutschen Bücher. Welche Sympathie hat unsre Seelen so gleich gestimmt! — Ich bekomme eine hohe Achtung für Deutschland, wenn ich mich all der Helden, all der trefflichen Dichter erinnre. — Es ist Zeit, daß auch ich mich aufmache, ich bin lange genug müßig gewesen, und mein Vaterland hat Forderungen an mir."

„Vergieb die Kürze dieses Briefs, ich bin müde, die Uhr schlägt zwei in der Nacht, mit den Gedanken an Dich schläft ein

Leopold Fermer.

Er siegelte den Brief und setzte sich nieder, um den Genius *) weiter zu lesen, auf dessen Schluß er sehr begierig war, denn es hatte eben erst sieben geschlagen. Dann verzehrte er ein sehr gutes Abendbrot, legte sich zu Bette, las im Genius weiter, schlug das Blatt ein und entschlief sanft.

Wenn er des Morgens aufstand, war gewöhnlich sein erstes Geschäft, einige Zeit aus dem Fenster zu sehn, er rauchte dabei seine Pfeife, und dachte an tausend Dinge, die ihm um keine andre Tageszeit einfielen. —

Bin ich nicht ein Thor? sagte er zu sich selber, nachdem ihn einige Vorübergehende höflich gegrüßt hatten: — nicht im Clavigo, nein, in der Stella ist meine ganze Lage geschildert, gemalt zum sprechen!

*) Roman von Marquis Grosse.

Er ging zurück und las dies Stück, indem er seinen Kaffee trank. Es ist gut, dachte er dabei, daß es doch Bücher und Gedichte für alle Menschen und für alle Situationen giebt; wie ich mich hier in jedem Zuge wieder finde, es ist, als wenn der Verfasser mich vor Augen gehabt hätte; Nanette ist die Madame Sommer, Louise die Schwärmerin Stella. — Ach! was richten wir Männer nicht für Unheil in den Herzen der Weiber an!

Er hatte geendigt, betrachtete das Kupfer vorn, stand auf, und stellte sich vor den Spiegel. — Ja, sagte er mit bedeutenden Geberden, es geht den feurigen Gemüthern nicht anders; — kann ein junger, hitziger, genievoller Mensch leben, wie ein sechzigjähriger Alter? Empfinden wie er? — Mir braust die Kraft in jeder Ader, meine Phantasie läuft mit meinem Kopfe davon: — es müßte bei alle dem ein interessantes Buch werden, wenn jemand mich so recht schildern könnte.

Mit vielem Selbstbewußtsein sah er wieder aus dem Fenster und erblickte im gegenüberstehenden Hause ein sehr reizendes Gesicht; er betrachtete sie, sie ihn; er grüßte, sie dankte; er zog sich zurück, legte ein elegantes Nachtkamisol an, und kam dann mit diesem und seinem besten meerschaumnen Pfeifenkopfe wieder ans Fenster. Die unbekannte Schöne lächelte, er lächelte gleichfalls; wenn zwei Leute erst lächeln, ist es fast eben so gut, als wenn sie sich lieben, so stand es wenigstens in Fermers Katechismus über die Menschenkenntniß, und er hatte diese Beobachtung bei allen Aufwärterinnen auf der Universität bestätigt gefunden.

Als er sich ankleidete, erkundigte er sich bei seinem

Bedienten, wer die interessante Dame gegenüber sei; er erfuhr, sie sei die Frau eines Hauptmanns. Mit wunderlichen Planen ging er auf das nächste Kaffeehaus, um doch auch in der Politik und den dorthin einschlagenden Wissenschaften nicht zu sehr zurück zu kommen. Er hatte schon mancherlei treffende Bemerkungen eingeerntet, als er in einem Winkel des Saals den Namen seiner geliebten Louise nennen hörte; er war aufmerksam, vergaß Pitt's Plane, und näherte sich den Sprechenden.

Er glaubte seinen Ohren nicht zu trauen, als er hörte, daß Louise verlobt sei, und in vierzehn Tagen ihre Hochzeit feiern würde; aber er blieb außer allem Zweifel, als sich ein großer, wohlgewachsener Mann näherte, die Sprechenden ihm gratulirten, und er ohne Umstände den Glückwunsch annahm.

Fermer steckte seine Pfeife ein, nahm Hut und Stock, ging fort, ohne, wie er sonst that, mit dem Marqueur zu spaßen, und lief auf dem Spaziergange schnell auf und ab.

Menschen! Menschen! sprach er ganz laut, heuchlerische, giftige Krokodilbrut! Ihre Augen sind Wasser, ihre Herzen sind Erz! Küsse auf den Lippen und Schwerter im Busen! — O Bosheit, hab' ich dulden gelernt u. s. w.

Er hielt die ganze Rede Karl Moor's, und bemerkte in seiner Wuth nicht, daß sie nicht ganz auf seinen Zustand passe; wer wird auch in der Leidenschaft auf solche Kleinigkeiten Rücksicht nehmen?

Die Leute betrachteten ihn sehr aufmerksam; er hatte einen großen Hut, klirrende Sporen, die er immer trug, obgleich er nie ritt, einen Knotenstock, wie es einem Biedermanne ziemt, dabei arbeitete er mit den Händen gewaltig in der Luft herum, so, daß es manchen Einfältigen wohl zu verzeihen war, die ihn für einen Wahnsinnigen erklärten.

Er ging nach dem Hause seiner Geliebten, stürmte die Treppe hinauf, und brach, ohne anzuklopfen, in ihr Zimmer. Sie frisirte sich eben und erschrak über seinen verwilderten Anblick.

Grausame! rief er, und stellte sich starr vor sie hin.

Louise wußte nicht, ob sie den Puderquast aus der Hand legen sollte. — Was ist Ihnen, fragte sie furchtsam.

Fermer. O! Nichts! nichts! — Das ist Weibertreue! Ha! Schlangenfalschheit! Du bist mir fremd, Louise.

Louise. So haben Sie vielleicht gehört —

Fermer. Alles! alles! — Und Du wagst es noch, mir ins Gesicht zu sehn? Das Entsetzen, die Schaam macht Dich nicht zum Leichnam?

Louise. Lieber Fermer —

Fermer. Lügnerin! — O wie die Wuth in mir tobt! — Ich kann mich nicht lassen —

Er nahm wüthend die Puderschachtel, brach sie in Stücke und warf sie zum Fenster hinaus.

Wie Sie auch sind! sagte Louise, indem sie aufstand; womit soll ich mich denn nun frisiren?

Fermer stampfte gewaltig mit den Füßen, warf sich auf den Boden, erhob sich wieder und ging vor den

Spiegel. — Wie es mich angreift! sagte er niederge- schlagen, ich fühle, mein Ende ist nicht mehr weit, der Tod wird mitleidiger sein als Sie.

Aber, sagte Louise sanftmüthig, es mußte ja doch einmal anders werden; man kann jedoch nicht ewig schwärmen; mein Vater hat Recht, man muß doch auch auf eine Versorgung denken. Ich wollte Ihnen nur neulich nichts sagen, weil ich Ihre Hitze fürch- tete. — Nun sehen Sie, da schwimmen die Stücke der Puderschachtel — was nur die Leute davon denken werden.

Sie sah den Fragmenten wehmüthig nach, und Fermer sah aus, als ob er den Tisch nachwerfen wollte.

Ich glaubte, Sie hätten mich längst vergessen, fuhr Louise fort —

Aber, meine liebevollen Briefe. —

Ich dachte, Sie schrieben sie nur, um sich im Styl zu üben, — und dann war ich immer in Angst, mein Vater würde endlich noch den ganzen Handel er- fahren.

So müssen wir uns denn trennen? sagte Fermer in einem weinerlichen Ton.

Auf ewig! sagte Louise sehr rasch.

Auf ewig! seufzte Fermer und lag in ihren Ar- men: — wer weiß, ob wir uns nicht nach vielen Jahren einmal wiedersehn.

Wie würde mich das rühren, sagte Louise, wegen all der Erinnerungen. — Sie kennen ja wohl die schöne Scene in der Aussteuer von Iffland?

Ach ja! — und damit schieden die Unglücklichen. — Er eilte so schnell die Treppe hinunter, daß er sich mit dem Sporn den einen Stiefel aufriß und beinahe gefallen wäre.

Als er wieder auf seinem Zimmer war, sagte er: theure Nanette! große Seele! Jetzt erst erkenne ich ganz deinen Werth. — Er nahm sein Stammbuch und machte auf dem Blatte, auf das sich Louise geschrieben hatte, ein großes Kreuz mit Tinte; denn für ihn war sie ja gestorben. Es war ein rührender, ein großer Moment; er legte Löschpapier dazwischen, damit das unglückliche Zeichen nicht die gegenüberstehende Seite verderbe, und so ein übles Omen hervorbringe; denn Nanette hatte sich vis à vis eingeschrieben.

Es giebt Stunden im Leben, in denen sich der Mensch an Empfindungen so erschöpft hat, daß er nothwendig einschlafen muß. Fermer zog sich also aus, schickte den Stiefel zum Schuster und legte sich trübselig aufs Bett. Der Bediente hörte ihn schnarchen, als er vom Schuhmacher zurück kam.

Louise saß indeß an ihrem Schreibtisch und fertigte folgenden Brief an ihre Vertraute aus, die nach einer benachbarten kleinen Stadt verreist war, um unter Onkeln und Tanten auf Pikniks und einigen bevorstehenden Hochzeiten den Frühling auf dem Lande zu genießen.

Liebe Seele!

„Fermer und ich sind geschieden, es war eine entsetzliche Scene; ich mußte ihn mit Gewalt und mit Thränen zurück halten, daß er nur nicht aus dem Fenster hinaus in den Kanal sprang. Ich hätte nie geglaubt, daß er einer so unendlichen Liebe fähig sei. — Meine Seele ist jetzt beunruhigt und ruhig zugleich; die Scene ist vorüber; aber er irrt jetzt vielleicht verzweifelt in den Wäldern umher, haßt die Menschen und sich, und schlägt kein Auge auf, um die Natur nicht gewahr zu werden, die er an meiner Seite so oft bewunderte. Wir Weiber sind doch schwache Geschöpfe, das kann ich nun wohl mit Recht sagen; denn der Herr Walther gefällt mir im Grunde doch besser, er ist schöner; mein Vater sagt, er sei reich. — Ich habe mich darein ergeben; kommen Sie doch ja zu meiner Hochzeit zurück."

„Wie schön ist der Frühling hier auf dem Lande," schrieb die Freundin zurück; „aber Schade, daß ich noch fast gar nicht aus der Stadt gekommen bin, und es auch noch nicht habe möglich machen können, die Lektüre des Matthisson anzufangen. Aber meine Lust zu tanzen kann ich hier recht befriedigen, denn es wird alle Abend getanzt und gewalzt, und der Sohn des Bürgermeisters hier ist ein exzellenter Tänzer und auch sonst ein artiger Mensch; er hat erstaunlich viel von Marquis Posa, dessen Rolle er auch fast ganz auswendig weiß. — Leben Sie wohl, bis wir uns fröhlicher wiedersehn."

Fermer erhob sich gestärkt und getröstet vom Lager; die Dame gegenüber sah wieder aus dem Fenster, er ging im Zimmer auf und ab; bald sah er nach ihr;

dann grüßte er; dann setzte er sich in einer schwermüthigen Stellung dicht an das offene Fenster, damit sie ihn gewahr werden möchte; ja er gab sich selbst alle mögliche Mühe, um zu weinen, bildete es sich auch endlich ein und trocknete zu wiederholtenmalen die Augen. — Als er durchs Schnupftuch nach dem Frauenzimmer hinüber sah, bemerkte er, daß sie wieder lächle, und er schloß daher, ihre Seelen müßten ungemein sympathisiren.

Als sich die Dame zurückgezogen hatte, fiel es ihm ein, daß seine Mitbürger, nachdem er von der Akademie wieder zurückgekommen, wahrscheinlich irgend etwas von ihm erwarten würden. Er dachte an seine Geschichte, seine Empfindungen, an sein Herz, und er beschloß, alles in einem gutgesetzten Ritterromane wieder anzubringen; er sah sich schon gedruckt, rezensirt, in Kupfer gestochen. Auf einem feinen Bogen Papier schrieb er den Titel nieder, seinen Namen und inwendig: Erste Scene, denn es sollte dialogirt werden; dann durchdachte er die Materie und Einkleidung etwas genauer, trat bald vor den Spiegel, bald ans Fenster, und arbeitete so den größten Theil des Tages.

Er erhielt am folgenden Tage wieder einen schmeichelhaften Brief von Nanetten, die die Tochter eines Handwerkers war, aber immer große Gesinnungen äußerte, so, daß sie ihn selbst zuweilen beschämt hatte. Ideal! rief er aus, du sollst wahrlich in dem Buche nicht vergessen werden (er küßte den Brief), nein, ich mache dich aus Dankbarkeit zur Hauptheldin, alle deine Briefe sollen mit kleinen unbedeutenden Abänderungen gedruckt werden; Welt und Nachwelt sollen sie ebenfalls genießen, und die weibliche Tugend bewundern.

Er antwortete, er bekam Briefe, Louise feierte ihre Hochzeit, er schrieb an seinem Buche, er las andre Bücher, um sich zu bilden, ging spazieren, und rauchte einen neuen Pfeifenkopf braun; sah die Frau des Hauptmanns täglich; und als so ein Vierteljahr vergangen war, und Nanettens Briefe ausblieben: so gestand er es sich endlich, daß er in die Dame im Fenster gegen über sterblich und unsterblich verliebt sei.

Eine neue wunderbare Situation! Sie war verheirathet; aber sie liebte ihren Mann gewiß nicht; der Hauptmann war gewiß ein roher gefühlloser Mensch; die Frau schmachtete wahrscheinlich nach Liebe und Büchern, und edelmüthigen Gesprächen; sie lächelte immer wenn sie ihn sah, — warum sollte er nicht den kühnen Schritt wagen, ihr seine Liebe zu gestehn?

Er wagte ihn, — und da er kein andres Mittel sah, warf er einen großen Brief in ihr Zimmer hinein, als das Fenster an einem warmen Tage offen gelassen war; dieser Brief enthielt alle seine Empfindungen, seine ewige Liebe, ganz genau beschrieben, so, daß man hätte blind sein müssen, um sie zu verkennen.

Er wollte nun den Erfolg seiner Erklärung abwarten; aber die Frau ließ sich seit der Zeit gar nicht mehr am Fenster sehn, und indem er noch in der höchsten Ungewißheit war, erhielt er ein Billet, das nichts geringeres als eine Ausforderung vom Hauptmann enthielt, der durchaus auf eine blutige Art die Beleidigung seiner Frau rächen wollte.

Fermer vergaß seine Bücher, seine Nanette, seine neue Geliebte, alles, über diese unvermuthete Ausforderung. Er schloß sich ein, er setzte sich nieder, er las das Billet noch einmal, und der Inhalt war um nichts besser; er weinte, er beklagte sein grausames Schicksal und sein frühzeitiges Ende, den Verlust seines Vaterlandes, die Vernichtung aller großen Plane. Er beschloß, die Ausforderung nicht anzunehmen, denn die Gesetze hätten dergleichen mörderliche Duelle verboten, ein junger Mensch könne wohl einmal in Versuchung fallen, verdiene aber deswegen nicht, daß er gleich umgebracht werde. Kurz, er hatte ungemein moralische Gedanken; er beschloß, in die Gattin des Hauptmanns nicht weiter verliebt zu sein; denn es sei wirklich unrecht, aber auch nicht sich der Gefahr auszusetzen, die Spitze eines Degens in den Leib zu bekommen.

Aber bin ich nicht ein Feigling? rief er aus, indem ihm Friedrich mit der gebissenen Wange in die Augen fiel; soll sich ein deutscher Mann so betragen? — Was ist denn der Muth anders, als eben die Verachtung der Gefahr? Wahrlich, wenn es keine Gefahr gäbe, würden wir alle ohne Umstände muthig sein. Jetzt nimmt vielleicht die größte Periode meines Lebens ihren Anfang, und ich ziehe mich selber schändlicherweise zurück; nein, ich will dem Abentheuer, ich will meinem Feinde entgegen gehn.

Er betrachtete seinen Degen, den er bis dahin noch nicht genau angesehn hatte, dann las er die Beschreibung einiger fürchterlichen Zweikämpfe, und hatte es noch nie so lebhaft empfunden, wie viel an Leib und Leben diese deutschen Helden gewagt hatten.

Er sah sich als Sieger aus dieser blutigen Fehde kommen, ein ganz neues, interessantes Kapitel in seiner Lebensgeschichte, er hörte sich bewundern, er war mit sich selber ungemein zufrieden.

Aber, unterbrach er diese angenehmen Vorstellungen, ich könnte mir denken, daß mein Gegner auch der Held einer interessanten Lebensgeschichte wäre, in der ich gleichsam als Episode erschiene, als Nebenperson, die nur aufgefüttert ist, um den Ruhm dieses mir fremden Menschen zu verherrlichen; denn hätten jene alten Helden keine tapfern Männer umgebracht: so hätten wir auch von jenen Gefallenen keine weitläuftigen Sagen der Vorzeit. — Wer steht mir für den Sieg?

Dadurch wurde seine Heiterkeit wieder niedergeschlagen; er beschloß, niemand etwas von seiner Gefahr zu vertrauen, um sein gutes oder böses Schicksal in bestmöglichster Ruhe abzuwarten.

Der Bediente trug das Abendessen auf, aber der Herr hatte allen Appetit verloren; seine Schwermuth war so merklich, daß ihn selbst Johann fragte, ob ihm etwas fehle. Fermer seufzte, drehte den Kopf von der Seite und sagte: ihm fehle nichts.

Der Bediente kam wieder, und nahm das Abendessen fast ganz so wieder mit, wie er es aufgetragen hatte, das war ein unerhörter Fall; er konnte unmöglich seinen Herrn allein leiden lassen. Fermer ward durch die Treue seines Dieners gerührt, er fiel ihm schluchzend um den Hals. Johann! rief er aus, ich gehe in meinen Tod, mit dem Anbruch des Tages bin ich nicht mehr.

Johann entsetzte sich; denn er hatte noch rückstehenden Lohn zu fordern; er suchte seinem Herrn begreiflich zu machen, daß er nicht recht bei Sinnen sei, wie er aus diesen Reden und aus dem wenigen Appetite ganz deutlich abnehme. Fermer aber blieb in seiner tragischen Laune; behauptete, er könne nichts entdecken, aber sein Tod sei ihm nur allzugewiß.

Die Beredsamkeit Johanns stockte endlich, und der Herr nahm nun von seinem Diener den rührendsten Abschied. Einer hing am Halse des andern, beide weinten; die Edeln litten gewaltig.

Johann ging endlich zu Bette; in der grausenden Mitternacht schrieb Fermer diesen kurzen Brief an Nanette:

Gute!

„Lebe wohl, ewig wohl — ich danke Dir dafür, was Du mir in diesem Leben warst; die Erinnerung will ich mit in die Ewigkeit hinüber nehmen. — Es ist schwarze Nacht, und der aufgehende Tag wird noch schwärzer sein, — mein Schicksal ruft mit eherner Glockenstimme, ich muß ihm folgen — lebe wohl.

Es wurde wirklich Tag, woran Fermer immer noch im Stillen gezweifelt hatte; er nahm seinen Degen unter seinen Ueberrock und verließ die Stadt. Es war ihm schauerlich, daß noch alle Leute schliefen, und er allein so früh aufgestanden sei, um sich abschlachten zu lassen.

An dem bestimmten Orte sah er den Hauptmann mit entblößtem Degen stehn — aller Muth verließ ihn, er näherte sich zitternd und sank auf ein Knie nieder.

Großmüthiger Feind! rief er demüthig, — schonen Sie einen Jüngling, dessen Unbesonnenheit —

Der Hauptmann gab ihm ein paar Schläge mit der Klinge, die ziemlich empfindlich waren. Sei Er künftig kein Narr, sagte er, alles war nur ein Spaß, — ich mich schlagen mit einem solchen Schlucker? — Er ist jetzt genug gestraft, ich und meine Frau haben schon im Voraus über diese Posse gelacht. — Er steckte den Degen ein.

Fermer dankte in den rührendsten Ausdrücken, er flog zur Stadt zurück; Johanns Freude, daß er seinen Herrn wieder sah, war unbeschreiblich; Fermer zahlte ihm seinen Lohn aus, und gab ihm noch überdies ein Geschenk, dann legte er sich zu Bette und schlief einen vortrefflichen gesunden Schlaf.

Als er aufstand, war er ungewöhnlich froh; er aß stärker als gewöhnlich, rauchte mehr Tabak als gewöhnlich, zog sich besser an als gewöhnlich. Es war, als wenn er allen Gütern dieses Lebens seine Antrittsvisite abstatten wollte. Nachmittags schrieb er folgenden Brief an Nanetten:

Theure Seele!

„Die Gefahr ist vorüber — ich bin dem Leben zurückgegeben. — Beinahe wär' ich Dir auf mehr als eine Art entrissen worden, aber der Himmel hat sich unsrer Liebe angenommen, nun bin ich ganz, ganz wieder Dein; alle Hindernisse sind gehoben. — Jauchze mit mir, die Vernichtung hat nun weiter keinen Theil an mir, ich war der Gefahr zu stark; mein brausendes Blut, meine Nervenstärke hat den Tod zurückgeschreckt. Der Mann müßte kein Mann sein, der nicht einmal das Schicksal besiegen könnte. — Ich will in der Einsamkeit nun ganz Dir leben, nur Gedanken an Dich sollen mich beschäftigen.

Adieu.

Er gab beide Briefe zugleich auf die Post, der erste sollte mit der reitenden, der andere mit der fahrenden abgehn, so, daß sie ohngefähr zu gleicher Zeit ankämen.

Er wollte zum Fenster hinaus sehn, zog aber den Kopf schnell wieder zurück, denn die Frau des Hauptmanns sah aus dem gegenüberstehenden.

Fermer machte nun ganz ernsthaft den Plan, die Stadt zu verlassen, und sich reizender auf einem Dorfe, den Rest des Sommers einzumiethen. Es kam ihm so schön vor, sich als ein unbekannter Menschenhasser unter den Bauern umherzutreiben, die Neugier der Leute zu spannen, und jeden zu verwünschen, der nur ein menschliches Gesicht habe. Das ganze Menschengeschlecht sah er als eine Rotte von Verräthern an. Louise, die Hauptmännin, der Hauptmann, hatten sich treulos gegen ihn erwiesen, und auch von Nanetten war seit lange kein Brief angekommen. Hinlängliche Gründe, um die Welt zu verfluchen; viele thun es oft aus noch geringern Ursachen.

Er fand eine Wohnung die ihm gefiel, und zog mit seinem Bedienten hin, das Dorf war nur eine halbe Meile von der Stadt entfernt. Johann mußte nun viel leiden, weil er das Unglück hatte, auch zu den Menschen zu gehören; bald war das Essen schlecht, bald wurde seinem Herrn die Zeit lang, bald schimpfte er, daß auf dem Dorfe kein Kaffeehaus sei, und kein vernünftiger Mensch zum Umgang, um die Einsamkeit erträglich zu machen.

Er lernte Lieschen, die Tochter des Küsters, kennen. Sie war ein derbes, gesundes Mädchen, dem Fermer, seiner Sporen wegen, ganz außerordentlich gefiel. Er besuchte den Vater, sprach mit der Tochter, fluchte auf die Menschen, schalt sie alle Bösewichter, und machte Lieschen zu seiner Vertrauten.

Sie lernte bald von ihm die Menschen verwünschen und die Einsamkeit der Gesellschaft vorziehn, beide waren daher jetzt unzertrennlich. Fermer verliebte sich, er ward wieder geliebt, und da Lieschen in Büchern nicht sehr belesen war, so ging diese Liebe bald aus dem Sentimentalen in die natürliche über. Der Vater bemerkte ihre Vertraulichkeiten und ward ergrimmt; um ihn zufrieden zu stellen, ließ sich Fermer mit Lieschen aufbieten und versprach, die Hochzeit in vierzehn Tagen zu feiern.

Plötzlich erschien Nanette im Dorfe; sie hatte Fermern in der Stadt vergebens gesucht; sie war ihrem Vater entlaufen, um bei ihm Trost zu finden. — Alle waren in Verzweiflung.

Nanette warf sich auf die Knice und schrie und heulte. — Ich bin Mutter! rief sie pathetisch, — (und es wäre unnöthig gewesen, es zu sagen; denn jedermann bemerkte es). — Ums Himmelswillen Leopold! gieb diesem Kinde einen Vater, oder ich muß es mit diesen Händen umbringen, so leid es mir auch thun sollte. — Laß die Bitten einer Mutter an Dein Herz ergehn.

Lieschen wollte schon aus dem ähnlichen Tone zu sprechen anfangen, als sich Nanette endlich besänftigen ließ, und großmüthig, nachdem ihr Fermer einige hundert Thaler verschrieben hatte, zurückstand. — Sie entdeckte jetzt, daß sie einen Liebhaber habe, der sie heirathen wolle, wenn sie nur einiges Vermögen aufzuweisen habe; er war auf der Universität Hofmeister eines jungen Amtmannssohns gewesen, und bekam jetzt eine Stelle an der Schule in Fermers Geburtsstadt.

Alle waren zufrieden; Fermer zog mit seiner Frau in die Stadt, und brachte ihr Geschmack an Büchern bei; sie lernte Louisen kennen, diese mit der Vertrauten, die indessen ihren Marquis Posa geheirathet hatte, nebst Nanetten und ihrem Mann, machten einen vertraulichen Zirkel aus, in dem man las und sprach und gähnte. —

Fermer ist seitdem Schriftsteller geworden und bietet den Buchhändlern folgende Manuscripte an:

Löwenhelm der Bärenstarke, Vaterlandssage, in 3 Bänden.

Die Eroberung von Teltow, ein brandenburgisch-vaterländisches Schauspiel, in 6 Aufzügen.

Die unsichtbaren Sichtbaren, eine Geschichte, die man kürzlich in den Obelisken gefunden, 4 Bände.

Rudolph vom Kellersporn, gemeinhin genannt der Abgrundspringer, in 2 Bänden.

Der Naturfreund.

Erzählung.

1796.

Um die Zeit im Sommer, in der ein Theil der schönen Welt gewöhnlich seine Zuflucht nach einem Bade nimmt, setzte sich auch ein Kriegsrath Kielmann in einen Wagen, um die Stadt zu verlassen. Er war nicht krank, und wollte auch kein Bad besuchen, sondern eine Zeitlang in der Nähe eines Gesundbrunnens wohnen, um die schöne Natur zu genießen.

Der Kriegsrath Kielmann war ohngefähr dreißig Jahr alt und ein sehr brauchbarer Geschäftsmann, er hatte eine Erholung nöthig, weil er eine lange Zeit strenge gearbeitet hatte, und er jetzt selbst für seine Gesundheit fürchtete. Er wollte daher mehrere Wochen auf dem Lande zubringen, um sich und einer schönen Muse zu leben: denn der Kriegsrath war zugleich ein Mann von Empfindung, der in seinen jüngern Jahren die schönen Wissenschaften studirt hatte. Daraus wollten ihm manche Leute in der Stadt einen Vorwurf machen; ja manche gingen gar so weit, ihn einen Narren zu schelten: diese aber waren meist mit dem Kriegsrathe Weller verwandt, dessen Tochter Herr Kielmann nicht geheirathet hatte, ohngeachtet es ihm angeboten, und sie das reichste Mädchen in der Stadt war. Kielmann achtete wenig auf dieses Gerede, denn er war zu sehr Philosoph, um sich um Stadtgeschwätz zu kümmern; er fuhr jetzt mit frohem Sinne durch das Thor, und steckte seinen Kopf lächelnd weit aus der Chaise heraus, um sogleich das freie, sonnige Feld in Augenschein zu nehmen.

Jetzt will ich dich nun auch recht genießen o Natur, dachte der Kriegsrath bei sich selber; alle meine Arbeiten und Geschäfte will ich nun vergessen und nur für dich Augen und Gedächtniß haben. Ich will zu den Empfindungen meiner poetischen Kinderjahre zurückkehren, ich will mein Dasein verjüngen und wie ein Kind an den Händen der Schönheit und der Natur einhergehn.

Der Wagen fuhr indessen weiter, und der Kriegsrath gab sich große Mühe, ja keinen Berg oder kein Dorf mit seinen Augen zu versäumen, damit er nichts vom Genuß der ländlichen Natur verliere. — Wie glücklich bin ich, fuhr er dann in seinem Selbstgespräche fort, daß ich noch so frei und ledig bin, ganz meinen eigenen Einfällen folgen kann und nicht von den Launen einer Frau abhänge; die Mademoiselle Weller ist ein ganz hübsches Mädchen, sie hat viel Geld, aber wenig Verstand und noch weniger Empfindung, keine Lektüre und keine Liebe für die Poesie; aus der Natur macht sie sich gar nichts, sie lacht zu viel, sie scherzt über alles. — Es ist überhaupt besser, daß ich mich nicht mit dem Heirathen übereile; denn wie selten ist es, daß wir eine Seele finden, die mit uns sympathisirt und ohne die reinste Sympathie der Seelen fühlt man in der Ehe nur die Fesseln, und den Verlust der Freiheit.

Kielmann hatte während diesen Betrachtungen einen See, der links an der Straße lag, zu bewundern vergessen; er ließ daher den Kutscher still halten, und stieg aus, um das Versäumte nachzuholen. Dann ging er einen Fußsteig über eine Wiese und ließ den Wagen langsam weiter fahren; er betrachtete nun jede Gruppe von Bäumen sehr genau, und suchte sie seiner Phantasie einzuprägen; er empfand ungemein viel, und stieg nur erst wieder in den Wagen, als ihn das Gehen ermüdet hatte.

Als er wieder im Wagen saß, freute er sich auf den Anblick einiger Ruinen, die in einer halben Stunde erscheinen würden, und bei denen er schon in der bloßen Vorstellung einen kleinen Schauder empfand. — Bäume und Häuser gingen nun rasch seinen Augen vorüber, der Gesang der Vögel, das Rasseln der Räder, das Rauschen der Bäume und die wiegende Bewegung des Wagens versetzten ihn bald in eine gewisse Trunkenheit, er rieb die Augen zu wiederholtenmalen, gähnte dann, und nach einiger Zeit akkompagnirte er das Konzert der Natur mit einem lauten Schnarchen,

Der Fuhrmann rief: Brrr!! — Die Pferde standen, der Wagen hielt; der Kriegsrath dehnte sich, gähnte und rieb die Augen mit seinen ausgespreiteten Händen. — Wo sind wir denn? rief er jetzt dem Fuhrmann zu.

Beim Wirthshause, Herr Kriegsrath, hier wollen wir füttern. — Das war ein schlimmer Weg, die letzte halbe Meile hieher. —

Aber wo sind denn die Ruinen?

O Gottlob, da sind wir schon seit einer Stunde vorbei.

Schon seit einer Stunde? fragte der Kriegsrath und stieg noch halb schlaftrunken aus dem Wagen.

Ei! ei! sagte er zu sich selber, das ist nicht fein! Pfui! in der schönen offenen Natur einzuschlafen! Auf einer Reise, auf die du dich schon seit so lange gefreut hast! — Wenn das so fortginge, so würden wir mit dem Genuß der Natur nicht weit kommen.

Man bereitete das Mittagsessen, das unsern Reisenden wieder stärkte; der Wirth unterhielt ihn dabei mit den Namen der Brunnengäste, die schon durchgereist wären; Kielmann aß und trank, und wiederholte sich die schönen Scenen in seiner Phantasie, die ihm auf dem Lande bevorstünden; die rauschenden Wälder, der Gesang der Nachtigallen und Lerchen, die schöne Unschuld von Dorfbewohnern, die Simplicität ihrer Lebensart u. s. w. — Es mißfiel ihm die Geschwätzigkeit des Wirths und er trieb den Fuhrmann und seinen Bedienten an, um so geschwind wie möglich, wieder anzuspannen.

Die Reise ging weiter. Der Kriegsrath labte sich wieder an den schönen Aussichten, und schlief dann zur Abwechselung wieder ein; auf jeder Meile nahm er sich fest vor, munter zu bleiben, aber seine Natur überwand jedesmal seinen Vorsatz; dann ward er auf sich selbst böse, und war am Ende doch genöthigt, sich wieder mit sich auszusöhnen. — Spät in der Nacht hielt der Wagen in dem Dorfe, in welchem der Kriegsrath seinen Wohnsitz aufschlagen wollte. Er aß nur wenig und legte sich bald schlafen.

Der Gesundbrunnen war nur eine halbe Meile von diesem Dorfe entfernt, und hier wohnte neben andern für uns uninteressanten Gästen die Geheimeräthin Langhoff mit ihrer Tochter Caroline; der Mann war schon seit einigen Jahren todt und sie lebten jetzt von einer Pension und den unbedeutenden Renten eines kleinen Vermögens. Die Tochter ward in jedem Sommer krank, und die Mutter wandte einen großen Theil ihres jährlichen Einkommens darauf, um mit Carolinen eine

Zeitlang auf dem Brunnen zu wohnen, um sie dort mit allen Gästen bekannt zu machen; der Zweck davon war: Mademoiselle Langhoff war schon fünf und zwanzig Jahr alt, und doch noch nicht verheirathet. Man war in der Gesellschaft, man tanzte und lachte, und die Mutter glaubte, daß sich die Tochter doch wohl irgend einmal einen reichen, angesehenen Mann antanzen würde, den ihre schönen Augen oder ihr noch schönerer Wuchs auf ewig zu ihrem Sklaven, oder was noch schlimmer und bedeutender war, zu ihrem rechtmäßigen Manne machen würden.

Der Leser, der so gütig ist, diese kleine und unbedeutende Erzählung Wort für Wort zu lesen, wird uns nun erlauben, mit Briefen fortzufahren, die wir neben einander stellen wollen, damit die Verschiedenheit des Styls und der Charaktere desto mehr in die Augen falle.

Beim Sonnenaufgang saß der Kriegsrath schon an einem Tisch und schrieb einen Brief an einen Freund in der Stadt, den er aber nicht sogleich abschickte, sondern in der Form eines kleinen Tagebuches fortsetzen wollte; die schöne Caroline schrieb fast um dieselbe Stunde an eine Freundin, und der Leser erhält nun hier die Parallelbriefe:

Briefe des Kriegsraths Kielmann.

am 3ten Juli.

Liebster Freund.

O wie glücklich, wie außerordentlich glücklich bin ich! — Ich schreibe Ihnen aus

Briefe der M. Caroline.

am 3ten Juli.

Liebe Louise.

Ich bin heut früher als gewöhnlich aufgestanden, und es scheint heute recht schö-

aus meinem Dorfe, indem die Sonne eben aufgeht und rothe feurige Strahlen über mein Papier wirft. — Ein schöner Hügel mit Bäumen bekränzt steht vor meinen Augen, und mir ist so frisch und leicht, daß ich es Ihnen gar nicht beschreiben kann.

Welche reine gesunde Luft athme ich hier ein! — Wie froh werde ich nach einigen Wochen zur Stadt und zu meinen Geschäften zurückkehren! — Hier brauche ich nun nach keinem Rathhause zu gehen. Hier ängstigen mich nicht die vollgestopften Repositorien mit ihren bestäubten Akten. Ich will oft an diese Quaalen zurückdenken, um die kurze Zeit, die ich hier znbringe, destomehr zu genießen.

am

schönes Wetter zu werden. — Was das hier angenehm ist, daß man sich nicht so wie in der Stadt zu geniren braucht. — Ich habe nun endlich meine elegante Morgenhaube fertig, und ich trage sie heute im Negligee zum erstenmale. — Das öftere Umkleiden, die Plaisirs, das Brunnentrinken macht, daß die Zeit vergeht, man weiß selbst nicht wie. Alles ist hier so lustig und munter, besonders ist ein gewisser Herr Brand die Seele der ganzen Gesellschaft. Er ist lauter Leben. Bald springt er herum, bald giebt er Räthsel auf, bald neckt er einige aus der Gesellschaft; er hat ein erstaunliches Gedächtniß. — Manche wollen es ihm nachmachen, aber es gelingt doch keinem so recht.

am

Briefe des Kr. Kielmann.

am 4ten Juli Nachmittags.

Ich habe gestern und heut die schönen Gegenden umher besucht. Da ist ein kleiner Wasserfall hier ganz in der Nähe, der mich heut Morgen entzückt hat.

Das Mittagsessen, das ganz einfach war, hat mir heute köstlicher geschmeckt, als je in der Stadt, und die Menschen, bei denen ich wohne, sind so simpel und so gut, daß mich ihre Gespräche mehr unterhalten, als die mit jenen verfeinerten Stadtmenschen, die nie wissen, was sie glauben oder sagen sollen.

am 5ten Juli.

In dieser Nacht ist plötzlich Regenwetter eingefallen und es scheint anhalten zu wollen. — Das macht mir freilich einen großen Strich durch meine schöne Rechnung; ich muß mich aber trösten und meine Zuflucht zur

Briefe der M. Caroline.

Nachmittags am 4ten Juli.

Ich kann immer noch vor Lachen nicht zu mir selber kommen. Herr Brand hatte heute Mittag einen Bauern zum besten, der Erdbeeren zum Verkauf brachte. Die ganze Tischgesellschaft wollte sich vor Lachen ausschütten. Es ist ein allerliebster Mensch, der Brand! die Frauenzimmer hier reißen sich auch um ihn; wie wenige Männer giebt es doch, die ihm ähnlich sind. Wie stechen die alten, steifen Officiere, die hier sind, gegen ihn ab!

am 5ten Juli.

Es ist um zu verzweifeln! Es war so eine schöne Landparthie arrangirt und nun fällt es dem Himmel ein, zu regnen. — Da ist nun die liebe Frau von Lemstein und Herr Mannert gebeten, und nun werden wir uns zur Lektür nehmen. Es ist denn doch gut, daß ich einige von meinen Lieblingsdichtern mitgenommen habe. Ich habe Thomsons Jahrszeiten schon angefangen und lese dies schöne Gedicht immer wieder mit großem Interesse von neuem.

---

am 7ten Juli.

Immer noch Regen und schwarz bezogener Himmel! — Das Wetter macht mich ganz unbegreiflich träge und schläfrig. Ich lese fast unaufhörlich; aber das Lesen spannt mich zu sehr an.

Statt selbst in der goldnen Zeitenwelt zu leben, lese ich jetzt Gesners göttliche Schilderungen davon. Es will mir nur alles nicht recht behagen, weil ich mich auf die Natur selbst zu sehr gefreuet habe.

---

am

uns heute an den langweiligen l'Hombretisch setzen müssen. Ich werde Langeweile haben und vielleicht noch mein Geld verlieren, denn ich gebe gewiß auf das Spiel nicht Achtung. — Ist es nicht um zu verzweifeln, liebe Louise.

---

am 7ten Juli.

Jetzt ist mir bei dem schlechten Wetter doch besser, wenigstens etwas. Herr Brand hat uns schon einigemal recht lustige Anekdoten vorgelesen, wir kommen dabei im Saale zusammen; heute Abend wollen wir ein Pfänderspiel versuchen.

Das schlechte Wetter ist doch immer hier noch eher zu ertragen, als in der Stadt, man ist doch ungenirt und dabei in Gesellschaft.

Wie ich es sagte! ich habe gestern einen Thaler und drei Groschen verloren.

---

am

Briefe des Kr. Kielmann.

am 10ten Juli.

Es ist doch zu arg! Denken Sie nur lieber Freund, das Regenwetter will immer noch nicht aufhören. Die Zeit meines Urlaubs verstreicht indeß, und ich sitze hier in einem schmutzigen elenden Dorfe gefangen, ohne Beschäftigung, ohne Gesellschaft. — Soll man dabei nicht unzufrieden werden? Wenn ich wüßte, daß das Wetter so bliebe, ließe ich gleich anspannen und führe wieder nach der Stadt zurück. — Alles macht mir hier Langeweile; da ich nicht mehr spazieren gehen kann. Die Leute hier sind zwar auf den ersten Anblick recht gut; aber zum Umgang sind sie doch ganz unbrauchbar. Das Essen hier ist auch meistentheils sehr schlecht, und was das schlimmste ist, die Menschen wissen es nicht zuzurichten. — Ich bin ordentlich auf Neuigkeiten aus der Stadt begierig; aber

Briefe der M. Caroline.

am 10ten Juli.

Wir sind jetzt immer alle recht vergnügt. Es ist nur ärgerlich, daß mir Mama jetzt immer Streiche spielt. Sie mag den Herrn Brand nicht gerne leiden, und darum soll ich auch nicht viel mit ihm umgehn. Die Pfänderspiele haben uns alle recht amusirt, und der kleine Brand wußte es so einzurichten, daß ich ihm durchaus ein Paar Küsse geben mußte. Es ist recht Schade, daß der hübsche Mensch nicht mehr Vermögen hat; denn so sagt man von ihm, daß er viel schuldig sein soll. Ein paar allerliebste Sprüchwörter hat er auch erfunden und aufgeführt; in dem einen mußte ich seine Frau vorstellen; das gab denn zu allerhand Neckereien Gelegenheit, die Mama viel zu ernsthaft genommen hat. Ich wette, wenn der junge Mensch reicher wäre, Mama würde ihn aber man erfährt hier nichts, ich lebe hier, wie in der Arabischen Wüste.

---

am 11ten Juli.

Ich bin mit dem Prediger des Dorfes, einem alten wunderlichen Manne, bekannt geworden. Er hat eine außerordentliche Leidenschaft für's Kartenspiel, versteht aber kein anderes, als das gemeine alte fränkische Mariage. Er lenkte bald darauf ein, und ihm zu Gefallen habe ich heute fast den ganzen Tag an den Spieltisch versessen. — Was sagen Sie dazu, mein Freund? Aber was soll man auch bei dem abscheulichen Wetter anfangen?

---

am 14ten Juli.

Ich finde doch, daß man bei jedem Spiele mehr Feinheit anbringen kann, als man im Anfange glaubt. Der Pre-

ihn selber gern sehn. — Aber so, — ach, ich weiß nicht, was ich alles schwatze! —

---

am 11ten Juli.

Ich kann doch den Herrn Brand nicht vermeiden, ohne die ganze Brunnengesellschaft aufmerksam zu machen, nicht wahr, liebe Louise? Und doch will es Mama durchaus so haben. Und ich weiß es, daß es den armen Menschen betrübt, wenn ich mich jetzt mehr zurückziehe. Er geht mir immer nach und sucht recht geflissentlich meine Gesellschaft, — ja Mama mag es ihm selber verbieten! was geht es mich an?

---

am 14ten Juli.

Denken Sie nur, man sagt sich in's Ohr: Brand würde die dicke Frau von Lemstein heirathen. Er spricht

Prediger hatte bisher immer von mir gewonnen; aber jetzt ist oft der Sieg zweifelhaft. Das Spiel interessirt mich ordentlich lebhaft; der sonderbare Mann hat mich mit seiner Leidenschaft angesteckt.

am 20sten Juli.

Ich bin recht böse auf mich, und ich denke, ich habe Ursache dazu. Schon seit vier Tagen ist das schönste Wetter von der Welt, und ich habe sie am Spieltische zugebracht, mit dem abgeschmackten Prediger und seinem kläglichen Spiele habe ich sie verschwendet. Erst heute bin ich wieder ausgegangen.

Wie kann der Mensch so schwach sein? — Ich begreife mich selbst nicht.

am 21sten Juli.

Ich habe den benachbarten Brunnen heute besucht, und

spricht zwar viel mit ihr, aber das kann ich denn doch unmöglich von ihm glauben. Sind Sie nicht auch meiner Meinung, liebe Louise? Sie kennen ja auch das häßliche Weib.

am 20sten Juli.

Es ist gewiß mit der Frau von Lemstein. O der Windbeutel! — Aber die ganze Gesellschaft hier verachtet ihn auch, und das mit Recht; der Harlekin kömmt einem gar nicht wie ein ordentlicher Mann vor. Bloß des Vermögens wegen ein altes, häßliches Weib zu heirathen?

Wie kann ein Mensch so elend sein? — Ich kann es nicht begreifen.

am 21sten Juli.

Ich wünsche, wir möchten wieder bald nach der Stadt

Briefe des Kr. Kielmann.

und ich finde, daß uns selbst auf dem Lande Gesellschaft unentbehrlich ist. Es sind viele Bekannte hier, als die Geheimeräthin Langhof mit ihrer Tochter, die Frau von Lemstein und andre. Pharao wird hier hoch gespielt. Ich werde öfter herkommen.

am 22sten Juli.

Bin ich nicht ein rechter Narr, daß ich meine Zeit verderbe und mein Geld verspiele? — Ich habe heut im Pharao sehr ansehnlich verloren; ich will es auch künftig unterlassen.

am 23sten Juli.

Die Gegend um den Brunnen und die Gesellschaft dort gefällt mir außerordentlich. Ich habe heute nicht gespielt und mich doch sehr unterhalten. Sie werden

Briefe der M. Caroline.

Stadt zurückreisen. Alles wird hier so langweilig; man amusirt sich jetzt mit Hazardspielen. — Da war heute der unausstehliche Kriegsrath Kielmann hier, der empfindsame Narr. Sie müssen ihn auch kennen, der einmal eine Liebschaft mit der Mamsell Weller hatte.

am 22sten Juli.

Mama hat auch Lust, nach der Stadt zurückzukehren, und ich wünsche, es würde nur erst angespannt, dann könnt' ich mit Ihnen, liebe Louise, über dies und jenes weitläuftig sprechen.

am 23sten Juli.

Das fehlt uns noch, daß uns die langweiligen Narren auf den Hals kommen! Da hat sich der pinselnde Kielmann den ganzen Tag mit uns herum getrieben, und

den die Tochter der Räthin Langhof kennen, es ist ein sehr liebenswürdiges Mädchen; ich habe mit ihr und der Mutter viel gesprochen, wir gingen ziemlich lange mit einander spazieren. Man hat mich eingeladen.

---

am 24sten Jul.

Die Mademoiselle Langhof ist nicht nur ein schönes, sondern auch ein überaus verständiges Mädchen, sie spricht auch mit vielem Gefühl. Ein affektirtes Windspiel strich heut viel bei ihr herum; sie begegnete ihm aber, zu meiner großen Freude, mit der gehörigen Verachtung. Etwas, das man selbst bei den klügsten Frauenzimmern nur sehr selten findet, denn fast alle lieben bei den Mannspersonen die Affenmanieren.

Die Räthin selbst ist eine hochachtungswürdige Frau; sie

und mir vollends alle Laune verdorben. Mama ist von dem vernünftigen Manne ganz charmirt, und hat ihn auf morgen gebeten. — Alles ist mir entgegen! — Ich möchte manchmal toll werden!

---

am 24sten Juli.

Einen so verdrießlichen Tag habe ich seit lange nicht erlebt. Der Kriegsrath ist fast bis um Mitternacht geblieben, und auch der elende Brand war impertinent genug, uns auf eine Stunde zu besuchen. Ich denke aber, ich bin ihm so begegnet, daß er nicht wieder kommen soll. Recht das Gegentheil von ihm ist der Kriegsrath, mit dem Mama außerordentlich höflich und freundschaftlich ist, weil er Vermögen hat; er findet sich dadurch sehr geschmeichelt.

Es war gestern ein Gewitter,

sie scheint von mir eine sehr gute Meinung zu haben. Sie äußerte heut, daß sie wünsche, ich möchte sie öfter besuchen, damit sie sich etwas mehr von der uninteressanten Brunnengesellschaft entfernen könne. — Wenn ich der Tochter nur nicht zur Last falle! Mir schien es heut, als wenn sie mich nicht besonders gerne sähe. — Es thut mir fast leid, daß ich nicht selbst auf dem Brunnen wohne: der Weg nach dem Dorfe ist doch etwas beschwerlich.

---

am 27sten Juli.

Ich bin jetzt den ganzen Tag auf dem Brunnen. Morgen wird hier ein Zimmer leer, und ich will nun noch auf einige Tage hier wohnen.

Die Räthin hat mir erzählt, daß ihre Tochter mich sehr gerne sähe, daß sie oft nach

witter, und ich glaubte gewiß, daß uns der Kriegsrath verschonen würde; aber er kam dennoch. — Mama meint, er wäre in mich verliebt; je nu, als Mann wäre er wohl noch zu ertragen. Wir wollen sehen, wie es sich fügt; ich will wenigstens von nun an freundlicher gegen ihn sein; sollte es auch nur deswegen geschehen, um den jämmerlichen Brand recht empfindlich zu kränken. — Wenn der Kriegsrath nur nicht so ganz außerordentlich langweilig wäre.

---

am 27sten Juli.

Der Kriegsrath wohnt jetzt auf dem Brunnen, so sehr hat er sich an uns attachirt.

Ich möchte jetzt mehr darauf wetten, daß er wirklich in mich verliebt ist. Unaufhörlich betrachtet er mich mit sehr zärtlichen Augen; er

nach mir frage, und daß sie nur zu blöde und bescheiden sei, um etwas von ihrer Zuneigung in meiner Gegenwart zu äußern. Ich habe es nie recht glauben können, aber jetzt bin ich davon überzeugt. Sie ist seit zwei Tagen sehr freundlich gegen mich, und als ich ihr heut aus dem Klopstock etwas vorlas, bemerkte ich plötzlich, daß Thränen aus ihren Augen brachen. — Wenn ich aufrichtig sein soll, lieber Freund, so muß ich Ihnen sagen, daß das mein Herz gebrochen hat; ich fühle es jetzt, daß ich sie liebe, die Natur umher hat neue Reize für mich, ich bin glücklich. — Wenn sie mich nur wieder liebte, so wie ich sie liebe!

am 28sten Juli.

Ich habe mich erklärt, ich habe die Einwilligung. — Beschuldigen Sie mich keiner

er seufzt und ist oft in Gedanken. Ich begegne ihm freundlicher, und er ist dadurch sehr glücklich. Er las uns heute aus dem Klopstock etwas vor; er liest sehr schlecht, und dann machte mir auch der unaufhörliche Kram von Engeln und bösen Geistern, die unverständlichen Verse, und daß das Gedicht durchaus nicht spaßhaft war, so viel Langeweile, daß mir die Kinnbacken vom verbißnen Gähnen weh thaten; meine Augen gingen endlich davon über und er hielt es für Rührung.

Seit diesem Augenblicke wurde er noch weit zärtlicher gegen mich; meine Mutter ist sehr zufrieden, und ich bin es beinahe auch.

am 28sten Juli.

Er hat sich erklärt, er hat die Einwilligung. — Nennen Sie mich nicht rasch, liebe

ner Uebereilung, theurer Freund; wie selten findet man jetzt ein fühlendes Herz? man achte es köstlich, wenn man es gefunden hat.

am 2ten August

Morgen reise ich von hier ab, und zwar in Gesellschaft meiner Braut und meiner Schwiegermutter; ich glaube, es wird nun gerade ein Monat sein, daß ich die Stadt verlassen habe. — Wie freue ich mich darauf, Sie wieder zu sehn, und Ihnen meine künftige Gattin vorzustellen.

liebe Louise, denn meine Mutter hat Recht. Die reichen Männer sind jetzt selten, und man schlage schnell zu, wenn sich einer anbietet.

am 2ten August.

Ich komme zurück, und zwar mit einem Bräutigam. — Endlich werde ich Sie nun wiedersehn, liebe Louise, und Sie müssen gleich in den ersten Tagen den Kriegsrath, meinen zukünftigen Mann, kennen lernen. — Leben Sie bis dahin recht wohl.

Und weiter? —

Alle kamen glücklich zur Stadt zurück, es ward eine gewöhnliche Heirath geschlossen.

Der Kriegsrath ward ein Ehemann; die ganze Stadt lachte, selbst die Braut lachte ein Duett mit ihrer Mutter.

Und der Kriegsrath Kielmann? —

Je nun, der sah ein, daß er sich geirrt habe. — Aber ist nicht all unser Wissen in dieser Welt nur ein Irrthum? — Er tröstete sich mit diesem Gedanken.

Die gelehrte Gesellschaft.

Erzählung.

1796.

Wildberg saß angekleidet an einem Tische, und war eifrigst bemüht, eine Feder zu zerkäuen. Wer ihn sah, hätte wenigstens darauf schwören sollen, daß dieses sein angelegentliches Geschäft sei, aber im Grunde schrieb er Verse. — Es schlug drei Uhr, und ihm fehlte immer noch der Schluß seines Gedichts, und doch sollte er es um diese Zeit schon seinen guten Freunden vorlesen. Er wünschte selber nichts mehr, als daß es fertig sein möchte, aber es wollte sich ihm zum Trotz das Ende immer nicht finden lassen; denn ein Gedicht in Reimen kann man nicht so behende schließen, als eines, das in Hexametern, oder gar in einem freien Sylbenmaaße geschrieben ist.

Man sagt, daß es kein so ungeduldiges Geschöpf gebe, als einen Dichter, der sein Produkt vorlesen wolle. Einer meiner Freunde, der sich auch für einen Dichter hält, behauptet wenigstens, daß, wenn es auch keine Unsterblichkeit, keinen Nachruhm gebe, ja wenn einem selbst in der Literaturzeitung übel mitgespielt würde, das Vorlesen eines Werks in einer Gesellschaft guter Freunde alles dieses Unglück gewissermaßen vergüte. Wenn dieser Satz wahr ist, so läßt sich Wildbergs Unruhe leicht begreifen; denn eine Minute verging nach der andern, und der Schlußgedanke kam immer noch nicht. Endlich steckte er sein Papier ein, fest entschlossen, entweder nur fünf Strophen seines Gedichts vorzulesen, oder unterwegs seine Phantasie noch anzustrengen.

Die Gesellschaft, zu der Wildberg eilte, bestand aus ihm und drei Freunden, die wir jetzt ganz kurz charakterisiren wollen.

Wildberg war ein Mensch, der viele Verse schrieb, und man hat schon oft behaupten wollen, diese Gattung von Leuten hätte nicht viel Charakter. Er war ein ganz guter Mensch, und seine größte Schwachheit war eben sein Hang zur Dichtkunst, und doch kamen ihm wenige Gedichte, die seinigen ausgenommen, poetisch vor. Er arbeitete sich oft ab, etwas Neues und Originelles hervorzubringen, und wenn er ausging und ihm irgend ein Gedanke einfiel, so fragte er sich gleich, ob er ihn nicht in einem Gedichte anbringen könne; denn sonst hatte er kein Interesse für ihn. — Er theilte die Menschen in zwei Klassen, in diejenigen, denen seine Gedichte gefielen, und in die, die sie schlecht fanden; den letztern traute er wenig Geschmack und auch nicht zu viel Tugend zu. Hätte man ihn dahin bringen können, kein Dichter zu sein, so wäre er gewiß ein desto besserer Mensch geworden.

Das zweite Mitglied des kleinen Klubs hieß Wandel, und war ein sehr gesetzter ernsthafter Mensch. Man hätte ihn durch nichts dahin bringen können, irgend etwas zu thun oder zu unternehmen, wovon er keinen Nutzen absehn konnte. Jeder Umgang, jeder Besuch, jedes Buch, das er las, mußte Einfluß auf ihn haben, und doch hielt er sich für so ausgebildet, daß nichts auf ihn Einfluß haben konnte.

Er war einer von jenen Lesern, die nur lesen um zu rezensiren; es giebt Leute, die gar nicht darauf kommen, irgend ein Kunstwerk zu genießen; ihr Vergnügen besteht bloß darin, es zu zerlegen, und zu diesen gehörte Wandel. Er hätte nie an dieser Gesellschaft Theil genommen, wenn er nicht überzeugt gewesen wäre, sich und andre hier bilden zu können; darum wurde bei jeder Zusammenkunft irgend etwas vorgelesen, wenn es auch noch so unbedeutend war, und er erzählte der ganzen Stadt mit wichtiger Miene von der gelehrten Gesellschaft, von der er auch ein Mitglied sei.

Der dritte Freund hieß Birnheim. Er war der auffallendste Contrast gegen Wandel. Er hatte vielleicht in seinem Leben noch gar nicht daran gedacht, daß er eigentlich lebe, und dies irgend einmal ein Ende nehmen müsse; von dem sogenannten Werthe der Zeit hatte er gar keinen Begriff; je schneller sie ihm verging, je lieber war es ihm. Er lachte über alles, und dann am meisten, wenn Wandel zuweilen begehrte, er möchte ihm zu Gefallen nur auf eine Viertelstunde ernsthaft sein, damit er von seiner Freundschaft, oder über das Schicksal, oder etwas dem ähnlichen einen ernsthaften Diskurs führen könne. Einige Leute, die Verstand zu haben glaubten, riethen ihm, Lustspiele zu schreiben, weil er offenbar dazu geboren sein müsse; er aber war noch verständiger und unterließ es; nur der sogenannten gelehrten Gesellschaft zu Gefallen schrieb er etwas nieder, wenn die Reihe an ihn kam; aber nichts Scherzhaftes, sondern er untersuchte dann gewöhnlich auf dem Raum eines halben Bogens, welche Staatsverfassung die beste sei, in wiefern die Reformation

Nutzen gestiftet habe und dergleichen; er trug dann Sachen vor, die jedes Kind wußte; aber Wandel hielt diese Aufsätze seines Freundes doch in Ehren, weil er behauptete, sie wären doch das Einzige, woraus man ersehn könne, daß er doch auch einigen Verstand besitze.

Der vierte Charakter war niemand anders, als eine stille melankolische Person, mit Namen Hüftner. Er war in sich zurückgezogen, weil er in der Liebe unglücklich gewesen war; er verträumte das Leben, und so ernsthaft er auch fast beständig aussah, so wenig nahm er doch irgend etwas ernsthaft. In seinen Aufsätzen für die Gesellschaft zwang er sich immer spaßhaft zu sein, weil er sich Witz zutraute.

Bei jeder Zusammenkunft zankten die Mitglieder, weil sie einander so unähnlich waren, und jedesmal klagten sie darüber, daß in Deutschland doch eine gar zu große Aehnlichkeit der Charaktere herrsche. In keinem einzigen Satze waren sie einerlei Meinung, außer in diesem. Wildberg trat jetzt herein, duckte sich schnell in eine Ecke, und schrieb die letzten Verse seines Gedichtes nieder, weil er sie wirklich unterwegs ausgearbeitet hatte. Alle waren neugierig, und um noch länger seine Bewunderung zu genießen, fing er erst an, etwas darüber zu sagen, was er durch dieses Gedicht habe ausdrücken wollen.

Die Ueberschrift, sagte er, heißt das Meer. Ich habe nämlich fingirt, daß ich mit einigen guten Freunden oben auf einer Klippe stehe, die sich über die unermeßliche See hinüberbeugt.

Wie kamen Sie aber dazu, rief Birnheim aus, Sie waren doch wahrscheinlich auf ebner Erde, in Ihrer Stube, als Sie es schrieben.

Das ist nun kein Einwurf, sagte Wandel, das ist ja nichts, als eine poetische Voraussetzung, die erste Bedingung. Denn sonst könnte man ja bei jedem Gedichte etwas Aehnliches fragen.

Ich frag' es auch immer, sagte Birnheim.

Wandel. Dann müssen Sie auch keine Dichter lesen —

Birnheim. Es geschieht auch nicht —

Wandel. Wie Sie wollen; aber lassen Sie uns wenigstens hören, was unser Freund gedichtet hat. — Aber mit Ihrer Erlaubniß, lieber Wildberg, es ist mir schon oft so gegangen, daß ich in der Ankündigung eines Dichters mehr sah, hörte und empfand, als im Gedichte selbst; ich sah Sie jetzt zum Beispiel mit Ihren Freunden da oben auf der Klippe ganz deutlich stehn, wie Sie sich hinüber beugten, das Meer rauschen zu hören und sich vor seiner Gewalt entsetzen; aber es kann leicht sein, daß ich bei Ihren Gefühlen darüber nichts empfinde —

Birnheim. Weil es in der Stube par terre geschrieben ist?

Wandel. Nicht grade deswegen. sondern weil alle Gemälde mehr auf meine Phantasie wirken und durch sich selbst Empfindungen in mir erregen; wenn ich aber Empfindungen hingestellt sehe, so bleibt meine Phantasie dabei ungerührt und meine ganze Seele müßig. So hat mich schon oft ein Auszug aus einem Trauerspiele, wenn ich las: nun erscheint der und der in höchster Wuth oder Traurigkeit — mehr gerührt, als das wirkliche Trauerspiel — Aber lesen Sie nur, lieber Wildberg.

Wildberg setzte sich nieder und las mit vielem Pathos folgendes Gedicht:

Das Meer.

1.

Auf hoher Felsenkante,
Der Menschheit Abgesandte
Stehn wir und opfern Gott Gesang.
Ihm tönen Jubellieder
Im Namen unsrer Brüder
Für alle Pracht der Erde Dank.

2.

In allgewalt'ger Schaale
Dem heiligen Schicksale
Schäumt unter uns das weite Meer.
In lachend heit'rer Stille,
Im wilden Sturmgebrülle
Ist's immer heilig, groß und hehr.

3.

Und Gottes Bild, der Himmel,
Schaut in der Fluth Gewimmel
Mit unbewegtem Aug' hinein:
Er beugt sich freundlich nieder,
Mit blauem Glanzgefieder
Schließt er die Fluth umarmend ein.

4.

Wie diese regen Wellen
Gedrängt sich treibend schwellen,

So wallt der Menschen großes Meer:
In hoher Tugend Siege,
In schwarzer Laster Kriege
Stets groß und wundervoll und hehr.

5.

Drum laßt uns, gleich dem Himmel,
Ins wilde Weltgetümmel
Mit sonnenhellem Auge sehn;
Fest an der Menschheit hangen,
Die Welt mit Lieb' umfangen
Und liebend, liebend untergehn.

6.

Laßt länger hier uns harren,
In Meer und Himmel starren,
Bis jede Fiber fühlend schwillt;
Und segnet das Entzücken,
Das unsern trunknen Blicken,
Aus dir, Natur, geheiligt, quillt.

Er hatte geendigt und war begeistert, Wandel schüttelte mit dem Kopfe; Birnheim lachte aus vollem Halse; Hüftner weinte.

Wildberg wunderte sich über die verschiednen Wirkungen, die seine Phantasie hervorgebracht hatte. Wandel trat auf ihn zu.

Lieber Freund, fing dieser an, mich dünkt, daß sich gegen Ihr sonst vortreffliches Gedicht noch sehr vieles aussetzen ließe; die Sprache darin ist nicht korrekt, die Darstellung nicht deutlich, die Bilder sind gesucht, das

Ganze ist nicht poetisch klar, sondern es schillert gleichsam nur so —

Wildberg. Und das Vortreffliche?

Wandel. Läßt sich demohngeachtet nicht läugnen. — Sie hätten uns aber das Meer individueller beschreiben sollen, sich etwas darauf einlassen, daß das Wasser eins von den vier Elementen sei, die Allegorie etwas mehr vermeiden müssen; kurz —

Wildberg. Ein ganz ander Gedicht schreiben.

Wandel. Nein, das will ich grade nicht sagen; aber Ihr Genie bequemt sich zu wenig nach der Kritik.

Aber warum lachen Sie so sehr, wenn es zu fragen erlaubt ist, sagte Wildberg zu Birnheim.

Nicht über Ihr Gedicht, wahrlich nicht, antwortete Birnheim, — denn ich habe es gar nicht einmal zu Ende gehört. Es sind nur einige Erinnerungen, die sich bei mir so frisch erneuerten. Lesen Sie doch einmal gleich den Anfang.

Wildberg las:

Auf hoher Felsenkante
Der Menschheit Abgesandte

Nun, was ist denn da zu lachen?

Birnheim. Und dann in der zweiten Strophe —

Wildberg. In allgewalt'ger Schale
Dem heiligen Schicksale —

Nun, was ist denn darüber zu lachen?

Birnheim. Nichts, wenn Sie wollen, und doch möchte ich vor Lachen ersticken. — Ich sehe schon, ich muß Ihnen die ganze Geschichte erzählen.

Schon als ich noch auf der Schule war, war mir das ernsthafte Wesen meiner Mitschüler zuwider. Ich machte immer heimlich kleine Komplotte, mit denen ich, ohne entdeckt zu werden, manchen lustigen Streich ausführte.

Es war jetzt die Zeit gekommen, daß ich zur Universität abgehn sollte; eine Periode, die allen Menschen sonst sehr wichtig vorkömmt, aber mir war es nur lächerlich. Unser Rektor war ein alter, ernsthafter Mann, der uns den Schritt, den wir jetzt thäten, nicht erschrecklich genug vormalen konnte; um uns vor Verführungen zu sichern, las er denen, die zur Universität abgehn wollten, ein eignes kleines, äußerst nützliches und langweiliges Kollegium, worin er uns vor tausend Sachen warnte, vor denen wir uns schon auf der Schule nicht mehr gefürchtet hatten.

Er hatte sich einige Worte angewöhnt, die er ungemein gern in seinen Reden anbrachte; so sprach er oft von der Menschheit, und suchte uns diesen Begriff und seine Wichtigkeit recht deutlich auseinanderzusetzen, er verband damit die Humanität und die Stelle des Terenz, Homo sum etc. Er wollte uns durch seine Erklärungen eine hohe Ehrfurcht vor uns selber beibringen. Um dies noch bequemer zu bewerkstelligen, flochte er damit die Idee vom Schicksal zusammen, wie es die ganze Menschheit sowohl, wie auch den einzelnen Menschen leite, ihn nicht aus den Händen lasse und dergleichen mehr.

Ich war damals sehr jung, und mir kamen diese Vorstellungen so stolz vor, daß ich nicht im mindesten daran glauben konnte. Dergleichen Ideen sind den Menschen überhaupt vielleicht fremd, und ich ging nur noch einen Schritt weiter, und fing an, darüber zu spotten.

Ich schilderte die Menschheit wie einen Bär, den das Schicksal an einer Kette führe und Künste machen lasse; von den Zuschauern, sagte ich, wisse man nichts, das Schicksal übe sich vielleicht nur an den hiesigen Menschen im Lenken, um eine entstehende vornehmere Welt desto besser zu regieren. Es wäre vielleicht vernünftiger, wenn nicht so oft von Schicksal und Unsterblichkeit gesprochen würde, denn man denke sich gar zu selten etwas dabei.

Ich muß meine Thorheit gestehn, ich hatte ein eignes kleines Marionettentheater erbaut und Figuren geschnitzt, mit denen ich durch Hülfe eines Freundes Stücke aus dem Stegreife aufführte. Die Marionetten wurden von oben mit Fäden regiert; der Hanswurst repräsentirte die reine Menschheit, und ohne, daß er es wußte, war er mit dem einen Beine, vermittelst eines Fadens, an eine verschleierte unförmliche Gestalt befestigt. Wenn er nun seinen guten Freunden versprach, sie im Gasthofe zu besuchen, oder wenn er Gevatter stehn sollte, und eben im Begriff war abzugehn, ward er von der unförmlichen Figur plötzlich zurückgezogen, so daß er selbst nicht wußte, woran er war. Wenn er dann ausgescholten ward, so entschuldigte er sich immer mit seinem Schicksale, und daß er keinen freien Willen habe. Nun sollte er dies wunderliche Schicksal beschreiben, er quälte sich lange und konnte es nicht; er sagte, er spüre es immer am Beine, wie es ihn ziehe. Er bat seine Freunde inständigst, ihm davon zu helfen und einen freien Willen zu verschaffen.

Zwei darunter, die Philosophen sind, beschließen, ihm beizustehn; sie sagen, sie kennen eine Göttin, die alles möglich machen könne. Sie machen sich auf den Weg.

Diese Göttin ist Niemand anders, als die Philosophie. Sie müssen unterwegs über viele mathematische Figuren steigen, weil es ein alter Tempelwärter Plato so haben will, sie kommen in ein Land, wo man eine andre Sprache spricht, die sie auch lernen müssen, eine ganze Scene hindurch hört man nur von a plus B minus C. u. s. w.

Sie haben einen Wagen bei sich, und müssen auf diesen eine Menge unförmlicher Bedienten packen, Barbara, Celarent, Dario, Ferient und andre. — Sie kommen nun zum Tempel der Philosophie.

Die Bedienten müssen absteigen, den Tempel aufmachen, sie melden und dergleichen mehr. Die Göttin sitzt auf einem Throne und fragt was sie wollen; sie tragen Ihr Gesuch vor. Sie läßt sich von den mitgekommenen Bedienten allerhand Packete reichen, um Ihre Reden recht vernünftig einzurichten: alles ist voller Erwartung.

Sie beweißt nun weitläuftig, indem die Bedienten auf ihre Winke hin und her laufen, daß die Abgesandten der Menschheit ziemlich ohne Noth gekommen wären, denn obgleich Hanswurst mit Einem Beine an das Schicksal gebunden sei, so habe er dennoch seinen freien Willen. Die Gesandten können es nicht begreifen, sie repetirt ihren Beweis in allen Formen, die Gesandten geben ihr aus Ueberdruß Recht, und lassen sich am Ende alles in Paragraphen schreiben, um ihren unzufriednen Freund desto besser zu überführen.

Die Gesandten sind nun von dem Geschwätz der Göttin so betäubt, daß sie den Rückweg zur armen simplen Menschheit gar nicht finden können; der eine verläuft sich in einem Dilemma, und sein Gefährte kann ihn anfangs gar nicht wieder finden. Nach vielen Strapazen kommen sie zurück, sie wollen Hanswurst trösten; aber dieser versteht ihre Sprache nun gar nicht; er klagt über das Bein, die Bedienten wollen ihn losmachen, die Paragraphen werden ihm vorgelesen, daß er nothwendig schon einen freien Willen haben müsse. Die Bedienten fassen ihn so ungeschickt an, daß er umfällt, er wird böse, er glaubt endlich, er sei losgebunden, will nach dem Wirthshause, das Schicksal zieht ihn zurück; er sieht in der Ferne Goldstücke liegen, er will hineilen, sie aufzuheben und wird wieder zurückgezogen. Er fällt in Verzweiflung und schimpft auf die Philosophie, die Abgesandten, und die ungeschickten Bedienten. Die Gesandten finden sich beleidigt, sie sagen, sie hätten ihm ja gesagt, daß er noch unter dem Schicksale stehe. Hanswurst erzählt, es habe ihm das Bein bald abgerissen. Die Gesandten behaupten, er habe aber demohngeachtet seinen freien Willen, er müsse nur immer das wollen, was er könne. Hanswurst wendet ein, das sei eine schlechte Kunst, es gehe ihm also, wie dem angebundenen Schweine, das auch die Erlaubniß habe, mit seinem freien Willen hinzugehn, wohin es wolle, wenn es nämlich nach dem Schlachthause grade hinlaufe; er behauptet, daß sie elende Gesandten der Menschheit wären, sie hätten seine Sache schlecht verfochten. Das Stück schloß nun mit einigen Versen.

Ein reicher Mitschüler hatte uns den Abend vor dem öffentlichen Examen zu sich eingeladen, der Wein hatte uns munter gemacht, und ich führte das beschriebene Stück auf, an dem einige ein großes Aergerniß nahmen. Ich war ganz begeistert, und wurde es beim Abendessen noch mehr; es fehlte wenig, so war ich ganz betrunken; einigen andern war es eben so ergangen, und wir machten uns nun taumelnd und singend auf den Weg nach Hause. Das possenhafte Marionettenspiel steckte noch allen im Kopfe, das Wort Schicksal und Menschheit schwebte uns immer auf der Zunge. Mit meinem Direkteur trennte ich mich endlich von den übrigen, und als wir Abschied nahmen, sagten wir, wir müßten nach Hause gehn, wenn uns das Schicksal dahin führen wollte.

Es kam aber anders; eine alte Frau begegnete uns mit einer Blendlaterne, wir waren böse darüber, weil wir selber ohne Laterne gingen; um uns also alle drei in einen gleichen Zustand zu setzen, zerschlugen wir die Laterne ohne weiteres Bedenken: eine Wache ging grade vorbei, und nahm uns nach einem kurzen Wortwechsel in ihre Mitte. Weil ich von je die unnützen Fragen geliebt habe, so erkundigte ich mich, wo man uns hinbringen wollte; der eine Soldat antwortete: es wäre unser Schicksal, daß wir in die Wache wandern müßten, weil wir Unfug angerichtet hätten; einen alten Mann hätte das Schicksal auch schon dorthin gebracht, weil er auf öffentlicher Straße Tobak geraucht habe, welches verboten sei; er wolle durchaus nicht bekennen, wer er sei. Ich mußte lachen.

Wir kamen in die Wache, die ein Unterofficier kommandirte, der beinah so that, als wenn er unser Schicksal beklagte. Wir sahn uns genauer um, und entdeckten zu unserm Erstaunen unsern Rektor, der trübselig in einer Ecke saß, und still vor sich von Menschheit und wunderlichen Schicksalen murmelte. Er mußte auch getrunken haben; denn er kannte uns beide nicht.

Als wir anfingen, etwas nüchterner zu werden, wollte uns der Spaß nicht mehr so recht gefallen; wir fragten zu wiederholtenmalen, ob wir denn dort bleiben müßten, morgen sei ein wichtiger Tag für uns, wir müßten fort. — Der Unteroffizier antwortete ganz kaltblütig, wenn uns das Schicksal nicht hinaus führte, so müßten wir hier bleiben. Ich kam auf eine Vermuthung. Ich drückte ihm zwei Thaler in die Hand, und wir konnten nun gehn, wohin wir wollten; der Rektor folgte unserm Beispiele, und so führte uns das Schicksal Alle ins Freie.

Die Luft machte mich und meinen Gefährten von neuem betrunken. Wir waren in einer unbekannten Straße, wir konnten uns durchaus nicht zurecht finden. Wenn uns das Schicksal nicht nach Hause bringt, sagte ich, so müssen wir die ganze Nacht herumlaufen, denn es geht Niemand mehr auf der Straße. Zum Glück fuhr ein lediger Miethswagen vorbei, für ein gutes Trinkgeld setzte er jeden vor seinem Hause ab.

Am andern Tage war das Examen. Eine glänzende Versammlung hörte zu, wie man uns unsre Kenntnisse abfrug; die Väter waren gerührt, manche schliefen; der Rektor wollte nun noch einige Bücher als Prämien austheilen, uns zur Universität Abgehende ermahnen, und mit einer kurzen rührenden Anrede entlassen. Das Gesumme von Menschen hatte mich schon etwas verwirrt gemacht; der Rektor fing seine Rede an, und sagte gerührt: wie das Schicksal die Menschheit an Fäden regiere; — aber plötzlich mußte ich und mein Freund so laut lachen, daß wir die Rührung der ganzen Versammlung unterbrachen; der Rektor schloß seine Rede schnell, gab nun keine Prämien und sagte, daß wir uns selbst dies Schicksal zugezogen hätten.

Sehn Sie, das sind die Ursachen, warum ich über das Schicksal im Gedicht und über die Abgesandten der Menschheit habe lachen müssen.

Es läßt sich fast denken, sagte Wandel, aber Sie werden mir doch auch zugeben, daß in Ihrem Marionettenspiele kein rechter Menschenverstand gewesen ist.

Von Herzen gern, sagte Birnheim, wenn's weiter nichts ist.

Ich werde nie mehr, sagte Wildberg empfindlich, die lächerliche Prätension machen, daß Sie von irgend einem Gedichte gerührt werden sollen.

Hüftner saß noch immer in der Ecke und weinte, er hatte nach Birnheims frivoler Erzählung gar nicht hingehört; Wildberg näherte sich ihm jetzt mit einem zufriednen Gesichte und sagte: Sie scheinen, lieber Freund, den Sinn meines Gedichts gefaßt zu haben, es hat Sie fast zu sehr angegriffen.

Nehmen Sie's nicht übel, sagte Hüftner, daß ich meinen Empfindungen so freien Lauf lasse. —

I, es ist ja außerordentlich schmeichelhaft für mich. — Aber sagen Sie mir doch, durch welche Stelle Sie so ganz vorzüglich sind frappirt worden.

Durch die ersten beiden Verse —

Wie?

Ja, wollen Sie die Güte haben, den Anfang zu lesen, so will ich Ihnen auch sagen, wie es auf mich gewirkt hat.

Wildberg las:

Auf hoher Felsenkante
Der Menschheit Abgesandte
Stehn wir —

O! schon genug! rief Hüftner, das andre habe ich vor Schmerz gar nicht mehr gehört.

Wie, diese beiden unzusammenhängenden Verse haben Sie zum Weinen gebracht?

Nicht anders; aber hören Sie mir nun auch zu, damit Sie mich nicht für ganz wahnsinnig halten. — Sie wissen, daß ich vor einem halben Jahre unvermutheterweise zu einer reichen Erbschaft kam, und daß ich vorher in einer drückenden Dürftigkeit lebte. — Ich wurde, weil meine Aeltern früh gestorben waren, ohne Vermögen zu hinterlassen, von einem reichen aber äußerst wunderlichen Onkel erzogen. Der Mann vereinigte fast alle seltsamen Launen in sich, die uns sonst schon einzeln bei den Menschen auffallen. Er liebte mich außerordentlich, er fiel daher darauf, mich weder in eine Schule zu schicken, noch mir Hauslehrer zu halten, sondern er wollte mich selbst unterrichten. Er hatte mancherlei Kenntnisse, er war unermüdet, er lernte selbst mehreres wieder, was er schon längst vergessen hatte.

Vorzüglich eifrig war er, mir die französische Sprache beizubringen. Ich mußte täglich lesen und übersetzen: in einem dieser Exercitien kamen zufälligerweise die Wörter Envoyé und Ambassadeur vor; ich übersetzte beides durch Gesandte. Er las und schüttelte den Kopf, er tadelte mich, ich schlug ihm das Wörterbuch auf und behauptete, die deutsche Sprache mache darin keinen solchen Unterschied. Er wunderte sich, schimpfte auf die deutsche Sprache, und zog sich nachdenkend in sein Zimmer zurück. Nach einer halben Stunde ohngefähr kam er wieder zu mir und sagte freundlich, daß es allerdings doch einen Unterschied gebe, oder wenn er auch in der Sprache nicht gegründet sei, so wolle er ihn hiermit erfunden haben. Ich solle nämlich für Envoyé Gesandter und für Ambassadeur Abgesandter setzen. Ich that es, und er machte mir es nun zur unumstößlichen Regel, diesen Unterschied auf immer beizubehalten; ich vergaß es einigemal, und es wurde mir sehr hart verwiesen; noch mehr, als ich nachher das Wort Botschafter, was richtiger war, für Ambassadeur und Abgesandter einschwärzen wollte.

Der Unterschied dieser Worte war mir am Ende so gewöhnlich und trivial, daß ich mich eben deswegen in Acht nehmen mußte, sie nicht zu verwechseln, denn mein Onkel konnte darüber Wochen lang auf mich böse sein.

Ich war zwanzig Jahr alt geworden, mein Oheim war schwächlich, er hatte sein Testament gemacht und mir zu verstehn gegeben, daß ich sein Universalerbe sei. Die ganze Stadt wußte es ebenfalls, und ich stand daher bei allen Vätern und Müttern in einem großen Ansehn. Ich hatte mich verliebt, und zwar in die Tochter eines reichen Kaufmanns. Henriette liebte mich wieder, und die Mutter war mir sehr gewogen; ich war endlich dreist genug, mich zu erklären, und der Vater gab mir auch seine Einwilligung. Von meinem Glück berauscht, flog ich zu meinem Oheim, ich will ihm alles entdecken; aber da ich bemerkte, daß er verdrüßlich ist, verschwieg ich es es noch. Er frägt nach Neuigkeiten; zu meinem Unglück muß ein Ambassadeur denselben Tag angekommen sein, ich erzähle von ihm, denke dabei an Henrietten, und nenne ihn in dieser Zerstreuung Gesandten.

Der Zorn meines Oheims war unbeschreiblich; er sagte, er könne sich nicht auf einen Menschen verlassen, der ihm zu Liebe nicht einmal diese kleine Aufmerksamkeit habe; ich mußte mich von seinem Bette aus dem Zimmer entfernen. — Einige Tage darauf starb er; er hatte vorher ein andres Testament gemacht, worin er mich völlig enterbte.

Henriette weinte, ihr Vater that ganz fremd gegen mich; er verbot mir sein Haus. Ich kam hieher und lebte in der größten Dürftigkeit, bis ich vor sechs Monaten so glücklich war, ein ansehnliches Vermögen zu bekommen.

Seit vier Jahren habe ich nun nichts von Henrietten gehört; ich habe es nicht gewagt, mich nach ihr zu erkundigen, weil ich die Nachricht ihrer Verheirathung oder ihres Todes fürchtete; jetzt habe ich eine Reise nach meiner Geburtsstadt von einer Woche zur andern aufgeschoben. — Sie lasen daher kaum den Anfang Ihres Gedichts, so fiel mir all mein Unglück bei, und so träumte ich immer weiter, bis ich endlich in Thränen ausbreche.

Seltsam genug! sagte Wildberg, — aber sagen Sie mir nur zum Henker, was ein Dichter unter diesen Umständen mit seiner Sprache anfangen soll? — Man möchte es ja verschwören, Verse zu machen, wenn jeder Mensch etwas anders dabei denkt. Da hat es der Maler und Bildhauer denn doch bequemer.

Am Ende, sagte Birnheim, sieht auch jeder die Farben anders.

Ich habe also, seufzte Wildberg, das Gedicht nur allein für mich geschrieben.

Und sich obenein noch etwas dazu gezwungen; sagte Birnheim.

Der Zank der gelehrten Gesellschaft würde ohnfehlbar ausgebrochen sein, wenn sie nicht auf einen Wagen aufmerksam gemacht worden wären, der vor dem gegenüberstehenden Gasthofe hielt. Ein Bedienter sprang vom Bock und half zwei Frauenzimmern heraus.

Himmel! rief Hüftner, es ist Henriette und ihre Mutter.

Er bedachte sich einen Augenblick, dann eilte er hinüber. Die Damen hatten kaum ihr Zimmer eingenommen, als Hüftner schon vor ihnen stand.

Ich übergehe die zärtliche Scene; Henriette war ihm treu geblieben, der Vater war gestorben, Mutter und Tochter waren auf der Reise zu einem Verwandten, und äußerst erfreut, den alten Liebling ihres Hauses wieder zu finden.

Unsre Gesellschaft wird zerrissen, sagte Birnheim, als er es hörte; Hüftner reist fort und will wieder in seiner Geburtsstadt wohnen.

Giebt es denn eine Gesellschaft? rief Wildberg erhitzt, — haben wir denn eine Gesellschaft ausgemacht? Wir wollen ein neues Mitglied annehmen, das bei dem Worte Abgesandter nießen muß, so ist seine Stelle doppelt ersetzt.

Der Psycholog.

Erzählung.

1796.

Zwei Freunde reisten mit einander; der eine bloß um zu reisen, der andre um Bemerkungen, statistische und philosophische, besonders aber psychologische, einzusammeln. Er besuchte daher alle Irrenanstalten, Zuchthäuser und dergleichen Orte, die als eben so viele Satyren auf den Menschen aufgestellt sind. Jetzt war ihm das Fach der Stillmelankolischen besonders interessant geworden; er hatte einige so seltsame Exemplare angetroffen, daß er sie mit einem ganz besondern Eifer aufsuchte. Der simple Reisende mußte immer so viele seiner Bemerkungen anhören, daß er sich beinahe auch darüber in einen psychologischen Reisenden verwandelt hätte.

Sie kamen in eine Stadt, in der sie ein paar Tage zu bleiben beschlossen. Indeß der Reisende spazieren ging, suchte der Psycholog Bekanntschaften aufzutreiben. Er hatte einige Briefe abzugeben, und bei dieser Gelegenheit lernte er einen andern Psychologen kennen; denn sie sind jetzt nicht mehr so selten, wie ehedem. Sie kamen sogleich auf ihr Lieblingsgespräch, und Winkler versprach unserm Psychologen zu einer äußerst interessanten Bekanntschaft zu verhelfen. Es lebe nämlich ein Mann in der Stadt, der in einem gewissen Grade toll zu nennen sei, und doch übrigens dabei so vernünftig, wie alle andre Menschen.

Sie besuchten ihn noch an demselben Tage. Der Tolle saß und arbeitete; denn er war ein Geschäftsmann, und es hätte sich keiner dürfen merken lassen, daß man ihn für einen Tollen ansah. Er stand auf und bewillkommte die Eintretenden, und ließ sich den Psychologen vorstellen: denn Winkler war sein guter Freund und besuchte ihn häufig. Man setzte sich, und der Tolle sprach so gesetzt und vernünftig, daß der Psycholog beinah eingeschlafen wäre.

Winkler suchte wie ein geschickter Steuermann die Unterredung zu lenken, und es gelang ihm endlich, den Tollen auf den Punkt zu bringen, auf dem er wirklich toll erschien.

Ich will Ihnen die wunderbare Geschichte erzählen, sagte der Tolle, und stellte zwei Stühle vor sich hin; er maß es sehr genau ab, wie sie neben einander stehn mußten, und der Psycholog, der den Zusammenhang der Stühle mit der Erzählung nicht begreifen konnte, fing an, sich eine reiche Ernte von Beobachtungen zu versprechen.

Es war im Herbst, fing der Tolle an, jetzt mögen es ungefähr zehn Jahre sein, daß ich Briefe erhielt, daß einer meiner besten Freunde, der dreißig Meilen von hier wohnte, sehr gefährlich krank liege, daß man an seinem Aufkommen fast verzweifle. Ich war Tag und Nacht bekümmert, und fürchtete an jedem Posttage, die Nachricht seines Todes zu erhalten. Die Briefe blieben wieder aus, und wie es den Menschen oft geht, über dringende Geschäfte vergaß ich meinen Freund etwas mehr. An einem Morgen pochte es an meiner Thür; sie öffnete sich, und mein krank geglaubter Freund trat herein, frisch und gesund. Ich eile ihm in die Arme, ich weiß mich vor Freuden nicht zu lassen, und er thut kalt und befremdet; er giebt mir einen Brief und verläßt mich bald darauf, weil er weiter reisen müsse. Ich konnte ihn und mich nicht begreifen; als er fort ist, eröffne ich den Brief — und nun denken Sie sich mein Entsetzen! — er enthielt nichts anders, als die Nachricht, daß eben dieser Mensch endlich nach einer langwierigen Krankheit gestorben sei. Ich wußte mich durchaus nicht zu fassen, ich war betäubt, und alle meine Ideen verwirrten sich. Ein Schwindel nach dem andern zog durch meinen Kopf.

Mein Bedienter war ausgegangen und kam zurück; er hatte natürlicherweise Niemand gesehn, keiner im Hause hatte jemand bemerkt, der zu mir gekommen; der Briefträger wollte von keinem Briefe wissen, den er mir gebracht hätte, denn ich fiel darauf, daß alles übrige, außer dem Briefe, den ich immer in der Hand hielt, nur meine Imagination sein könne.

Sehn Sie, hier stand der Stuhl, auf dem ich gesessen habe, so neben mir saß mein Freund. Ich wußte recht gut, daß ich die Stühle in meiner Stube sonst nie so stelle, weil nichts das Gemüth so verwirrt, als ein unordentliches Zimmer; am Morgen war zwar der Barbier da gewesen, der den Stuhl auch so neben mich gestellt hatte, aber er hatte ihn wieder auf die Seite gesetzt, wie er gewöhnlich zu thun pflegt.

Konnte er es an diesem Tage nicht vergessen haben? fiel der Psychologe ein.

Ich glaubte es auch, antwortete der Tolle; allein wie kam der Brief in meine Hand? Ich will Ihnen alles zu=

geben und diese Frage bleibt immer noch unbeantwortet. Sie glauben nicht, wie ich alles mögliche aufgeboten habe, um mich zu beruhigen; aber es war umsonst, so, daß ich gezwungen bin, zu glauben, ich habe damals ein Gespenst gesehn.

Ich würde noch immer zweifeln, sagte der Psycholog.

Das thue ich auch, antwortete der Tolle, und das ist eben das Quälendste bei der Sache, so oft ich daran zurückdenke, denn wäre ich vollkommen überzeugt, so wäre ich ruhig; allein dies ewige Schwanken hin und her, dieses unaufhörliche Zweifeln versetzt mich zuweilen in einen Zustand, der der Verrücktheit nicht unähnlich ist.

Man trennte sich, und der Psycholog ging nach Hause. Wie bescheiden dieser Mann von sich denkt, sagte er zu sich selber; es ist überhaupt merkwürdig, wie die beiden äußern Enden der Tollheit der gesunden Vernunft so ganz ähnlich sehn, und wie die Tollheit nur in der Mitte eigentlich Tollheit zu nennen ist, und doch kann man auf den Linien die Punkte nicht auffinden, wo man sagen könnte: hier hebt der Wahnsinn an.

Sein Kopf war ganz verwirrt, denn ein Verrückter, der über seinen Zustand so billig gedacht hätte, war ihm noch nicht vorgekommen. Er hätte ihn so gern für vernünftig gehalten, aber die Geschichte mit dem Gespenste, und daß er zu seiner Erzählung immer die beiden Stühle nöthig hatte, machte es ihm unmöglich.

Als der Psycholog im Wirthshause ankam, erzählte er den ganzen Vorfall dem Reisenden, der darüber etwas nachdenklich wurde. — Und was sagen Sie dazu? schloß der Psycholog; es ist doch nicht anders möglich, als daß alles doch nur Imagination gewesen sei.

Er kann den Menschen aber vielleicht wirklich gesehn haben, antwortete der Reisende.

Wie? rief der Psycholog, und sah seinen Gefährten an, den er nach dieser Aeußerung selber für einen würdigen Gegenstand der Beobachtung halten mußte.

Lassen Sie mich eine kleine Geschichte erzählen, sagte der Reisende. Es sind zehn Jahre, als ich durch diese Stadt reiste, auf der letzten Station erhielt ich von einem Unbekannten einen Brief, den ich hier abgeben sollte; er hatte selbst gedacht, hieher zu reisen, aber ein Zufall nöthigte ihn, seinen Weg zu verändern. Ich frage den Mann aus, an den der Brief adressirt ist, denn ich hatte Eil, weil ich gleich weiter mußte; ich öffne die Thür und ich sehe einen ganz fremden Menschen; aber er eilt sogleich auf mich zu und umarmt mich herzlich, er freut sich unendlich und wir setzen uns. Ich war in der peinlichsten Lage, weil ich glauben mußte, mich bei einem tollen Menschen zu befinden; ich eile fort; er will mich nicht fortlassen, und ich bin froh, als ich das Haus erst wieder hinter mir sehe.

Wenn Sie dem Gestorbenen ähnlich sehn, rief der Psycholog, so ist Niemand anders, als Sie das Gespenst!

Allerdings, sagte jener.

Eine Auflösung, die die Psychologie niemals zu Stande bringen könnte, merkte der Psycholog an.

Beide Reisenden gingen zu Herrn Winkler, man besuchte den Tollen noch einmal; alles klärte sich so auf, wie es der Reisende vermuthet hatte. Der Tolle gestand, daß der Reisende seinem gestorbnen Freunde noch jetzt sehr ähnlich sehe. —

Der Psycholog setzte sich nieder, diese Geschichte aufzuzeichnen, verlor das Blatt auf einer Station, und so fiel es in meine Hände.

Der Roman in Briefen.

Erzählung.

1797.

Es ist um die Schilderung der Menschen eine mißliche Sache! rief Günther aus, als seine Freunde wieder darüber sprachen, wie schon oft geschehen war.

Und ich, sagte Madam Lindner, wünschte, daß sich jeder Mensch selber beschriebe, wie es Rousseau gethan hat.

Ganz recht, fiel ihr Verehrer Müller bei, der alles gut finden mußte, was sie sagte. Wenn das viele Menschen thäten, so würden wir bald erfahren, wie es mit der sogenannten Seele beschaffen sei.

Es ist um diese Selbstschilderungen auch eine mißliche Sache, fiel Günther von neuem ein. —

Sie thun aber heute auch nichts, als diesen einzigen Satz wiederholen, sagte Madam Lindner.

Weil er mir heut gerade einleuchtender ist, als sonst.

Was ist dann aber nicht schwierig? fragte Mademoiselle Büttner bescheiden, die bis jetzt noch nicht mitgesprochen hatte.

Ach! allerdings! fuhr Günther fort; und so oft mir das von neuem einfällt, bewundre ich die Keckheit der schlechten und die Größe der guten Schriftsteller, — und doch muß ich gestehn, kenne ich keinen, von dem ich mich möchte schildern lassen.

Warum nicht? sagte Madam Lindner; denn sie fand sich oft zu ihrem Erstaunen in den edlen Menschen wieder.

Weil ich, antwortete Günther, mich schwerlich wieder kennen möchte, wenn ich getroffen wäre, und vielleicht am besten getroffen zu sein glaubte, wenn das Bild gerade recht unähnlich wäre.

Sie lieben die Spitzfindigkeiten ungemein, fuhr Müller dazwischen.

Daß ich nicht wüßte, redete Günther weiter, — nur, — wem ist es denn gegeben, sich selber zu kennen?

Das ist der alte Satz, sagte Madam Lindner, den schon die Griechen auf ihrem Tempel abgenutzt haben; aber warum sollten wir denn nicht dahin kommen, wenn wir nur recht ernsthaft wollen?

Günther. Wenn wir recht ernsthaft wollen, gelingt es uns vielleicht am wenigsten.

Mad. Lindner. O, Sie sind mit Ihren Paradoxen unausstehlich.

Günther. Ich glaube, daß wir uns dann am leichtesten mißverstehn, wenn wir am meisten darauf aus sind, uns zu beobachten.

Müller. Wie wollen Sie das beweisen?

Günther. Ich mag nichts in der Welt beweisen.

Müller. Warum sprechen Sie denn aber so?

Günther. Weil — mein Gott! auf dergleichen Fragen giebt's gar keine Antworten.

Alle lachten, und Müller war fest überzeugt, daß man die Kunst bewundre, mit der er Günthern aufs Eis geführt habe. Mamsell Büttner lachte, weil ihr Günthers Antwort gefiel, und Madam Lindner, — weil sie grade um eine Antwort verlegen war.

Ein alter Mann, der im Winkel saß, lachte nicht, weil er niemals lachte. Er hatte den Grundsatz, daß es nur der Jugend zukomme; er nahm es daher auch der Madam Lindner etwas übel, weil sie schon über dreißig war.

Es giebt keine angenehmere und leichtere Konversation, als wenn viel hintereinander gelacht wird, besonders wenn ein Unbefangner keinen hinreichenden Grund dazu sieht. Manche Leute lachen nie anders, und man nennt sie im Leben die fröhlichen Gemüther. Der alte Birnheim brummte und nahm zwei Prisen schnell hinter einander, um nur aus einer gewissen Verlegenheit zu kommen; denn wenn er nicht mitlachte, hatte er jetzt gar nichts zu thun. Er wünschte aber innerlich das Gespräch wieder hergestellt, damit er alsdann thun könne, als wenn er zuhöre.

Der Ort, wo sich alles dies zutrug, war im Hause der verwittweten Madam Lindner. Die dort versammelten Menschen hatten sich nach und nach zusammengefunden und sahn sich nun fast täglich. Louise Büttner war mit der Wirthin verwandt.

Wenn man viel gelacht hat, findet man selten die oft nachfolgenden Sentenzen, als: „Ja, so geht's in der Welt! oder: ob der Frost nicht bald aufhören wird," interessant; und doch waren es grade diese allgemeinen Bemerkungen, mit denen der alte Mann das Gelächter beschloß. Er klopfte mit seiner Dose auf den Tisch und machte ein sehr nachdenkliches Gesicht, gleichsam als wenn ihm diese Aeußerungen eine große Anstrengung gekostet hätten.

Die meisten Menschen machen ein einfältig Gesicht, wenn sie heftig gelacht haben; denn sie sind verlegen, und die Ernsthaftigkeit kömmt ihnen nicht so recht ernsthaft vor, — und der Alte betheuerte nun in seinen Gedanken: die Narren schämten sich selber des Lachens.

Sie würden also auch behaupten, fing Müller an, daß wenn sich mehrere Personen zusammenthäten, um sich selber in Briefen, oder sonst abzuschildern, daß sie sich vielleicht falsch zeichnen würden?

Ganz gewiß, sagte Günther.

Da bin ich nun gar nicht Ihrer Meinung, antwortete Madam Lindner.

Man sollt' es versuchen, um Sie vom Gegentheil zu überführen, fuhr Müller fort.

Madam Lindner erhob sich; eigentlich hatte Müller den Auftrag von ihr, das Gespräch so zu lenken; denn sie hatte schon seit lange einen Spaß im Kopfe, der ihr so lieb geworden war, daß er am Ende kein Spaß mehr blieb, — nämlich nichts anders, als bei Gelegenheit ein ordentliches Buch zu schreiben. Sie war aber darauf gekommen, Mitarbeiter zu erwählen, damit es um so schneller fertig würde, und sie auch nicht alle Verantwortung allein zu tragen hätte.

Madam Lindner fuhr daher fort: Ja, man sollte Sie vom Gegentheil überzeugen.

Günther. Wie wäre das möglich?

Mad. Lindner. Wir sollten zusammen ein Buch schreiben, in dem jeder seinen Charakter durchführte.

Günther. Ja, wenn —

Müller. Ja, ja, Herr Günther, wir müssen's versuchen, Sie müssen uns Ihre Hülfe nicht abschlagen.

Mad. Lindner. Ich bitte Sie recht sehr, Herr Günther.

Günther. Ich will nicht das Vergnügen der Gesellschaft stören. —

Mad. Lindner. Wir haben es uns schon seit lange vorgesetzt, und ich habe Sie schon seit acht Tagen bitten wollen, uns einen Generalplan zu machen, in dem unsre Charaktere eingeschoben würden. Sie erfinden eine Geschichte, und wir alle zusammen schreiben dann die Briefe; es muß ja in der Welt nichts leichter sein.

Günther. Wie man es nimmt. — Eine Geschichte, in die Sie passen, — und Ihre Gesinnungen, die in eine Geschichte passen, — doch, ich will es versuchen.

Mad. Lindner. Sie müssen sich aber auch eine Rolle zutheilen.

Günther. Was für eine?

Mad. Lindner. Natürlich einen Paradoxen, einen, der den Leuten widerspricht, der seltsame Sachen sagt.

Günther. Und Mademoiselle müssen die Geliebte sein. —

Mad. Lindner. Doch nicht von Ihnen? Das wäre vortrefflich, damit die Briefe nachher auf keinen Fall umsonst geschrieben wären.

Louise. Ich muß überhaupt die Rolle einer Verliebten verbitten; denn ich fühle dazu gar kein Talent in mir.

Günther. Ein Roman ohne Liebe! — Herr Müller müßte also einen Auffahrenden, Eifersüchtigen, Jachzornigen schildern.

Müller. Ich? — Dazu getraue ich mir keine Fertigkeit zu.

Günther. Was wollen Sie denn aber sein?

Müller. Ein treuer Freund, — so ein heimlicher, blöder Liebhaber, — einer, der so mit Anspielungen — und Unglück —

Günther. Ich verstehe Sie schon. — Und Sie, Madame?

Mad. Lindner. Nun, eine ordinäre gute Frau, die über manches in der Welt schon gedacht hat, — die, — nun, Sie können's ja so einrichten, daß sich um mich eigentlich die ganze Geschichte dreht.

Günther. Aber wo bleiben denn nun die Nebenbuhler? die unvollkommnen Charaktere? die gut angebrachten Kontraste?

Müller. Darauf muß man in diesem Buche gar nicht ausgehn.

Günther. Sie, Herr Birnheim, müssen denn auch eine Rolle mitspielen; ein Philosoph, der sich aus der Welt zurückgezogen hat, ein Spekulant —

Birnheim. Verschonen Sie mir, mein Herr, ich mag in keinem Buche figuriren, darzu bin ich, Gott sei Dank! zu alt geworden.

Mad. Lindner. Aber unsern ehemaligen Freund, den Rechthaber Wille, können Sie noch anbringen, der wird sehr gut dazu dienen, manchmal in der Empfindung eine Diversion zu machen.

Günther. Wie gesagt, ich will es versuchen, einen Plan dazu zu entwerfen.

Müller. Ich schreibe am Ende noch den Wille, denn ich habe die Ehre, ihn besonders genau zu kennen.

Man setzte sich nun zu Tische, und der Gedanke beschäftigte noch lange die Gesellschaft. Man trennte sich, man ging schlafen, man stand wieder auf, und Louise Büttner erhielt am folgenden Tage folgenden Brief von Günther.

Werthgeschätzte Freundin!

Ein unangenehmer Zufall hindert mich auszugehn und Sie heute Abend zu sehn. Ich habe mir den Fuß verwundet, als ich Sie gestern verließ, und es ist zwar nicht im mindesten gefährlich, könnte es aber, nach der Aussage des Wundarztes, werden. Die ganze Nacht hindurch habe ich an den Plan unsers Romans gedacht, und ich muß Ihnen gestehn, daß ich noch eine Menge von Schwierigkeiten angetroffen habe, auf die ich noch nicht gefallen war. Wird nämlich dieser Roman am Ende auch wirklich eine ordentliche Einheit bilden? Werd' ich einen Plan ersinnen können, der allen mitschreibenden Personen recht ist, so daß nicht einer und der andre glaubt, er kömmt in den Hintergrund zu stehn? Wird sich endlich nicht jeder bemühn, aus seiner Rolle die Hauptrolle zu machen? Jeder überlegt nur seinen Theil, ich muß das Ganze im Namen Aller überdenken, und ich bin Allen für das gütige Zutrauen verbunden; nur fürcht' ich, daß es Alle so einrichten werden, daß man nachher von meinem Ueberdenken nicht mehr viel gewahr wird. — Und dann mein alter Einwurf: ob sich nicht mancher in der Rolle, die er sich zugetheilt hat, geirrt haben kann. — Doch, ich will mich wie ein ächter Romanschreiber über alle diese Bedenklichkeiten hinwegsetzen und nur Ihre Befehle auszuführen suchen, wenn ich auch im Versuche erliege, habe ich doch wenigstens mein Mögliches gethan. Nur mit Schrecken denk' ich immer wieder von neuem daran, daß Sie mir, theure Freundin, so strenge verboten haben, Ihrem Charakter etwas von Liebe beizumischen; denn sonst sollten alle Ihre Briefe nur aus Liebe bestehn, wenn ich irgend etwas zu befehlen hätte. Wo soll das Interesse für das Buch herkommen? Für mich wird es wenigstens nicht das geringste haben; doch ich hoffe, Sie lassen sich noch erbitten. Ich bin u. s. w.

Antwort.

Ihr Unfall dauert mich und uns alle. Unser Buch muß gewiß gut werden, da Sie es so von allen Seiten überlegen. Ich bin nur auf die paradoxe Rolle begierig, die Sie sich geben werden. Mich lassen Sie ja nur Nebenperson bleiben, und Sie dürfen sich nur als einen Mann vorstellen, der alle Liebe verachtet, und ein andres sehr schätzbares Frauenzimmer von seinen Grundsätzen überzeugen will: so erreichen wir dadurch bequem einen doppelten Endzweck; erstlich, daß Sie paradox sind, und daß in dem ganzen Buche nicht viel von Liebe die Rede zu sein braucht, den blödsinnigen, oder vielmehr wie ich sagen wollte, blöden Liebhaber abgerechnet. Doch, ich überlege eben, daß ich Ihnen ins Amt greife, welches sich für mich durchaus nicht schickt, und in der vorgeschlagnen Rolle würden Sie am Ende in unserm Zeitalter auch nicht sehr paradox erscheinen. —

Ich muß gestehn, ich wünsche es nur erst alles geschrieben; denn ich schäme mich, meinen Beitrag dazu zu liefern. — Bessern Sie sich bald, und noch eins, lassen Sie doch ja die Mißverständnisse der Eifersucht und dergleichen aus. Auch möchte ich noch manches gegen die zu große Zartheit erinnern; doch das kömmt am Ende auf die Uebrigen an. Wie gesagt, geben Sie mir nur einen ganz einfältigen Charakter, und ich bin u. s. w.

Günther an Herrn Wille.

Sie werden vielleicht gehört haben, lieber Freund, daß ich unpaß bin und das Zimmer hüten muß. Ich hoffe, Sie bedauren mich, aber ich wollte Sie zugleich bitten, mich auch bei Gelegenheit zu besuchen. Wir haben uns überdies seit lange nicht gesehn; an wem die Schuld liegt, kann ich nicht entscheiden. Ich möchte Sie in einigen Punkten um Rath befragen, den Niemand mir besser, als Sie, ertheilen kann. — Leben Sie wohl!

Antwort.

Ich würde sogleich Ihrer angenehmen Einladung nachkommen, wenn ich nicht durch einen Zufall heut bei Herrn Müller engagirt wäre, dem ich schon zugesagt habe. Aber nächstens habe ich ohnfehlbar das Vergnügen, Sie zu sehn; denn Sie werden nicht von mir verlangen, daß ich mein Wort brechen soll; es wäre eine Beleidigung für Herrn Müller und eine Verletzung der Freundschaft, die ich mir nie kann zu Schulden kommen lassen. Denn man muß den einen Freund behalten und den andern nicht verlieren; das ist ein Grundsatz, den ich immer vor Augen zu haben pflege, und bei dessen Beobachtung ich mich auch immer wohl befunden habe. Gute Besserung wünscht Ihnen Ihr Freund u. s. w.

Günther an Louise Büttner.

Man kann nicht mehr thun, als ich schon unserm Roman zu Gefallen habe thun wollen. Ich hatte nämlich Wille zu mir eingeladen, um ihn ordentlich zu beobachten, aber unser Freund Müller war mir schon zuvorgekommen. Dies Exemplar von Menschen wird also jetzt sehr gelesen und studirt. Ich glaube, mein Vorsatz war seltsam genug, um in unserm Romane paradiren zu können, und es ist wirklich Schade, daß ich ihn nicht dazu aufgespart habe. Ich muß Ihnen aber gestehn, daß mir die Rolle, die mir zugetheilt ist, sehr zur Last fällt, daß ich weit lieber den Charakter eines Liebhabers ausführte, keinen von jenen ungestümen, die die ganze Schöpfung immer mit einer Faust zusammendrücken wollen, die Gegenliebe ordentlich wie eine Abgabe fordern, und in keiner andern Sprache, als nur in fürchterlichen Eidschwüren reden. Wie gesagt, ich würde ein solches Wesen leiser darzustellen suchen, mich mehr zu errathen geben, als geradezu hinsagen: so bin ich! denn mir ist in Büchern nichts mehr zuwider, als wenn sich die Menschen so genau zu kennen glauben. Ich weiß nicht, ob Sie meiner Meinung sind: aber Sie lassen mich fürchten, daß Sie sich für einen armen Verliebten nicht im allergeringsten interessiren; auch hat Herr Müller schon den Charakter an sich gerissen, den ich darstellen möchte, und ich muß also mit dem meinigen zufrieden sein. Es ist überdies wohl möglich, daß er ihn besser durchführt als ich und — Sie sehn, daß selbst in unsrer kleinen Gesellschaft Rollenneid herrscht. Sie haben zwar alle Eifersucht in unserm Buche strenge verboten: allein ich muß gestehn, daß ich als Schriftsteller auf unsern Freund Müller etwas eifersüchtig bin; doch vergeben Sie mir, wenn ich Ihnen mit meinem Briefe zur Last falle.

Antwort.

Wie kann mir ein Brief von Ihnen zur Last fallen, da er mir wenigstens einigermaßen Ihre Gegenwart ersetzt? Ich muß gestehn, daß Wille ein glücklicher Mensch ist, daß er jetzt so gesucht wird. Er muß sich gewiß selber darüber wundern. Er wird noch bei unsrer ganzen Gesellschaft wie eine merkwürdige Mineralie herumgehn, und jeder wird an ihm studiren wollen. Am Ende führen wir alle stückweise seinen Charakter aus, und mit mehr Empressement, als unsern eignen; es wäre ein recht eigentlicher Schriftstellerfehler.

Es ist wirklich Schade, daß in jedem Buche ein Liebhaber sein muß, mit allen seinen weitläuftigen Empfindungen, die sich meistentheils von selbst verstehn; und noch mehr zu bedauern ist es, daß unter uns diese Rolle Herrn Müller zugefallen ist. Er ist mir immer nicht interessant gewesen, aber als Liebhaber muß er der uninteressanteste Mensch von der Welt sein. Es ist mir sehr lieb, daß ich seine empfindungsvollen Briefe nicht zu beantworten werde nöthig haben. Meine Tante Lindner wird diese Mühe gewiß über sich nehmen. Doch, wem sag' ich das? Sie sind ja der Schöpfer und Gebieter, und es steht daher bloß in Ihrer Willkühr. Ich bin überaus neugierig, wie sich alle diese Helden selber zeichnen werden. An Empfindung und Vernunft werden sie es gewiß nicht wollen mangeln lassen. — Leben Sie wohl!

Müller an Günther.

Ich war vorgestern mit Wille zusammen, und er hat mich so amusirt, daß ich sogleich in Versuchung gerathen bin, unsern Roman mit einem Briefe von ihm zu eröffnen. Ich habe ihn Wilibald genannt, und den Brief an Lindor gerichtet, der Niemand anders, als ich, sein soll. Ich habe sein ganzes Wesen darin zu treffen gesucht. Ich sollte meinen, daß dieser Brief kein unglücklicher Prolog zum ganzen Buche sei. Sie werden es schon so einzurichten wissen, daß er in die Geschichte paßt.

Wilibald an Lindor.

Man kann nicht immer so denken, wie man gern denken möchte. Die Gelegenheit formt uns bald so, bald anders. Nur derjenige ist das ächte Bild des Mannes, der die Gelegenheit entweder gar nicht anerkennt, oder ihr immer zur rechten Zeit aus dem Wege zu gehn versteht. Ich habe mir jetzt, theurer Freund, einen Lebensplan entworfen, den ich immer zu befolgen denke: es ist nichts leichter, als zu leben, wenn man nur erst weiß, was man vom Leben zu fordern hat. Ihre Freundschaft wird mich warnen und unterstützen, wenn ich irgend einmal im Begriff sein sollte, zu fehlen. Jeder Freund müßte eigentlich immer nur ein

Aufseher des andern sein, so würden wir uns alle besser befinden; aber man geht nur miteinander um, kaum, daß sich einer die Mühe giebt, den andern zu kennen, viel weniger ihn zu bessern. Ich mag aber gern von meinen Freunden wissen, woran ich mit ihnen bin; und darum bitte ich Sie, diesen Brief so weitläuftig zu beantworten, als es Ihre Zeit nur immer erlaubt. — — —

Nun soll *Lindor* antworten, und den Versuch machen, ihn zu widerlegen. Im Gange des Romans kann es nachher vorkommen, daß *Lindor* wirklich Gelegenheit findet, seinen Freund zu warnen, aber dieser will nun nichts hören, und wundert sich sogar, wie *Lindor* sich so viel herausnehmen könne; so entsteht dadurch ein sehr schöner Kontrast, und es läßt sich überhaupt viel Lebensweisheit und viel über die Menschen und dergleichen anbringen. *Lindor*, der nachgebend und weiser ist, hilft nachher seinem Freunde, doch wider dessen Willen; und auf die Art muß die Rührung leicht zu bewerkstelligen sein.

Aber jetzt muß ich noch von andern Dingen zu Ihnen sprechen. Es thut mir leid, daß ich Sie nicht besuchen kann, in mündlichem Gespräche wird man viel vertrauter. Sie haben es vielleicht schon bemerkt, daß Madam *Lindner* einen besondern Eindruck auf mein Herz gemacht hat; ich weiß nicht, ob sie mich wieder liebt. Schon lange habe ich einen Vertrauten nöthig gehabt, und ich halte Sie so sehr für meinen Freund, daß ich Ihnen meine Leidenschaft unverhohlen gestehen will. Bringen Sie doch diese Situation in unserm

Buche an, damit sie etwas aufmerksam auf mich wird, und ich recht aus dem Herzen schreiben kann. Ich fürchte überdies, der alte Birnheim hat den Plan gemacht, sie zu heirathen; denn er ist alle Tage dort. Der Alte hat Vermögen. Ich weiß nicht, in manchen Augenblicken könnte ich ihn auf den Tod hassen; und obgleich Madam Lindner selbst ein ansehnliches Vermögen besitzt, so könnte sie doch vielleicht darauf kommen, ihm ihre Hand zu geben. — Wie, wenn wir beide den Versuch machten, es auf jeden Fall zu hintertreiben? Sie könnten, zum Beispiel, eine Episode einflechten, die das Unschickliche einer solchen Heirath recht klar ins Licht setzte. Ich muß mich immer hüten, mir meine innere Erhitzung nicht merken zu lassen, denn sie ist eine scharfsichtige Frau. — Leben Sie wohl, bis wir uns wieder sehn.

Birnheim an Günther.

Ich würde mich, werthgeschätzter Herr, nicht die Freiheit nehmen, an Ihnen zu schreiben, wenn es nicht die dringendste Noth erforderte und so gleichsam nothwendig machte. Sie werden eingesehn haben, daß ich schon etwas alt und bei Jahren sein thue, und derohalben an manchem keinen Geschmack zu finden durchaus nicht im Stande bin. Die Jugend hat ihre Zeit, das Alter hat ihre Zeit. Wenn ich so mit Sie aus vollem Herzen spreche, so können Sie es mich unmöglich übelnehmen, ein Vertrauen ist das andre werth. Ich wollte nur von wegen das Buch mit Ihnen sprechen, das Sie da alle miteinander raussergeben, oder heraus verlegen wollen. Ich habe mich das Ding in meinem Kopfe überlegt, wie es denn sein muß und auch nicht anders geht, daß das konfuse Wirthschaft, oder, Sie verstehn mir und nehmen mich so was nicht übel, dummes Zeug werden wird. Denn was kann dabei herauskommen? Antwort, Nichts. Nicht, daß ich nicht ein Buch oder so einen Gelehrten gerne leiden möchte, oder ihn verachten thäte, wie Sie vielleicht auf sochen Gedanken kommen könnten, nein e con trari, allen Respekt davor, aber, mein' ich nur immer, wo er sich hingehört, denn daß ein Frauenzimmer will Bücher schreiben, ist ein ganz verkehrter Casus und dient durchaus zu nichts in der Hauswirthschaft; eine Suppe ist kein Buch und ein Buch ist kein Braten. Das ist so meine einfältige Meinung darüber. Wenn ich meine Tobaksdose zum Strickbeutel machen wollte, so wäre das dumm, wie die Leute ganz gewiß sagen würden, und sie hätten wahrhaftig in ihrer Art Recht, wenn ich ganz meine aufrichtige Meinung sagen soll. Und wenn ich nun vollends Madam Lindner noch heirathen sollte, wie es der Himmel vielleicht giebt, so kann ich es durchaus nicht zugeben, daß sie Bücher schreiben thut, denn sie wäre ja kapable, mich einmal in ein Buch anzubringen. Das sind so Romanstreiche, und es ist überhaupt pover oder miserable, solche Bücher zu schreiben, wenigstens, nach meiner Meinung, das müssen nur Leute thun, die sonst kein Geld haben, so denk' ich davon. Halten Sie daher ja die Madam davon ab; ich würde sie zeitlebens nicht heirathen, wenn es so weit kommen sollte, und dann hat sie's nachher Niemand anders als sich selber zuzuschreiben. So denk' ich über das Bücherschreiben, und wer anders denkt, denkt nicht so wie ich, und das ist Unrecht. In meiner Jugend schrieb ich auch Bücher, aber das waren Sprüche, die ich auswendig lernte, und merkwürdige Exempel; ich ließ sie mich auch ordentlich einbinden; aber Madam Lindner ist auch schon über die Jugend hinüber, und darum soll sie's lassen. Bessern Sie sich mit Ihrem Beine und bleiben Sie gesund.

Günther an Birnheim.

Ich habe Dero freundschaftliche Zeilen mit vielem Vergnügen erhalten. Ich sehe daraus, daß Sie ohngefähr so denken, wie ich, und daß man mir also sehr mit Unrecht den Namen eines paradoxen Menschen beilegt. Sie werden es auch gehört haben, daß man mir neulich diesen Ekelnamen gab, bloß weil ich das Gewöhnliche auf keine ungewöhnliche Art liebe, und das ist eben die Ursache, warum mir so manche ändre Menschen paradox erscheinen. Ich denke aber, Madam Lindner wird ganz von selbst dieses Gedankens überdrüßig werden, der überdies auf jeden Fall schwer auszuführen ist. Ihre Urtheile über den Werth des Bücherschreibens haben mich entzückt; man kann daraus sehn, wie die Leser von den Schriftstellern denken, und ob es nun wohl der Mühe werth ist, die Federn zu zerbeißen, sich schlaflose Nächte zu machen und das Papier unnöthigerweise zu vertheuern. Denn was kömmt am Ende dabei heraus? Antwort, Nichts. Und was ist Nichts? Ich glaube, das bedarf nicht einmal einer Antwort, ob man mir gleich sagt, daß es einige philosophische Abhandlungen darüber geben soll. Es wäre mir ungemein lieb, wenn ich die Ehre haben könnte, Sie näher kennen zu lernen. Wir treffen so selten auf Menschen, Herrn und Freunde, die mit uns sympathisiren, so daß wir deswegen diejenigen, die es thun, desto mehr in Ehren halten müssen. Ich habe die Ehre, mich zu nennen u. s. w.

Günther an Louise Büttner.

Sie sagen in Ihrem Briefe, daß sich die Empfindungen der Liebe von selbst verstehn, und daß sie deswegen nicht brauchen geschildert zu werden; doch muß derjenige, der das sagen kann, schon mit ihnen bekannt sein, und wenn Sie mir das zugestehn, will ich Ihnen auch unbedingt Recht geben. Sie wollen nichts von Liebe und Eifersucht hören, und in jedem Briefe möcht' ich Ihnen ein Kapitel darüber niederschreiben. Sie werden vielleicht sagen, daß es mir wie den Schauspielern geht, die sich in ihrer Rolle zuweilen vergessen, und diese auf ihr wirkliches, gewöhnliches Leben übertragen, und hierin werde ich Ihnen nicht Recht geben, sondern Ihnen antworten, daß ich mich gar nicht für einen Schauspieler halte, sondern daß ich alles, was ich hier sage, für meinen Ernst ausgebe, wie es denn in der That auch ist. Wenn Sie mir nur glauben wollten! Könnt' ich es dahin bringen, so wollt' ich unser ganzes Buch aufgeben, und alle übrigen Bücher, und nur für die wirkliche Welt leben, wenn es anders eine wirkliche Welt giebt; denn das, was wir nach aller Ueberlegung so nennen, ist endlich doch nur wieder unsre Phantasie.

Aber wenn ich es nur mit meiner Phantasie dahin bringen könnte, mich glauben zu machen, daß Sie meinem Geschwätze eben so gern zuhören, als ich Ihnen etwas vorschwatze. Ich habe zu unserm Buche einen Brief aufgesetzt, in dem ein Liebender seine Liebe bekennt. Fast komme ich in die Versuchung, ihn Ihnen zur Beurtheilung vorzulegen.

Palämon an Daphne.

Glauben Sie doch ums Himmels willen nicht, daß mir ein albernes Buch so wichtig sein könnte, um Ihnen mit meinem Briefe zur Last zu fallen. Nein, ich bin es selbst, meine Theure, von dem die Rede ist. Soll ich noch hinzusetzen, daß ich Sie liebe? Ich glaube, es wird unnöthig sein. Wenn Sie mich nur sonst verstehn wollen, so müssen Sie mich schon längst verstanden haben. Ich kann nichts weiter hinzufügen. Beharren Sie darauf, die Liebe zu hassen, — doch, wie kann man die Liebe hassen? Wenn Sie es auch behaupten, so würde ich nur daraus folgern, daß Sie hassen

Ihren unglücklichen Günther.

Nun, was sagen Sie zu diesem Briefe? Werden Sie mir heute eben so gütig antworten, als auf meine vorigen Sendschreiben?

Müller hat unsern Roman schon angefangen, — ich sehe den Herrn Wille kommen — er will mich besuchen, — ich breche ab.

Louise an Günther.

Sie verlangen also im Ernst, im eigentlichen ernsthaften Ernst, daß wir beide einen Roman im Romane spielen sollen? Wenn ich argwöhnisch wäre, oder mir einige Menschenkenntniß zutraute, so könnte ich darauf kommen, daß Sie alles dieses blos einleiten, um Briefe von mir zu erhalten, die Sie im Romane brauchen könnten. Sie schließen so: wenn ich die Empfindungen der Liebe als bekannt annehme, so muß ich Sie kennen, — wenn ich sie kenne, so muß ich lieben, — wenn ich liebe, so kann es Niemand anders sein, als Sie, der von mir geliebt wird. Ob diese Form ganz logisch ist, lasse ich dahin gestellt sein, aber wie die Welt sich selten um die Gesetze der Logik bekümmert, so ist Ihr wunderlicher Schluß auch hier eingetroffen. Ich ziehe daraus einen andern Schluß, daß es tausend Sachen giebt, die ohne alle Logik richtiger sind, als die Logik selber. — Doch ich will Ihnen auf Ihre eigentliche Frage antworten.

Daphne an Palämon.

Liebe und Ehe, Herr Palämon, sind zwar so ernsthafte Dinge, daß ich hier Gelegenheit hätte, Ihnen recht viel darüber zu sagen und häufige Thränen zu vergießen; aber ich will es einmal leicht nehmen und Ihnen nur gestehn, daß ich Ihnen und Ihrem Briefe glaube. Wenn es daher nur von mir abhängt, so brauchen Sie sich nicht als unglücklich zu unterschreiben, überlassen wir das denen, die nichts von Liebe wissen. Ich bin und bleibe

Ihre Louise Büttner.

Wer uns beide nicht kennte, dürfte fast auf den Gedanken kommen, daß wir uns verspotteten. Aber lassen Sie uns auch einmal ernsthaft sprechen. — Doch, so eben werde ich von meinem Vater abgerufen. — Besuchen Sie uns bald. — Schade, daß ich Ihnen nicht noch meine ernsthaften Gedanken mittheilen kann.

Günther an Louise.

Warum soll die Liebe nicht auch fröhlich machen, so wie sie traurig macht? Man sagt ihr so viel Uebles nach, daß einige heitre Gesichter ordentlich nothwendig geworden sind, um ihre Ehre zu retten. O ich fühle mich so glücklich, daß ich allenthalben in der ganzen Welt nur Stoff zur Fröhlichkeit wahrnehme. Warum soll diese Empfindung gerade Leichtsinn genannt werden? Leichtsinn kann nur Mangel an Empfindung sein. Es giebt überhaupt eine Art des Frohsinns, die nur eine schönere Melankolie ist, und in diesem Zustande befinde ich mich jetzt. Ich denke, Sie und Ihren Herrn Vater heut Abend zu besuchen; machen Sie ihm meine Empfehlung.

Ich habe Wille einen Brief von Müller gezeigt, und ich hoffe, der ganze Roman soll dadurch zerstört werden.

Birnheim an Günther.

Nein, werthgeschätzter Herr und Freund, es ist alles vergebens, und so zu sagen umsonst, was Sie da in Ihrem vortrefflichen Briefe zu mich gesagt haben. Sie läßt nicht davon und läßt nicht davon. Das Bücherschreiben ist ihr so in den Kopf gefahren und in alle zehn Finger, daß sie es nicht lassen und beiben lassen kann, und wenn alle sieben Todsünden darauf gesetzt wären, und ich bin darüber noch dazu ganz desperat geworden. Denn ich habe Ihnen meine ausführliche Meinung in meinen vorigen wenigen Zeilen gesagt, und dabei bleibt's, und ich kann mir keinen Gedanken davon rauben lassen und es soll auch in Ewigkeit nicht geschehn. Was Sie von simdbathisiren sagen, ist erstaunlich wahr. Wer Ueberzeugungen hat, muß dabei bleiben, und das ist nun einmal meine Ueberzeugung. Es giebt Leute, die finden alles egal in der Welt, und leben derohalben wie die Narren, mit denen kann ich nicht sinbadsiren, wie gesagt. Narren sind keine Menschen, eben deswegen, weil sie Narren sind, und daß meine Frau dazu gehören sollte, kann ich nun und in Ewigkeit nicht zugeben, denn der Mann ist des Weibes Haupt, und da wär' ich denn der Hauptnarr, das geht nicht und geht nicht. Ich weiß nicht, ob Sie mir und meine Meinung verstanden haben, aber ich sollte meinen, daß ich's klar und deutlich genug einzurichten wüßte; denn ich bin gewöhnlich, wie die Leute sagen, kurz angebunden. Eben darum beschwör' ich Sie hoch und theuer, wenn es doch ja nun so sein muß, daß das Buch geschrieben werden soll, die ganze Erfindung so einzurichten, daß Madam Lindner einen ordentlichen Ekel davor bekömmt und zeitlebens nichts hinzuschreibt. Es ist schwer, das seh' ich selber recht gut ein, aber es muß doch sein. Sie müssen die Frauenzimmer alle dumme Frauenzimmer sein lassen. Sie müssen darauf bestehn, daß es Ihr Plan so mit sich bringt, — denn, ich frage, was will sie nachher machen? Antwort, Nichts; denn Sie haben ja alsdenn den Plan gemacht, und Sie dürfen nur sagen, sie verstände den Henker davon, was so ein Plan zu besagen hätte, oder mit sich brächte; solche Reden müssen Sie führen. Sobald Ihr Bein besser ist, können Sie mir ja auch näher kennen lernen; ich lasse mir gern näher kennen lernen; denn was kömmt dabei heraus, wenn man sich einander nicht kennen thut? Sie wissen meine Gesinnungen. Nehmen Sie bei dem Wetter Ihr Bein in Acht und ich verbleibe u. s. w.

Antwort.

Wer könnte Ihr edles Gemüth in Ihren Briefen verkennen? Ich eile, um Ihnen meine schuldige Antwort zu überschicken. Sie geruhen, unsern ganzen Roman mit einem verächtlichen Blicke zu übersehn, und ich gestehe, daß Sie ganz recht daran thun. Mit Ihrem gütigen Vorschlage, die Frauenzimmercharaktere schlecht einzurichten, dem Plan zu gefallen, sieht es ein wenig mißlich aus; denn wenn ich auch die Charaktere so anlege, so werden sie mir unter den Händen umgearbeitet, und eh' wir es uns versehn, stehn statt der lächerlichen Weiber die allerverehrungswürdigsten da. Und was ist denn zu machen? Bringen Sie lieber irgend einen Rezensenten für Geld und gute Worte dahin, das Buch, wenn es erschienen ist, ganz erbärmlich herunter zu machen; vielleicht bekömmt Ihre Geliebte dann eine Wasserscheu. Man muß nach meiner Meinung die Sucht zu schreiben ganz wie eine Krankheit behandeln und betrachten; da hilft keine Vernunft, sondern Medizin, und darum rathe ich Ihnen zu einer Rezension. Nächstens werde ich mir die Ehre ausbitten, mehr mit Ihnen sympathisiren zu können; sobald ich gesund bin, besuche ich Sie. Ich bin ꝛc.

Müller an Günther.

Treuloser Freund!

Hab' ich Sie darum zu meinem Vertrauten gemacht? Hab' ich mich darum vor der ganzen Welt verschlossen und Sie allein in mein bekümmertes Herz sehn lassen, damit Sie mich so verrathen sollten? Ich kann noch immer nicht begreifen, wie ein Mensch, den ich für meinen Freund hielt, sich zu einem solchen Verbrechen konnte verleiten lassen. Entdecken Sie doch dem elenden Wille lieber auch noch, daß ich die Lindner liebe, daß ich es Ihnen gestanden habe. Sie sind außerordentlich leichtsinnig, wenn Sie dergleichen Beleidigungen nur für Scherz oder spaßhafte Einfälle halten können; ich sehe sie weit wichtiger an. Sie haben dem Menschen die ganze Idee von dem Buche gesagt. Sie haben ihm gesagt, daß ich ihn studire und schon in einem Briefe kopirt habe. Ihre Freundschaft steht auf einem elenden Grunde, wenn Sie ihr nicht einmal Ihre Schwatzhaftigkeit aufopfern können. — Ich lege Ihnen den Brief von Wille bei, damit Sie selber sehn können, in welchem Grade Sie mich beleidigt haben.

Wille an Müller.

(Einlage des Vorigen.)

Also mußte ich nur darum neulich bei Ihnen Kaffee trinken, damit Sie mich auf Ihre Art beobachten möchten? Sie nehmen sich sehr viel heraus, und Sie irren sich auf eine lächerliche Weise, wenn Sie glauben, daß Sie mich in dem sogenannten Wilibald getroffen haben. Dergleichen Unsinn denk' ich nicht einmal, viel weniger daß ich ihn niederschreibe. Ich glaube, es giebt über diesen elenden Brief keinen so kompetenten Rezensenten, als mich selber. Ich finde überhaupt nichts lächerlicher, als die Altklugheit, mit der Sie sich und die übrigen Menschen betrachten. Man sollte doch ja erst einsehn lernen, wie weit unser eigner Verstand reicht, ehe wir den der übrigen Menschen ausmessen wollen. Ich glaube, daß ich gar nicht nöthig habe, meine übrige Vernunft zusammen zu nehmen, um jenen Wilibald zu widerlegen; er ist zu elend, als daß ich noch ein Wort darüber verlieren sollte.

Günther an Müller.

Warum, werthgeschäzter Freund, sollte ich unserm gemeinschaftlichen Freunde, Wille, nichts von unserm Roman sagen? Ich glaube, daß Sie und er die Sache viel zu ernsthaft betrachten; denn ich muß Ihnen gestehn, daß ich ihn an demselben Tage zu mir gebeten hatte, als er Sie besuchte, bloß um ihn zu beobachten; aber ich hätte es ihm dann frei herausgesagt und ihn freundschaftlich erinnert, er möchte nun doch so gut sein, seinen eigentlichen Charakter recht zu entwickeln. Sie aber haben ihn dadurch hintergangen, daß sie ihn heimlicherweise studirt haben, etwas, das ein Freund mit Recht übel nehmen kann. Sie werden sagen, ich sei paradox, aber desto besser, so bleibe ich in der Uebung, und führe im Roman meinen Charakter um so glücklicher durch.

Birnheim an Günther.

Ich bin Ihrem Rath befolgt und habe mich schon einen Rezens-Enten aufgetrieben, der seine Sachen gewiß sehr gut machen wird; denn er kann schon von Natur keinen Roman vor Augen sehn. Er hat mich zugeschworen, daß er die besten sogar aus dem Grunde seines Herzens verachte, und daß er Ihr Buch so pfeffern wolle, daß es kein honetter Mensch sollte lesen wollen: das hat er mich versprochen. Sie haben Recht mit umarbeiten. Kein Mensch will gern ein Narr sein und ich auch nicht, das kann ich Sie wohl gestehn, denn es ist wider meine Natur, und was wider unsre Natur ist, davor können wir nicht, wenn wir's bei Lichte besehn. Ich habe nie glauben können, daß solche Rezins-Enten, wie sie sich titulieren, in der Welt zu etwas Nutz sein könnten, aber jetzt seh' ich es doch recht gut ein. Man lernt alle Tage mehr, selbst noch im späten Alter, und so ist es mich jetzt mit den sogenannten Ritzzins-Enten gegangen. Sie sagen, es sei Krankheit von wegen mit dem Schreiben, das kann wohl möglich sein, es ist vielleicht manches Krankheit, dem wir es nicht ansehn thun; diese Krankheit ist aber eine povre Krankheit und sollte gar nicht unter honette Leute gelitten werden. Wer Geld hat nun vollends! und sie hat Geld genug und auch die Jahre, um gescheut zu sein. Das ärgert mir eben und verdrießt mich ordentlich etwas. Leben Sie wohl.

Günther an Birnheim.

Ich kann Ihnen nichts anders antworten, als daß ich Ihnen vollkommen Recht gebe; es ist immer nur eine halbe Antwort, das werden Sie selber einsehn, allein ich kann mir nicht helfen. Daß Sie einen Rezensenten erwischt haben, ist mir ungemein lieb, bitten Sie ihn doch, das Buch gleich jetzt zu beurtheilen, damit die Rezension nachher ja nicht zu spät komme. Ich will ihm selbst einige Data an die Hand geben, auf die er besonders losziehen muß. Daß Sie übrigens die Nutzbarkeit der Rezensenten bezweifelt haben, hat mich gewundert, sie sind wenigstens nützlicher, als die Schriftsteller, denn sie verbessern diese, und die Schriftsteller verbessern die Menschheit, und die Menschheit — doch, ich gerathe in zu erhabne Gedanken, ich breche daher lieber ab.

Müller an Wille.

Die Hitze, mit der Ihr Brief an mich abgefaßt ist, thut mir um Ihretwillen leid, denn sie macht Ihrem Verstande nicht viel Ehre. Doch, an Ihren Verstand haben Sie schwerlich gedacht, als Sie ihn niederschrieben. Aber Günther ist ein sehr schlechter Mensch, daß er so schwatzhaft ist, und doch hatte er Sie aus keiner andern Ursach gebeten, als ebenfalls um Sie zu beobachten. Er gesteht es mir ganz naiv in seinem Briefe; Sie können daraus sehn, was für einen Freund Sie an ihm besitzen. Es thut mir nur die Zeit leid, die ich Ihrentwegen mit diesem Billette verschwende.

Wille an Günther.

Ich muß jetzt leider die Erfahrung machen, daß ich mich in allen meinen Freunden geirrt habe, und das rührt bloß daher, weil ich ihnen zu leichtsinnig traute. Ich will mich aber künftig besser hüten. Ich lege Ihnen Müllers Billet bei, der mir schreibt, daß Sie mich auch zu nichts anderm haben brauchen wollen, als zu einem Exemplar in einem jämmerlichen Roman. Wenn Ihnen ein Roman lieber ist, als meine Freundschaft und Achtung, so haben Sie recht gehandelt, im entgegengesetzten Falle mögen Sie sich selber Ihr Urtheil sprechen. Ich mag nichts mehr hinzusetzen, als daß ich mich wundre, wie Sie so von der Madam Lindner abhängen können, die Ihnen bloß den Auftrag gegeben hat, mich zu kopiren, um mich dafür zu strafen, daß ich sie nicht geheirathet habe. Denn nur seit ich meine Frau habe, ist sie meine Feindin; vorher waren wir sehr gute Freunde, und sie hielt mich für einen überaus verständigen Menschen, wir beide moquirten uns wenigstens über alle übrigen. Wie gesagt, es wäre nur auf mich angekommen, sie zu heirathen. Müller ist der unverschämteste Mensch, und es wird sich wohl eine Gelegenheit finden, ihn zu strafen.

Günther an Wille.

Es thut mir leid, daß Sie die Sache so ansehn, ich glaube, es giebt eine angenehmere Ansicht. Ist es nicht ein Kompliment, das ich Ihnen mache, wenn ich darauf ausgehe, Sie wie ein gutes Buch zu studiren und in einem guten Buche wieder Ihr Profil aufzustellen? Ist es der Madam Lindner zu verdenken, daß Sie dies Profil in ihrem Romane gern besitzen möchte, da Sie Ihrer eigentlichen Person nicht hat können habhaft werden? Ich hoffe, es ist an Ihnen etwas zu studiren, denn sonst wären Sie nicht interessant, und wenn Sie nicht interessant wären, möchte der Henker Ihr Freund sein; folglich, wenn ich Ihr Freund bin, muß ich Sie studiren. Sie sehen selbst ein, daß da keine Rettung möglich ist. — Und warum wollen Sie auch von diesem allgemeinen Schicksale aller Menschen ausgenommen sein? Ich hoffe, ich habe mich hinlänglich entschuldigt, ich unterschreibe mich also wie sonst

Ihr Freund Günther.

Louise an Günther.

Man kommt Ihnen beinahe auf die Spur; gestern Abend war Müller hier und behauptete keck, Sie hätten uns nur alle zum Narren; und es wäre Ihnen gar kein Ernst, das versprochene Buch zu schreiben. Ich begreife nicht, wie der blödsinnige Liebhaber grade darauf gekommen ist.

Madam Lindner an Günther.

Sind sie noch nicht bald hergestellt? Wir alle sind eben so ungeduldig, als wir Sie bedauren, da wir Ihren Umgang so lange entbehren müssen. Sie scheinen unsern Roman ganz zu vergessen. Sie sollten doch gegen meinen Lieblingswunsch etwas nachsichtiger sein, es kann ja gegen unsre Vermuthung kommen, daß das Werk weit interessanter wird, als wir Anfangs erwartet hatten, wenn jeder sich selber nur eben so richtig als zart darstellt, es wäre dann gleichsam ein Register von uns selber, aus dem neue Freunde schnell ersehen könnten, was sie von uns zu erwarten haben.

Antwort.

Allerdings! — allein mein Bein, — ich mag keine andere Entschuldigung für mein Verzögern anführen. So wie ich über den Plan nachdenken will, kömmt mir das Bein dazwischen, so wie ich einen Gedanken erhascht habe, thut mir das Bein weh. Ich wünschte, ich wäre so parador, von einem schlimmen Beine keine Schmerzen zu empfinden, so könnt' ich ein desto größerer Poet sein. Aber es ist nicht anders, es ist ein ganz gewöhnliches Bein, meine Schmerzen sind ganz gewöhnlich, obgleich ziemlich stark, und darum lassen Sie auch diese höchst gewöhnliche Entschuldigung nur gültig sein.

Louise an Günther.

Bei meiner Tante ist große Verwirrung, Wille, mein ehemaliger Liebhaber, hat ein Billet geschickt, wodurch sie auf Müller aufgebracht wurde, Müller hat alle Schuld auf Sie geschoben, ich lege Ihnen beide Billets bei.

Wille an Madam Lindner.

(Einlage des Vorigen.)

Sie irren sich sehr, Madam, wenn Sie glauben, daß Ihnen alle Menschen so unbedingt zu Gebote stehn. Ich schicke Ihnen hier einen Brief von Herrn Müller, der acht Tage alt ist, damit Sie sehn, was Sie eigentlich von ihm zu halten haben.

Müller an Wille.

(Einlage des Vorigen.)

Gegen Sie, lieber Freund, ist mein Herz immer ganz offen, und ich kenne keinen Gedanken, den ich Ihnen verheimlichen möchte. Ich glaube, daß Sie eben so gegen mich gesinnt sind. Ich habe jetzt seit einiger Zeit eine interessante Bekanntschaft gemacht, eine Wittwe, Madam Lindner, sie ist, wie die meisten Frauenzimmer über dreißig, sehr koquet, sie hört sich gern loben und ich lasse es daran nicht fehlen. Was soll man sonst in unsern gewöhnlichen, langweiligen Gesellschaften thun? Ich habe meine Caroline fast ganz vergessen, denn das Vermögen der Wittwe ist weit ansehnlicher. Sie wissen, wie ich über den Punkt des Geldes denke. Ich glaube, ich darf mich nur erklären, um die Heirath richtig zu machen, denn sie ist unbeschreiblich freundlich gegen mich, wenn wir allein sind. Ein alter Mann bewirbt sich auch um ihre Hand, und den auszustechen, ist nicht einmal ein Verdienst. — Leben Sie wohl.

Madam Lindner an Günther.

Ich sollte einen solchen Unverschämten wie Sie sind keiner Zeile würdigen, ich setze mich auch nur nieder, um Ihnen zu sagen, wie sehr ich Sie verachte. Ich schäme mich jetzt, daß ich Sie und Müllern je zu meinen Gesellschaftern zählte. Sie, ein Mensch, der nicht einmal so viel Verstand hat, seine eigne Einfalt einzusehn, einen der seine Plumpheit für Witz ausgiebt, der Menschen entzweit und mir dadurch am Ende den größten Verdruß zuzieht. — Ich hoffe, nie mehr so unglücklich zu sein, Sie in meinem Hause zu sehn.

Birnheim an Günther.

Gottlob! kann ich nunmehr wohl mit wahrem Rechte und aus vollem Herzensgrunde sagen. Es ist alles vorbei, und alles ist in Richtigkeit. Man kann oft nicht wissen, wie etwas kömmt, und wozu manches in der Welt dient, was mir schon neulich bei Gelegenheit der Rehecensenten einfiel. Da ist nun das ganze Buch in die Brüche gefallen und die Heirath ist nun auch zu Stande gekommen. Sie will nämlich gar keine Bücher mehr schreiben, sie hat ein Haar darin gefunden, wie man zu sagen pflegt, aber zugleich hat sie auch zu ihren Trost, wieder einen Mann darin gefunden, und das ist eben Niemand anders, als ich. Sollten Sie's gedacht haben, daß das so geschwind und gleichsam über Hals und Kopf gehn würde? Wer's am wenigsten dachte war Niemand als ich. Meine Frau, in Zukunft, in Hoffnung nämlich, hat den schönsten Ekel vor den Buchschreibern, den ich mich nur wünschen konnte, aber auch zugleich, mit Erlaubniß zu sagen, vor Ihrer werthen Person. Wie das alles mit einander zusammenhängt, kann ich nicht recht klug daraus werden. Ich danke Ihnen für Ihre vorhergehende gütige Mühe meinetwegen, Sie haben's gut gemeint, aber der Himmel hat's noch besser gelenkt. Ich weiß, daß meine Frau schon einen Liebhaber gleichsam gehabt hat, das versteht sich, sie kennt mir noch nicht gar lange und jetzt hat sie sich mich doch ganz von selbst und von freien Stücken angetragen, das beweißt ihre jetzige Liebe genug, und so kommt auch ein hübsch Vermögen zusammen, und wir werden glücklich einer bei den andern sein. Ich werde meine Verlobung in ein paar Tagen bekannt machen, Sie können mich also immer gratuliren, wie's aber um unsre nähere Simpatie aussehn wird, weiß ich nicht, wenn meine Frau Ihnen nicht leiden kann.

Antwort.

Ich gratulire also von Herzen und freue mich, und wünsche alles nur mögliche Glück. Ich kann Sie versichern, daß Niemand als ich diese Heirath gemacht hat, doch ich will mich nicht selber loben; mit Ihrer zukünftigen Frau denke ich mich noch wieder zu versöhnen. Bis dahin leben Sie wohl.

Nachschrift. Mein Bein ist wieder gut.

Günther an Madam Lindner.

Es ist gerecht, einen Sünder zu verstoßen: aber schöner als gerecht ist es und ganz einer zarten Seele würdig, ihn wieder anzunehmen, wenn er seinen Fehler einsieht und bereuet. Das ist mit mir jetzt der Fall, das zweite ist nun Ihre Pflicht. Hab' ich gefehlt, so geschah es blos, weil Sie mir selber aufgelegt haben, parador zu sein. Sie sehn, ich habe mich dadurch ins Unglück gestürzt; nehmen Sie mich nun auch wieder zu Gnaden an, da Sie selber Schuld daran sind.

Ich werde mich künftig sehr vor dem Paradoxen hüten. Wenn es meine Verzeihung leichter machen kann, so melde ich Ihnen, daß ich nicht nur den Plan zu unserm Romane fertig habe, sondern sogar den Anfang schon ausgearbeitet, aber mit Ihrer Erlaubniß, meine Rolle nicht nur, sondern auch die übrigen. Sie sehn, ich bin in meiner Krankheit nicht ganz träge gewesen. Mein Bein ist wieder hergestellt; wenn ich es also wagen darf, besuche ich Sie heute Abend.

Madam Lindner an Günther.

Ich will ein Auge zudrücken und Sie mit dem zweiten freundlich ansehn. Sie haben sich so seltsam entschuldigt, und sind Ihrer Rolle so treu geblieben, daß ich Ihnen deswegen verzeihe. Bringen Sie aber ja Ihr Manuscript mit, ich bin außerordentlich neugierig darauf. Uebrigens verlobe ich mich heute Abend mit Herrn Birnheim, und Sie können zugleich als Zeuge dienen.

Günther ging am Abend hin; Müller war auch da; er hatte sich mit Carolinen und Madam Lindner zu gleicher Zeit ausgesöhnt. Bald darauf erschien Louise mit ihrem Vater, der sonst nicht diese Gesellschaft besuchte. Günther drang nun darauf, die Verlobung vorzunehmen, und ganz gegen alle Erwartung der übrigen, verlobte er sich zugleich mit Louisen, und die andern waren Zeugen.

Ehe ich nun mein Manuscript vorlese, rief er dann, muß ich noch ein paar Worte sagen.

Nun? riefen alle.

Mein böser Fuß war nun fingirt.

Fingirt? hallte es zurück.

Ja, um die sogenannte poetische Muse zu bekommen, um meine Klätscherei desto besser in den Gang zu bringen, durch die sie doch nun alle erfahren haben, wie Sie mit einander stehn.

Mad. Lindner. Sie sind ein Bösewicht. — Aber Sie haben sich doch im Buche den paradoxen Charakter gegeben?

Günther. Ja.

Louise. Und keine Liebe hineingebracht?

Günther. Nein.

Müller. Und der edle Freund — der blöde —

Günther. Steckt drinne.

Mad. Lindner. Und um mich dreht sich alles —

Günther. Allerdings.

Birnheim. Und die Frauenzimmer, wie ich im Briefe —

Günther. Natürlich.

Mad. Lindner. Aber haben Sie ihn nicht als Spekulanten hineingebracht?

Günther. Wie hätt' ich den Herrn auslassen können?

Er zog das Manuscript hervor und fing an zu lesen. Es bestand aus nichts als den Briefen, die er während seiner Krankheit geschrieben und bekommen hatte. Er hatte diese Briefe einbinden lassen. Alle erstaunten; jeder spielte den Unwissenden, und so las er zu Ende.

Madam Lindner brach zuerst los; sie suchte ihre Billets zu erhaschen; ihr folgte Müller, dann Birnheim und endlich Louise; jedes zog seine Briefe aus, und so erging es dem Manuscript, wie dem Raben in der Aesopischen Fabel, dem die übrigen Vögel die bunten Federn auszogen. Am Ende behielt Günther nichts, als seine eignen Briefe in der Hand. Da er sah, daß die übrigen die ihrigen zerrissen, folgte er ihrem Beispiel, und so war die Stube in einer Minute mit unzähligen Papierstückchen besäet. Da Louisens Vater voller Erstaunen dastand, und nicht wußte, was er aus alle dem machen sollte, reichte ihm Günther die Briefe von Wille, daß er sie auch zerreißen möchte. So ward dieser wider Willen ein Mitarbeiter an diesem Werke.

Günther aber hatte die Briefe vorher schon copiren lassen. Diese Gesellschaft blieb nachher immer bei einander, aber Günther hatte den Ruf eines satyrischen Menschen.

Ein Tagebuch.

1798.

1.

Es ist gar keinem Zweifel unterworfen, daß es von sehr mannichfaltigem Nutzen sei, ein Tagebuch zu halten. Man kann darin am besten die Dokumente über sich selbst niederlegen, und noch nach Jahren erinnert man sich der Vergangenheit genau und der verschiedenen Gedanken und Gefühle. Darum halten sich auch die Herrnhuter so gern Tagebücher, damit es ihnen bequem fällt, sich beständig beobachten zu können; ich habe keinen schlechtern oder bessern Grund dazu, das meinige anzufangen.

In meiner Kindheit wurde ich schon dazu angeführt, um mich in der Selbstkenntniß zu üben; indessen ging es mir damals sehr übel. Ich log ungemein viele Empfindungen in mich hinein, damit nur die Blätter nicht leer bleiben durften. Das Tagebuch wollte anfangs gar nicht von der Stelle rücken, bis ich auf die heilsame Erfindung verfiel, mit mir selbst eine Komödie aufzuführen. Ich hoffe, daß dieser Fall nicht jetzt von neuem eintreten soll.

Und so beginne denn nun der Monolog mit mir und über mich selbst. Ich habe mich den ganzen Tag auf den Gedanken gefreut, am Abend mein Tagebuch anzufangen, und nun ist es Abend, und ich sitze wirklich hier und schreibe daran, und doch freue ich mich nicht mehr. Ja wenn uns doch alles in der Ausübung eben so neu bliebe, als uns oft der erste Vorsatz entzückt! Wenn meine Kindeskinder in diesem Werke blättern und lesen, dann wird mir ganz anders zu Muthe sein, als mir jetzt ist.

Ich muß heut nur wahrlich aufhören, denn mir will durchaus nichts Denkwürdiges beifallen.

2.

Das war es, was ich gestern vergessen hatte. Ich könnte nämlich aus meinen Bekenntnissen einen stehenden Artikel in einem der zu häufigen Journale machen. Es muß mir doch gewiß mit der Zeit irgend etwas begegnen, da ich eine so große Sehnsucht darnach empfinde: so lernte mich denn die lesende Welt bald kennen, und man würde immer eben so neugierig auf mich sein, wie auf die politischen Begebenheiten. Ich könnte auch meine Gesinnungen in einer ordentlichen Zeitung verarbeiten, das sollte mir niemand wehren; ich könnte mich ja als einen Spiegel aufstellen, nach dem die Deutschen sich besserten. Auf irgend eine Art muß man doch seinem Vaterlande nützlich sein, und bis jetzt hab' ich den Weg dazu noch immer nicht finden können. Es ist gar zu schwer, unserm sogenannten Vaterlande beizukommen, und wer nicht recht damit umzugehn weiß, verdirbt am Ende mehr, als er gut machen kann.

Ich war heut bei dem Fräulein Sternheim. Es kann wohl schwerlich anders sein, als daß ich sie liebe. Wenn man sich bei dem Worte nur mehr denken könnte! Aber auf der andern Seite, warum will man sich bei allen Sachen etwas denken? Es ist die Schwachheit des Menschen, daß, weil er einmal gewisse sogenannte Gedanken im Kopfe hat, er diese Gedanken auf alles Mögliche anwenden will. Ich denke, diese Krankheit soll sich bei mir mit den Jahren ganz verlieren; denn bei den meisten alten Leuten treffe ich sie in einem weit schwächern Grade an. So giebt es Leute im Amt, die nie über ihr Amt nachgedacht haben, und sie verwalten es doch unvergleichlich; wie sehr sich unsre Prediger des Denkens entwöhnen, brauche ich kaum anzuführen, aber was das seltsamste ist, die eigentlichen Denker von Profession, und die deswegen angestellt und besoldet sind, damit sie denken sollen, auch diese vergessen sich am Ende.

Höchst lächerlich ist es, daß ich alles so niederschreibe, als wenn ich für einen Leser schriebe. Mit welchem unbekannten Er redest du unbekanntes Ich? Das Jämmerlichste an uns Menschen ist offenbar, daß wir alles förmlich treiben, sogar jeden Spaß, sogar in der Narrheit sind wir methodisch. So ist ein Sterblicher nicht im Stande, sich ein lumpiges Tagebuch anzulegen, ohne es sogleich auszuarbeiten; wenn wir wollen spazieren gehn, legen wir uns mühsam Gärten an und quälen uns mehr, als wir spazieren gehn; wenn wir einen Einfall haben, so währt' es nicht lange, so ist ein ganzes System hinangewachsen, ja der Satan fügt es oft so, daß wir unsern ganzen Witz anwenden, um uns selber dumm zu machen. Es ist eine närrische Inkonsequenz! Aber ist es nicht wahr, daß wir am inkonsequentesten sind, wenn wir am meisten konsequent sind? Es ist sehr gut, daß ich nur für meinen eigenen Verstand schreibe, denn sonst müßte ich diesen Satz vielleicht erklären, das heißt: nicht eigentlich erklären, sondern ihn nur einfältiger machen. — Ich wollte, es gäbe einige Bücher, die ganz so widersprechend geschrieben wären, als es diese wenige Zeilen zu sein scheinen.

Um wieder auf die Liebe zu kommen — (warum müssen wir auf alles kommen, warum verbinden wir nicht geradezu Gedanken mit Gedanken und verachten alle Uebergänge?) — so ist es nicht zu läugnen, daß dies Wort sehr gemißbraucht wird. Eigentlich brauchen wir so ziemlich alle Sachen falsch, aber mit unsrer menschlichen Sprache ist es doch am auffallendsten. Wir sind verkehrte Thiere, daß wir ewig unsre Sprache ausbessern und vollkommner machen, um nur im Stande zu sein, sie desto verkehrter anzuwenden.

Das Fräulein wird machen, daß ich ein rechter Narr werde. Man kann nicht alberner sein, als ich in ihrer Gegenwart bin, und doch bin ich gern in ihrer Gegenwart. Ich fürchte, daß ich sie liebe, ich fürchte noch mehr, daß sie mich lieben könnte, und doch wünsche ich nichts auf der Welt so eifrig. Zum neuen Jahre könnte mir ein Engel kein angenehmeres Präsent machen, als ihre Liebe.

Ich habe mich schon oft über den Stoicismus der deutschen Sprache geärgert. Angenehm, annehmlich. So sprechen wir gewöhnlich von den Gütern, die unser höchstes Glück sind. —

Ob die Menschen wohl in Masse klüger werden? Ich habe den ganzen Tag darüber nachgedacht, aber mir ist nichts Gründliches und Befriedigendes darüber eingefallen. So geht es mir oft, wenn ich ein höfliches Bittschreiben an mich ergehn lasse, ich möchte mich doch über dies und jenes aufklären: auf meine tiefsinnige

Frage kömmt dann gewöhnlich eine kahle erbärmliche Antwort, die nicht einmal eine zweite Frage ist, worin der Briefsteller doch meistentheils thut, als wenn er mir unbeschreibliche Aufschlüsse gäbe. Man kann nicht mehr vexirt werden, als es mir von mir selber widerfährt.

Ich glaube, daß noch Niemand so schön gewesen ist und so liebenswürdig, als das Fräulein; sie heißt Emilie, und das scheint mir auch der schönste Name zu sein. Sie spielt unvergleichlich auf dem Flügel, sie singt auch dazu, mit einem Wort, sie ist vortrefflich.

3.

Wenn ein höherer Geist mich an diesen Bruchstücken meiner Gedanken schreiben sähe, so müßte ich ihm doch als ein wunderliches Naturspiel erscheinen. Es verlohnt sich überhaupt schon deswegen mit der Zeit einmal als Geist zu avanciren, damit man es an sich selbst erlebt, wie ihnen die Menschen vorkommen. Sie können ihnen aber unmöglich seltsamer erscheinen, als wie wir jetzt reciproce von jenen Geistern denken.

Im Grunde moquirt sich jede Kreatur über die andre; unsre Verehrung ist oft eigentliche Verachtung, ohne daß wir es wissen; ja, wenn der Wolf das Schaaf zerreißt, so ist das nur eine etwas andre Art, sich über das Schaaf aufzuhalten. So ist mir auch immer der Heringsfang, eben auch wie die Eroberung von Peru, vorgekommen. Die sogenannte Unmenschlichkeit ist nichts, als ein einseitiger Hang zur Satyre.

Daß ich dies alles festiglich glaube, wollte ich wohl mit meinem Petschafte bestätigen, wenn es nöthig wäre.

Wenn ich Leser hätte, so würden aber die meisten alles für Spaß halten.

Hätte man doch nur wenigstens das ausgemacht, in wie fern der Spaß der eigentliche wahre Ernst ist. Ich habe wenigstens so ein paar Gedanken darüber, und daher würde ich leicht daran glauben, aber ich fürchte nur, daß noch eine ziemliche Zeit vergehn wird, ehe dieser Satz allgemein verständlich ist. Allgemein, das heißt, nicht allgemein, denn etwas allgemein verständliches kann es gar nicht geben.

Aber wie kömmt das? — O wenn ich mir alle närrischen Fragen beantworten wollte, so hätte ich viel zu thun, vollends wenn sich die Antwort, wie hier, von selbst versteht.

Wenn ein höherer Geist also sich den Spaß machte, (denn diese werden doch wenigstens spaßen, da wir Menschen uns so wenig mit Ernst auf diese Beschäftigung legen,) mir von diesem Augenblicke an eine Menge merkwürdiger und seltsamer Begebenheiten zuzuschicken! Ich weiß es nicht einmal, ob ich mich darauf freuen könnte. Während der Verwickelung verliert man im Leben jedesmal den Verstand, wenigstens den Verstand, den man vorher und nachher hat; in nichts haben daher die Romanschreiber so gegen die Natur gesündigt, als wenn sie ihre Helden in den Begebenheiten ganz unverändert lassen, so daß sie und ihre Situationen immer von einander getrennt bleiben. Es ist vielleicht deswegen schwer, einen sogenannten unvollkommenen Charakter gut zu schildern, weil die meisten Schilderer selber an einem zu unvollkommenen Charakter laboriren.

Es ist fatal, daß ich mir allerhand will einfallen

lassen, aber es fällt mir immer gerade das ein, was ich gar nicht brauchen kann. Ich freue mich sehr darüber, daß ich nicht in der verdammten Situation bin, ein zusammenhängendes Buch zu schreiben.

So oft ich eine wunderbare Lebensgeschichte las, war mir immer der Moment besonders merkwürdig, in dem das Seltsame seinen Anfang nahm; dann dacht' ich mir den Menschen hinzu, der nun kein Wort davon wußte, und der die erste Begebenheit mit einer gleichgültigen Hand auffing. Nur konnt' ich mich mehrmal Tage lang ängstigen, daß es mit mir auch losgehn würde; kam dann vollends ein Brief, oder ein unerwarteter Besuch, so war die Sache für mich schon so gut, wie ausgemacht. Wenn ich nur nicht wieder in diese Krankheit verfalle.

Beiläufig! ich möchte das meiste in der Welt auf Krankheiten reduziren. Die Menschen, die ausgezeichnetes Glück oder Unglück haben, sind nur auf verschiedene Art krank. Aus keinem andern Grunde haben wir ja mit den Dummköpfen Mitleid, als weil wir ihre Krankheit einsehn, ja haben wir nicht auch einen gewissen Abscheu gegen die Verständigen? dies ist offenbar nichts anders, als die Furcht, angesteckt zu werden. Ein Mensch, der weite Reisen macht, ist ein Kranker, einer, dem viele wunderbare Begebenheiten begegnen, leidet nur an einer Krankheit. Von den religiösen Schwärmern geben die vernünftigsten und unparadoxesten Leser meinen Satz zu, so wie von allen Schwärmern, von den Poeten, Humoristen. Wer bleibt nun noch übrig, als die kalten vernünftigen Leute? Sie sind aber auch nur krank; der Beweis ist mir nur zu weitläuftig. Mit einem Worte, es giebt keinen einzigen Gesunden unter uns, und das ist für diesen denkbaren Gesunden auch sehr gut, denn wir andern würden ihn mit Kuriren zu Tode martern.

Man sagt immer, es spiegelt sich ein großer Geist im Baue unsrer Welt ab. Das ist aber nicht wahr; denn der Satz widerspricht sich selber. Der Geist könnte unmöglich groß sein, der sich wie ein manierirter Dichter in einem so fehlerhaften Kunstwerke, als diese Welt ist, durchschimmern ließe; es folgt schon daraus ganz klar, daß ich mir in meiner eignen Seele, ohne Welt, einen noch größern Geist denken kann, und der Geist ist immer noch klein, dessen Größe wir groß nennen. Der Einfältigere ist hier der Wahrheit offenbar, wie vielmehr der Größe etwas näher, der gar keinen Zusammenhang wahrnimmt. — Auf die Art wäre auch zum Exempel Shakspears Geist größer, weil ihn noch gar zu wenige Leser aus dem Baue seiner Welt wahrgenommen haben: und das ist mir selber zu parador.

Alles dies ist aber nur wahr, nachdem man es versteht. Da ich aber nur für mich selber schreibe, schaden mir wahrscheinlich ein Paar gefährliche Sätze nicht.

4.

Wenn ich Vermögen hätte, wie ich denn wirklich keins habe, so würde ich nur ein Ding im Anfange wissen, was ich gewiß unternähme: ich heirathete nämlich.

Es ist eine sündhafte Welt, daß man sogar, um zu lieben, Geld nöthig hat. — Ich bin heute sehr verdrüßlich; (auch eine Krankheit) das Paradies war offenbar eine sehr gute Armenanstalt, ein herrliches Institut, worüber ich noch immer weine; daß es unsre Vorfahren so liederlich durchgebracht und durch den Hals gejagt haben, wie man sich auszudrücken pflegt. Seitdem ist der Teufel in der Welt gar los.

In Gherhardi's Italiänischem Theater steckt immer ein großer Trost für mich, und für verständige Leute sollte dieses Buch in der Noth eine ordentliche Postille sein. Vernunft nützt wenig, wenn man verdrüßlich ist, (ich mag ungern das Wort unglücklich niederschreiben) aber das kurirt mich sehr oft, wenn man die Menschen so recht bis in die innerste Haut hinein verspottet: dieser Spott ist eine Sorte von Vernunft, die bei mir immer sehr gut anschlägt. Das Wort Spott scheint mir hier auch gar nicht zu passen; es ist bloß eine größere und freiere Ansicht der Dinge, mit dem Zeuge amalgamirt, das wir Poesie nennen, damit wir uns nicht beim Hinunterschlucken zu sehr sperren.

Es kann leicht sein, daß in diesem Italiänischen Theater die meisten Stücke klüger sind, als es ihre Verfasser jemals waren, (doch nehm' ich das sogenannte Nouveau Theatre Italien aus, wo es umgekehrt ist, oder wo Verfasser und Stück wenigstens sehr nahe gränzen) indessen thut das nichts zur Sache. Wenn die Menschen konsequent wären, so müßten sie über nichts in der Welt weinen können, wenn sie nur irgend etwas zu belachen im Stande sind. Darum gefallen mir eben die alten Einseitigen Heraklitus und Demokritus so sehr, weil sie doch aus System diese possirlichen Konvulsionen bekamen. — So weit hat es nachher kein einziger wieder gebracht. Die Stoiker gefallen mir aber noch viel mehr, (das ist alles bloß in diesem Augenblicke wahr, in welchem ich schreibe, das weiß ich schon vorher) weil sie weder lachten, noch weinten; dies scheinen mir diejenigen Menschen zu sein, die vor allen am reellsten lustig gewesen sind.

Es fügte sich heute, daß ich eine sehr zärtliche Scene mit Emilien hatte, und ich will darauf schwören, daß sie mich wiederliebt. Ja sie hat es mir sogar gestanden, und sie hätte es mir zugeschworen, wenn ich es verlangt hätte. Doch der Schwur ist ja nur eine andre Formel des Geständnisses, diesen erließ ich ihr also.

Aber ich bin nun um so viel übler dran! Wir härmen uns beide, denn ich habe keine bestimmte Aussicht. Mein Onkel will, ich soll erst große Reisen durch die Welt machen, um mich zu bilden; Emiliens Vater will sie bald verheirathen. — Jetzt will ich einmal ernsthaft schreiben. — Ich bin wirklich sehr verdrüßlich; das Italiänische Theater ist mir wieder aus dem Kopfe gekommen. Die Wirklichkeit brennt am Ende den besten Humor durch, wenn man diesen Ofenschirm zu nahe an's Feuer rückt. Ich bin, wie gesagt, verdrüßlich, und wenn ich jetzt nur Leser hätte, so sollten sie es gewiß empfinden.

Der Schlaf ist der beste Trost in allen Widerwärtigkeiten, und darum will ich auch zu schreiben aufhören und mich in der That niederlegen. — Verflucht lächerlich kömmt's heraus, daß ich mir das alles erst in die Feder diktire, ich könnt's ja stillschweigend thun, — und nun könnt' ich doch wenigstens das Raisonniren darüber lassen. — Aber wahrhaftig nicht! Es sind zwei Prinzipe in mir, die ein drittes (das, wie ich glaube, ich selber bin) ordentlicherweise zum Narren haben. —

Ich muß nur das Licht ausputzen, sonst schreib' ich bis morgen früh. — Aber —

5.

Ich hatte wirklich unbesonnenerweise das Licht frischweg ausgeputzt, aber wie ich das die ganze Nacht habe büßen müssen! Noch nie habe ich einen solchen Trieb zum Schreiben empfunden, Ideen kamen mir auf Ideen, so daß ich mich vor meinem eigenen Gedankenreichthum nicht zu lassen wußte, und darum will ich auch jetzt am Morgen gleich weiter schreiben. —

Aber nun ist alles fort, denn so um drei Uhr schlief ich ein, und da hab' ich meine schönsten Anthitesen wieder weggeträumt. Nein! ich kann mich durchaus auf nichts besinnen! Künftig will ich mir ordentliche Fächer für meine Gedanken einrichten, wo ich gleich alles hineinwerfen kann, was mir einfällt.

Das Wichtigste war, daß ich mancherlei vernünftige Vorsätze faßte. Ich wollte mich nämlich in alles finden, in Freude und Leid; ich wollte das Nothwendige als etwas Nothwendiges betrachten lernen und so mich in allen Fällen des Lebens recht vortrefflich benehmen. — Aber, wie gesagt, das Schönste hab' ich rein vergessen, denn so wie es jetzt ist, ist es gar nichts besondres.

Ich will nur noch eine physiologische Betrachtung machen: vielleicht ist es auch eine psychologische, nachdem es nun gerathen wird.

Die allerfeinsten und geistigsten Gedanken, wo man am besten sondert und am verständigsten verknüpft, fallen einem dicht vor dem Einschlafen ein. Indem man nun noch darüber her ist, sich zu ergötzen und zu belehren, ist man eingeschlafen. Ich bin nur noch ungewiß, ob man einschläft, weil die Ideen fein sind, oder ob die Ideen fein werden, weil man schon einzuschlafen anfängt. Aber die Thatsache ist unläugbar. Im Schlafe gewinnt man aber den Schlaf so lieb, daß man alles wieder verloren giebt, doch bin ich überzeugt, daß, wenn ich nur nicht jedesmal reel einschliefe, oder wenn ich nur in der folgenden Nacht da wieder fortfahren könnte, wo ich gestern aufgehört hatte, ich auf diesem Wege gewiß den Stein der Weisen entdecken müßte.

Freilich hängt meine Meinung mit dem thierischen Magnetismus, mit dem Sonnenambulismus zusammen, aber ich kann es nun nicht mehr ändern. Es ist schlimm für mich, daß ich mit meinen Behauptungen da hinein gerathen bin; so geht es mir aber sehr oft. Andere Leute sehn klugerweise erst zu, wohin es führt, ehe sie denken, und wenn das Ziel nichts taugt, so lassen sie lieber das ganze Denken und Beobachten bleiben. Das muß ich auch noch lernen.

In meinem Tagebuche ist noch zu keiner einzigen Schilderung Gelegenheit gewesen, und ich möchte mich doch auch auf's Schildern ein wenig appliciren. Ich will daher versuchen, einen Schriftsteller zu schildern, den ich gern und viel lese; wenn ich hier auch irre, so thut es nicht so viel, denn Schriftsteller müssen dergleichen leiden, und ich bekomme doch auf jeden Fall einige Uebung.

Es ist kein andrer, als H a n s von M o s c h e r o s c h, der unter dem angenommenen Namen P h i l a n d e r v o n S i t t e w a l t gegen das Ende des dreißigjährigen Krieges zwei Theile G e s i c h t e herausgab, eine Nachahmung der Suennas des Spanischen Quevedo; dieser Moscherosch war zugleich ein Mitglied der fruchtbringenden Gesellschaft, in der er den Beinamen des Träumenden führte.

Aus allem diesen erhellt ziemlich deutlich, daß ich ihn nicht mehr persönlich gekannt habe, sondern daß ich ihn mir nur in meinen Gedanken vorstellen muß. Nach dieser Vorstellung muß er ein ächter Stoiker gewesen sein, mehr in der Empfindung, in seiner Ansicht von sich und der Welt, als durch ein System. Sein Wesen ist mit jener alten, biedern Deutschheit versetzt, die eben so oft plump und ungeschliffen, als edel und groß ist. Er ist weit mehr Poet als Philosoph, verachtet aber deutscherweise die Poesie so wie alle Künste, und möchte sich gar zu gern das Ansehn eines Philosophen geben, und sollt' er auch darüber in die elendeste Trivialität hineingerathen. Wo er dichtet, ist er immer kühn; wo er witzig ist, ist er oft scharfsinnig, oft possirlich, zuweilen auch gemein und albern. Sein Zeitalter, der dreißigjährige Krieg, hat ihn erzogen, und alle Schriftsteller aus jener Epoche haben das Gepräge einer gewissen Derbheit, die sich besonders schön in ihrer Sprache abspiegelt. Er muß ziemlich breite Schultern haben und von untersetzter Person sein. Das ist gar keine Frage, wenn man seine Sachen gelesen hat, es ist keine einzige schlanke und graziöse Wahrheit drin, eben so wenig eine schwebende Poesie. Er hat auch wahrscheinlich von Pockennarben gelitten, doch will ich das nicht so bestimmt behaupten.

Nach dieser persönlichen Schilderung werde ich vielleicht neugierig sein, auch etwas von seinen Schriften kennen zu lernen. Zu meinem eigenen Besten will ich daher folgende kleine Geschichte zur Probe ausheben, die mir immer ganz vorzüglich gefallen hat. Sie steht im zweiten Theil, S. 155.

„Es war vor Zeiten ein reicher großmächtiger Herr, der hatte einen einzigen Sohn: da er aber jetzo sterben sollte, und sahe, daß sein Sohn noch zu jung zum Regiment wäre, ließ er einen schönen großen güldenen Apfel machen, nahm den in seine Hand, rief den jungen Herrn und Erben, und sprach zu ihm: Mein Sohn, ich weiß, daß ich jetzo sterben muß, und du mein Land und Leut, Geld und Gut erben wirst. Nun sehe ich deine Jugend an, und bedenke das alte wahre Sprichwort: Weh dem Volk, deß Herr ein Kind ist! Darumb ist mein letzter Will und Begehren an dich, du wollest diesen güldenen Apfel in deine Verwahrung nehmen, ausziehen, in fremden Landen dich erkundigen, und der Leute Sitten, Rechte, Gewohnheiten, Macht und Pracht ansehen: und wenn du den größten Narren findest, so verehre ihm diesen güldenen Apfel von meinetwegen, und zeuch heim; alsdann sollst du dieses Landes Herr, und mein gewünschter Erbe seyn. Unterdeß wird die Regierung durch meine alte getreue Räthe, wie bishero, versorgt werden, und dir nichts abgehen. — Der Sohn, als ein gehorsames Kind und junger Held, ließ ihme den Rath seines Vaters wohlgefallen, und sobald der Vater verschied, und in die Gruft versetzt ward, macht der Sohn sich auf, und durchzog Land und Leute, und fand mancherley seltzame Abentheuer und wunderliche Narren in der Welt, deren er sich nicht versehen.

„Denn es begegneten ihm unterwegs reiche Leute, die hatten Haus und Hof, Acker und Wiesen, Geld und

Gut, Kisten und Kasten voll, die rennten auf ihren Gäulen und Kutschen den Alchumistischen Schmelztiegeln zu, wollten Berge versetzen und Gold backen, scharreten und schmelzeten so lang, bis sie Söller und Keller, Thaler und Heller, Beutel und Ketten verkürzt und verpulvert hatten, und zuletzt den Ambtleuten ins Handwerk fallen, und zu Vögten sich brauchen lassen mußten, wollten sie nicht graben oder betteln. Da sagt der junge Herr, das sind zimmliche fürwitzige Narren, wären schier werth, daß ich ihnen den Apfel gebe, doch er gedacht, vielleicht wirst du andre finden.

„Es geschahe: er traf etliche an, so Land und Leute, Städte und Dörfer hatten, die fingen an und wollten Babylonische Thürme und Nimrodische Schlösser bauen; sie bauten auch Tag und Nacht, Winter und Sommer, bis sie Land und Leute, Städte und Dörfer versetzten, und letzlich, ehe der Bau zu Ende gebracht, mußten sie davon und der Burg der Todten zuziehen, und ihre angefangene halbvollendete Palläste also ohne Nutzen und mit Verderben ihrer Erben zu Grunde gehen. Da schüttelte der junge Held den Kopf und sagte: Diese haben fast alles verbauet, allein da sie ewig wohnen müssen, und dahin sie am Ersten denken sollen, das haben sie anstehen lassen bis auf das letzte."

Sie bauen alle feste
Und sind doch fremde Gäste;
  Und da sie ewig sollen sein,
  Da bauen sie gar selten hin.

„Das sind ja die größesten Narren, und wollte ihnen den Apfel geben, aber sein Hofmeister blies ihme ins

Ohr: Herr, thut ein wenig gemach, ihr werdet noch wohl größere finden, als diese.

„Er zoge fort. Unterwegs begegnet ihm ein wohlgerüstetes Kriegsheer, das brach auf, ohn all gegebene Ursach, wollt seines Nachbarn Land überfallen: das ward verkundschaftet, und da ihnen nichts träumete, denn wie sie die Leute laden und fortschaffen möchten, da kam der Feind geraspelt, überfiel es, schlug's mit der Schärfe des Schwerdts und theilet den Raub aus, fuhre fort, nahm dessen Land ein, und machts ihm zinsbar und unterthan. Ey, sagte der junge Herr, dieser Feld-Oberster und Kriegsrath sollte den Apfel billig für andern bekommen haben, so er noch am Leben, aber weil er todt ist, muß ich fortrücken."

„Da kam er in ein Land, dessen Herr wollte nicht auf seinem Schloß und Sitz Hof halten, vermeynte, es möchte ihm zu viel aufgehen, zog herum von einer Wildfluhr zu der andern, beizte, hetzte und jagte Hirsch und Wildschwein, und das deuchte ihm die beste Kurzweil seyn. Unterdeß waren die Räthe, Haubtleute, Ambtleute, Rentmeistere und Schaffnere, Herren im Lande, die sollten das Gute schützen, und das Böse strafen, Gericht und Gerechtigkeit hegen, ohn alles Ansehn der Person, nach dem rechten Recht Urthel sprechen, und also des Landes Bestes suchen. Aber sie dachten bey sich selbst: Heut hie, Morgen anderswo; Herrengunst erbet nicht; wir müssen uns Pfeifflen schneiden, weil wir im Rohr sitzen: da gings an; wer sich nicht wollte bücken, der mußte den Mantel und das Bündlein ablegen und überspringen: wer nicht hatte die Hände mit güldenen Männlein zu füllen, der mußte unterliegen und seinem

Widersacher die Schuhe putzen: In Summa, krumb mußte gerade, gerade krumb, und der Heuchler der beste Mann zu Hofe seyn. Hiebey war mein Herr sicher, soff, fraß, spielte, faulenzte, bis Hund und Katzen das beste Vieh waren, ja bis sie alle lahm, arm und krank wurden und mit Schmerzen von hinnen fuhren. Ach, sagte der Herr, hie sollte ich viel güldene Aepfel haben, weil aber nur einer vorhanden, muß ich wandern, er möchte mir sonst auch per fas et nefas abgedrungen werden."

„Brach eilends auf, machte sich davon, und kam in ein schönes volkreiches Land. Er zog an einen derselben Fürstenhof, zu sehen, was er da für Anstalt finden möchte. Als er etliche Monate den ganzen Staat erkundiget: befande er, daß es ein rechtes Elend zu Hof seyn müßte; allwo der Herr selbsten es nicht besser hatte, als die Diener. Ja daß er noch viel übeler versehen war, und in der größesten Gefahr seines Lebens und seiner Wohlfarth täglich stehen thäte. Denn wie zu Hof der Brauch ist, daß, der am besten aufschneiden kann, derselbe das beste Gehör, Glauben und Vortheil hatte: also hie auch. Der Herr hatte einen alten getreuen Diener, der manche Jahr sein Leib und Gut, Ehr und Blut, Tag und Nacht mit emsiger Sorg, Angst und Noth in seinen Diensten zugebracht: die Bösen mit Ernst und Eifer gestrafet, und die Unterdrückten wider den Gewaltigen mit allen Kräften geschützet hatte: also daß Gericht und Gerechtigkeit im Schwang ginge. Der Herr aber hatte auch einen kurzweiligen Rath, einen hochtragenden Esel, der dem Herrn redete, was er gern hörete, und sich in allem nach seinem Willen also zu stellen wußte, daß es die andern verwunderte: der redete einem jeden große aufgeblasene Wort, sprach von der Sachen zierlich, als ob er allein der Atlas wäre, der die Berge tragen und des Herrn Autorität und Wohlstand befördern müßte; im Werk aber anderst nicht dachte, als auf sein Eigennutzen, Vortheil und Ansehen, und selbst lieber Herr als Diener gewesen wäre. Dieser, damit seine Person und Rath gelten möchte, gab den alten Rath bey dem Herren an, seines Unverstands, seines Unfleißes, seines Unansehens, als der sich nicht nach des Herrn Stande stellen und gravitätisch genug halten könnte. Ja auch, daß er dem Herrn untreu wäre: so fern, bis der gute Rath mit Ungenaden abgeschaffet werden. Als aber bald nach dem wichtige Sachen und Staatsgeschäfte vorfielen, welche der hochtragende Sennor Mutio nicht nur nicht verstunde, sondern auch niemalen dergleichen gehört hatte: da wollt der Herr nach seinem alten Diener sehen; aber er war davon, und mußte der Herr in Unrichtigkeit seiner Händel vor Leid vergehen, sterben und verderben. Diesem, sprach der junge Herr, gebe ich wahrhaftig den Apfel, wann er noch lebete: weil er dem aufgeblasenen Tropfen wider den aufrichtigen Mann, ohngeachtet aller vorigen getreuen Dienste, geglaubet hatte."

„An eben demselbigen Hof fand er andere, die sich neideten und keibeten, da der Eine auf den Andern erdachte und loge, was ihm in Sinn und ins Maul kam: also, daß der Unschuldige sich eine Zeitlang leiden und weichen mußte; endlich aber die Wahrheit hervorbrach, daß der Verläumder in seiner Unwahrheit öffentlich erwischet, mit Spott und Schanden davon ziehen mußte. Das ist wohl ein Narr, sprach der junge Herr, der einem andern eine Grube gräbet und muß selbst darein fallen. Wollte ihm auch den Apfel geben haben."

„Aber er ward zu Gast gerufen bey einem Amtmann, dessen Wesen ihm nicht übel gefiele anfangs: allein nachher befand er, daß er etlichemal von den Reichen Geschenke nahm. Ho ho, sprach der junge Herr, das ist nicht gut: wenn es zum Treffen kommt, so wird er die Reichen nicht wohl sauer ansehn dürfen. Er sahe auch, daß er, der Amtmann, etliche böse Buben nur schlecht mit Worten abstrafete, damit er also der Pöffels Gunst und guten Willen bey männiglichen erhalten, geliebet und gelabet werden möchte. Aber das Widerspiel geschahe; denn er ward letzlich verachtet und verspottet, und von dem nothleidenden Mann, den der reiche Schacher unterdrücket hatte, angeklagt seiner untreuen Handlungen. Da sprach der junge Herr zu seinem Hofmeister: Da laß ich den Apfel; denn wie könnte ein größerer Narr seyn, als der sich in seinem Ambt das Unrecht zu strafen, und das rechte Recht zu befördern, will fürchten,"

„Da gedachte er aber bey sich selbst, vielleicht hats jenseits des Wassers auch Leute, zog über Meer und kam in eine Insel, da fand er ein reiches, schönes, lustiges Volk, das hatte einen König, derselbe thäte was ihm gelüstete: es war gleich wider Gott, sein Wort, Natürliche und Weltliche Gesetze, alle Zucht und Erbarkeit, so heißt es doch: Si lubet, licet: ainsi nous plait. Dies sahe der junge fremde Herr mit Verwunderung an, trat zu dieses Königs Kämmerling einem, fragte ihn und sprach: Mein Freund, was hats für eine Gelegenheit mit Eurem König? Ist keine Gottesfurcht, kein Gericht noch Gerechtigkeit, Zucht noch Erbarkeit in diesen Landen? Nein, antwortete der Kämmerling: Zucht, Ehre, Gottesfurcht, Redlichkeit, das sind bürgerliche Tugenden, gehn unsern Fürsten und Herren allhie nicht an; der thut, was er will: und was er will, das ist, ob es schon nicht wäre. Es geht mit uns wie mit dem Wolf und dem Karpfen. Die Wölfin war einmals groß-tragend, und bekam Gelüst nach einem Karpfen: deswegen den Wolf ausschickte, ihr dergleichen Fleisch zu bringen. Der Wolf hätte gern Karpfen gehabt, aber zu fangen? das war seines Thuns nicht. Derowegen bey einem Weyer traf er eine Heerde Schweine an, nahm eines, und mit davon. Unterwegs, als er ruhete, und das Schwein die Ursach dieser That fragte, erzählete der Wolf, wie er nach Karpfen geschickt wäre. Das Schwein entschuldigte sich, es wäre eine Sau, ein Schwein, und kein Karpfe; der Wolf aber verlachte das Wort und sprach: Mein, du sollst mich nicht lehren, Karpfen kennen, du bist mir ein Karpf, und wenn deiner noch hundert wären, ihr solltet mir alle für Karpfen gut seyn. Also was unser Herr, weil er der Gewalt hat, will, das muß seyn, wann es schon nicht wäre. Ist ihm also? spricht der junge Held, so kann's auch die Länge mit ihm nicht währen. Ja freylich, sagte der Kämmerling, währte es nicht lange, sondern ein einiges Jahr. Denn wir haben in diesem Lande eine solche Gewohnheit, daß wir in Erwählung eines Königs nicht sehn nach großem Geschlecht, Ehre, Kunst oder Weisheit; sondern nehmen einen aus den geringsten Halunken, doch mit dem Bescheid, daß er nur ein einiges Jahr regiere, und bei dieser seiner Herrschaft Macht habe zu thun und zu schaffen alles, was sein Herz gelüstet. Wenn aber das Jahr um ist, so wird er seines

Amts entsetzt, in ein Gefängniß geworfen, darinn muß er die Zeit seines Lebens verbleiben, Hunger und Durst und Frost, und den elendesten Jammer ausstehen, sterben und verderben. Ey, sagte der fremde Herr, der ist ein Narr und bleibt ein Narr, der um eines einzigen Jahres Wollust, nichtige, flüchtige Freude willen, ihme die Zeit seines ganzen Lebens, wissentlich und willig, herb, bitter und verdammlich machet! Ja, antwortete der Kämmerling, da man nur Einen sucht, findet man ihr wohl noch Tausend, die um eines solchen Jahres willen, nicht nur die zeitliche, sondern auch die ewige Wohlfarth gern in den Wind schlagen und verscherzen. Der ist des Apfels wohl werth, sprach er: aber der Hofmeister hieß ihn noch Geduld tragen."

„Der junge Herr zoge weiters. In einem anderen Land begegnete ihm ein großer Herr, der war hetzen geritten auf einem Klepper, hatte zween Leithunde, zween Strick Winde, so der Knecht neben seinem Klepper angefahren führete, einen vorstehende Hund, und einen Falken bey sich. Der Herr sang von heller Stimme:

Wohl uff, wohl uff Ritter und Knecht, und alle gute Gesellen,
Die mit mir gen Holz wöllen.
Woll uff, wol uff, die Faulen und die Trägen,
Die noch gern länger schliefen und lägen.
Wol uff, wol uff, in des Nahmen,
Der da schuf den Wilden und den Zahmen.
Wol uff, wol uff, rösch und auch trat,
Daß uns heut der berath,
Der uns Leibe und Seele beschaffen hat.
Hinfür, trutter Hund, hinfür, und auch daß dir

Gott heute gebe und auch mir;
Hinfür trutter Hund, hinfür zu der Fert,
Die der Edele Hirsch heut selber thät.

Und als indessen der junge Herr an ihn kam, und ihn fragte, was er mit solchem Viehe alle machte, sprach er: Ich brauche es zu Hetzen und Beitzen. Und als er forschete: wie viel er des Tages fange? antwortete der Herr: Ja nach der Zeit, und wie das Glück will, dann viel, dann wenig, dann nichts: aber einen Tag in den andern zu rechnen, so habe ich wöchentlich meine zween Hasen und mein paar Feldhüner auf der Tafel, ohne der größten Lust, so ich dabey finde. Der junge Herr fragte weiters, was dieses Vieh alles zu unterhalten koste? Diese beyden Klepper, welche hierauf allein bestellet, haben Tags jeder Ein halben Sester Haber, ein jeder Hund des Tags 4 Mitschen, und der Falk des Tags ein Pfund Fleisch, das ist ja ein geringes, sprach er. Der junge Herr, nachdem er sich ein wenig bedacht, die Ausgab und Innahm gegen einander gehalten: Alle Woche zween Hasen? sind 104 Hasen, jeden zu einem halben Gulden, sind 52 Gulden, die Feldhüner auch so viel: Also ist Innahme dieser Rechnung, 104 Gulden. Nun die Ausgabe. Die Elf Hunde, jeder 4 Mitschen, ist des Tags 44 Mitschen, deren 80 für einen Sester, thut Jahrs 16060 Mitschen, zu 36 Viertel, das Viertel à 3 Gulden, ist 108 Gulden. Auf die zwey Pferde des Tags ein Sester Haber, thut 61 Viertel, zu 15 Schilling, thut 91 und einen halben Gulden: 365 Pfund Fleisch, 24 Gulden, der Falkener aber hat 150 Gulden ꝛc."

„Herr Hofmeister, sprach er, nun langet mir den Apfel her, denn es ist Zeit: dieser hat ihn am besten verdienet, auf daß wir nach Hause kommen.“

„Nein, sprach der Hofmeister, es wird noch andre geben: zogen derowegen weiter, und kamen bey eine vornehme Stadt, unterwegs aber trafen sie in Gesellschaft an einen großen Herren, (dem Ansehn nach) welcher viel Diener, Hofmeister, Stallmeister, Falkener, Kammerdiener, Edelknaben, Kutscher, Reitknechte, Jungen, und viel Mägde, viel Vieh, Kutschen, Roß und Wagen, und etliche Beypferde mit sich hatte, der zog der Stadt auch zu: und als der junge Herr erforschet von einem der nachritte, wer er wäre? und wo er hinziehn wollte? war ihm im Vertrauen gesagt, daß der Herr dieser Völker und Reichthums allen, seines Herkommens zwar nur eines Weingärtners Sohn gewesen, sich aber in Kriegen, Schlachten, Treffen, Stürmen, Plünderungen, Uebersteigungen, Einnehmungen, mit dem Maul so ritterlich gehalten, und durch seinen Fleiß und Vorsichtigkeit seiner Sachen so klüglich angegriffen, daß er nicht allein eine hohen Geschlechts Wälsche Tochter zur Ehe erworben; sondern auch an Barschaft, Gold, Silber, Kleinodien, Kleidungen, Vieh und andern einen solchen Vorrath erschwitzet, daß es unmöglich wäre, selbigen allen zu verthun. Darum er in der Nähe eine Herrschaft erhandeln, lauterhin sich des Pfaffenwesens abthun, und die übrige Zeit seines Lebens mit seinem adlichen Weib in Frieden, Freuden und Lust vollenden wollte: also daß seiner Meynung nach nicht wohl ein seligerer Mann zu finden sey. Der junge Herr sprach zu seinem Hofmeister, diesem großen Sprecher zieh ich so lange nach, bis ich sehe, was es für ein Ende mit ihm nehmen werde.“

„Sie zogen in die Stadt, der Sennor ordnete sein Hauswesen an, erhandelte eine gelegene Herrschaft, einen schönen Pallast und Garten, ordnete sein Hauswesen dergestalt, daß er wußte, wie viel die Hüner alle Tage Eyer legen könnten, damit er nicht irgend durch Unachtsamkeit an etwas Schaden leiden möchte. Er ließ sich sehen und hören: alle Tage veränderte er alle seine Kleidungen; aber dabey war er fast hochmüthig. Wann ihn jemands grüßete, er dankte ihm nicht: wo man aber den Hut nicht abzoge, so wollte er gleich um sich schmeißen und schlagen. Er thate, als ob er Niemands sahe oder kannte. Wenn ihn ein Armer um einen Pfennig bat, ließ er in mit Stößen fortweisen. Er brauchte sich wunderlicher Gebehrden und Sitten, trug einen hohen, breiten fliegenden Hut, ein Igelköpfiges falschgemachtes Haar, alles war mit Armbanden und mit Ketten, köstlichen Ringen und Kleinodien versetzet. Zu keinem Menschen gesellte er sich, aus Furcht, daß ihn jemand kennen, oder sich zu viel gemein mit ihm machen möchte; seine Blutsfreunde, die in solchem seinem Ueberfluß eine Steuer von ihm baten, ließ er mit Prügeln forttreiben als falsche Leute, die ihn für einen andern halten und ansehn wollten. In Summa, seine Sachen waren so geordnet, daß er scheinet unsterblich zu seyn bey den einfältigen Menschen. Soll das gut thun, sprach der junge Herr, so nimmt michs Wunder; denn wenn ich betrachte, wie dieser große Sprecher alle seine Gelder und Mittel mit Staatsbetteley und Hilpersgriffen, nicht aber mit redlicher Soldaten-Faust noch mit ehrlichen Lehnungen erworben hat, so ist unmöglich, daß es lang kann Bestand haben: sintemal die Wahrheit Gottes an ihm nicht wird zur Lügnerinn werden: als welche allem solchen ungerechten Gut den Fluch dergestalt angebunden, daß, ob es in eiserne Berge vergraben, das Feuer und der Blitz es doch daselbsten rühren und zertrümmern würde. Ist also dieser Kerl, meines Achtens, der größte Narr, den ich noch gesehn habe, und ich bin Willens, daß ich ihm den Apfel geben wolle: Als er aber in den Gedanken stunde, wird in der Nacht ein Geschrey und Ruf eines Feuers: und als man hörete, so war aus Verwahrlosung, aber Schickung Gottes, der herrliche Pallast angegangen, und darin verbrunnen aller Raub und Vorrath, den der Hudler je gehabt hatte, in welchem Feuer auch sein Weib und etliche Diener das Leben lassen: Er aber, der Noth zu entkommen, zum Fenster hinaus springen und also den Hals brechen müssen; welches die Ursach ist, daß ihm der wohlverdiente Apfel nicht zu Theil worden."

— u. s. w. u. s. w. —

Bis hieher will ich diese Geschichte nur abschreiben, sie nimmt in meinem Tagebuche zu vielen Platz weg. Der Prinz findet endlich jemand, dem er den Apfel zuerkannt; er kehrt zurück und regiert sein Land.

Mir ist bei dieser Geschichte immer beigefallen, daß der junge Held nur einfältig ist; wie er es nämlich gar nicht merkt, daß er zu weiter nichts dient, als eine Fabel mit ihrer Lehre einzukleiden. Ich wäre wenigstens nicht so weit gereist, ohne darauf zu kommen, daß alles bloß veranstaltet sei, um mich reisen zu lassen.

Es können aber nicht alle Menschen gleich klug sein, und das ist eine heilsame Einrichtung. Aber ausgemacht ist, daß sehr viele Personen nur dazu dienen, um den andern abstrakte Begriffe zu personificiren; sie können nicht dafür, diese Unschuldigen, das ist wohl wahr, und sie glauben ein ganz ordentliches, für sich bestehendes Leben zu führen. Ich würde mich nie zu dergleichen gebrauchen lassen. Wenn es einmal so weit kommt, daß ich mich dem Schicksal widersetze, so ist es nur in solchen Umständen.

Nahrung, Medicin, Weisheit, alles wird uns auf eine wunderliche Weise verkleidet zugeführt, wir werden von allen Elementen zum Besten gehabt, die sich anstellen, als wenn sie ganz etwas anders wären, als sie wirklich sind, und wir halten uns selbst für die Besten, und das ist der schlimmste Umstand von allem.

6.

Zuweiten kann ich mich auf manche Wörter nicht besinnen, und das kostet mich denn mehr Nachdenken und Mühe, als wenn ich eine Menge von Schlüssen ausarbeiten muß. Das Schließen ist meiner Seele überhaupt das leichteste, es ist nur das Unglück dabei, es führt zu nichts Rechtem.

Worauf ich mich heut gern besinnen wollte, war der Pietro de Cortona, der die schönen Kinder gemalt hat, die so überaus kindisch sind. Ich hätte nur dürfen ein Buch nachschlagen, allein das war zu umständlich, und so hab' ich mich denn darüber den ganzen Tag gequält. Ich habe einen guten Freund, der auch ein Maler ist, und der nicht viel von ihm hält; er hat viele Ursachen dazu, ich habe sie aber noch gar nicht umständlich wissen mögen. Aber nächstens will ich weitläuftig mit ihm darüber sprechen, denn im Grunde bin ich neugierig darauf, was er gegen ihn hat.

Er ist jetzt todt, der gute Mann, und eins seiner Hauptverbrechen ist, daß seine Gewänder selten etwas taugen. Dieser Maler, mein Freund, und der noch lebt, heißt mit seinem Vornamen Ferdinand, ein Name, der zum Schreiben etwas zu lang ist. Ich weiß nicht, ob er wird unsterblich werden, er malt fast lauter Porträts, denn unser Zeitalter verlangt fast nur dergleichen. Er scheint es selbst nicht recht zu glauben, aber vielleicht ist das nur verstellte Bescheidenheit.

Ich kenne nichts Erbärmlichers, als die Bescheidenheit der meisten Menschen, und dabei weiß ich nicht einmal, ob die meinige etwas taugt. Bei den übrigen glaub' ich fast immer zu bemerken, daß es die unverschämteste Eitelkeit ist, die sie mit der Musik der Bescheidenheit akkompagniren, um sich einen noch größern Werth zu geben. Bei dem Maler ist es wohl nicht ganz so, aber er geht doch oft von der Blödigkeit zur stolzen Zuversicht über.

Ich will vielleicht einmal Reisen mit ihm anstellen, um die berühmtesten Gallerien anzusehn, denn ich möchte herzlich gern ein Kenner werden, und zwar so schnell als möglich. Ich sehe alles Gemalte mit so dummen Augen an, daß ich mich wahrlich vor mir selber schäme.

Dieser Maler Ferdinand ist darin ein sehr närrischer Mensch, daß er ein großer Enthusiast ist; ich glaube nicht, daß ich es werden kann. Man müßte einmal aus Neugier einen Versuch anstellen: aber es kann sehr schief ablaufen, es kann auf eine Art gerathen, die wahrhaft jämmerlich ist.

Wenn ich die Leute eintheilen wollte, so würde ich

sie in mich, in Emilien und die übrigen theilen. Die letzte Rubrik ist freilich etwas groß, aber ich könnte mir doch nicht anders helfen, denn Ich wäre ich selber, Emilie das Wesen, das dieses Ich zu dem ich selber macht, und dann kömmt drittens die Zugabe; ohne Emilien würde ich mich gewiß unter die übrigen verlaufen, und in Einer Rücksicht wäre das vortheilhafter und bequemer, denn es gäbe dann nur Eine Klasse; diese Eine Klasse wäre aber wahrhaftig gar nichts werth.

Ich seh es mir selber zuweilen an, daß ich ein ausgemachter Menschenfeind bin. Es soll nicht gut sein, man sagt es wenigstens allgemein. Es ist aber mit mir nicht zu ändern. — Und warum wäre es nicht zu ändern? — Ich dürfte ja nur ein paar Dutzend ungemein edle und große Menschen kennen lernen. — Aber da liegt eben der Hund begraben.

Ich hätte auch sagen können: da liegt der Haase im Pfeffer, aber die Redensart kam mir zu beißend vor; die andre ist aber auch nicht der Sache recht angemessen. Solcher Styl, wie ich ihn hier schreibe, ist überhaupt nur in einem Tagebuche erlaubt, das man zu seiner Besserung niederschreibt; der edle Zweck muß hier die unedlen Ausdrücke wieder gut machen.

Der Maler soll Emilien malen, aber dazu ist er gewiß zu ungeschickt: denn wer als ich versteht die ganze Holdseligkeit dieses Angesichts? und es nun vollends zu kopiren!

7.

Ich habe schon oft behauptet, daß die Welt schon deswegen endlich sein müsse, weil sie sonst völlig unausstehlich wäre, und ich denke, ich habe Recht. Die Philosophie ist meine Sache nicht, und es ist mir daher unmöglich, die nothwendigen Gründe beizubringen, die es auch für andre Personen wahrscheinlich machen könnten.

Mein Onkel ist krank und hat mir einen beweglichen Brief geschrieben, und dieser Umstand hat mich eigentlich auf obigen Satz geführt. Der Maler meint, die Krankheit würde wohl nicht viel zu bedeuten haben, indessen will ich ihn doch besuchen. Ich weiß nicht, ob ich über diesen Vorfall gerührt sein soll, bis jetzt bin ich es eben noch nicht gewesen. Ich bin ja auch krank, ich bin verliebt und werde geliebt, und kein Mensch bekümmert sich um mich, keiner vergießt eine Thräne zu meinem Besten, ja ich selber thu es nicht einmal.

Wenn die Welt mein Tagebuch einmal vor die Augen nehmen sollte, so wäre sie im Stande, mich für schlecht auszuschreien. Die Welt ist ein Kollektivum, aber gemeiniglich steckt doch nichts dahinter; ich habe schon Welten gesehn, die aus einem und einem halben guten und ziemlich guten Freunde bestanden: es hat noch keinen Menschen gegeben, von dem die ganze Erde gesprochen hätte, es wird keinen solchen jemals geben, und darum ist es auch gar nicht der Mühe werth, der Welt etwas zu Gefallen zu thun.

Ich habe einmal in meinen jüngern Tagen gewettet, ob es ein Schicksal gäbe, und dazumal verlor ich meine Wette; denn ein berühmter Geistlicher entschied zu meinem Nachtheil. Ein andermal wettete ich wieder, daß Raphael einen größern Geist gehabt habe, als Plato, und ich verlor auch diese Wette. Ich hatte eine ordentliche Englische Wuth zu wetten, und jemehr ich mich mit den Wissenschaften beschäftigte, jemehr ich nachdachte, jemehr Geld verlor ich. Ich ließ also das Studium fahren und ergab mich den Vergnügungen. Aber hier ging es mir noch viel schlimmer, denn ich vergnügte mich durchaus nicht; es war, als wenn der Satan sein Spiel mit mir hätte und zwar immer in der Vorhand säße. Vor Langeweile mußte ich nun auch, so wie die andern Menschen thun, zur Langeweile greifen, ich erholte mich an wirthschaftlichen Diskursen mit einem benachbarten Amtmann. Er war ungemein langweilig, aber das that nichts zur Sache, denn er kurirte mich doch, und damit war mir im Grunde gedient. Nunmehr macht' ich zur Abwechselung auf die schöne Natur Jagd, das heißt, ich stellte malerische Reisen an, das heißt, ich ließ es mir in den Wirthshäusern gut schmecken und war erbost, wenn ich eine schlechte Herberge antraf. Ich aß und erboste mich so lange, bis ich etwas fetter zur Stadt zurückkehrte. Alle Leute fanden mich damals dummer. So wenig sind wir in unserm jetzigen Zustande für die Natur gemacht.

Fatal ist es, daß ich mich zu meiner eigenen Schande hier ordentlich charakterisire. Für den Verständigen liegen wenigstens viele Winke verborgen. Ueber's Jahr will ich mich aus allem diesem recht genau kennen lernen. Wenn ich nur so lange Geduld haben könnte! Aber da plagt mich eine ganz verzweifelte Neugier, eigentlich zu wissen, wie ich bin, oder vielmehr zu wissen, wie ich eigentlich bin, oder um mich am allervollständigsten auszudrücken, eigentlich zu wissen, wie ich eigentlich bin. Es klingt nur nicht hübsch.

Wenn ich's erst mit dem Schreiben genauer nehmen werde, so werde ich diese Genauigkeit auch gewiß bald auf das Leben anwenden. Oder vielmehr werd' ich's dann mit dem Leben gewiß noch ungenauer nehmen, weil ich dann für die letzte wenige Ordnung in mir einen Ableiter gefunden habe, der diese Gichtmaterie dem Papier anvertraut. Qui proficit in literis etc. — Wie wahr!

Unter einem ähnlichen Gedanken kann man sich das Schicksal dieser Welt vorstellen, und da ich mir selber der nächste bin, will ich zu allererst so daran denken. — Emilie hält oft meinen Ernst für Spaß und meinen Spaß für Ernst, und das thut mir an ihr sehr leid. Ich vergesse es ihr oft vorher zu sagen, wenn ich ein Narr bin, und sie verwechselt mich dann jedesmal mit ihrem ordentlichen Liebhaber. Es ist eigentlich eine Untreue, und wahrlich, ich könnte mich sehr darüber grämen, ich könnte sehr eifersüchtig werden.

Die Eifersucht hat mir unter allen menschlichen Leidenschaften immer ganz vorzüglich gefallen, weil sie von allen die unvernünftigste ist. Es ist eine sehr große Unvernunft, (die ich aber bei vielen vernünftigen Leuten angetroffen habe,) zu verlangen, daß in irgend einer Leidenschaft Vernunft sein soll. Die Eifersucht hat darum etwas Bezauberndes, erstens, weil kein Mensch von ihr frei ist, und zweitens, weil sie am besten den Menschen ausdrückt, und drittens, weil alle andere Leidenschaften in ihr zusammentreffen. Viertens, — nein, ich irre mich doch wohl, mehr Gründe hatt' ich nicht, und vielleicht sind die drei schon zu viel.

Ich will meinen Onkel besuchen. — Gute Nacht! das sag' ich nämlich zu mir selber, und aus Höflichkeit setz' ich hinzu: Schönen Dank! — Man muß auch gegen sich selbst die gute Lebensart nie aus den Augen setzen. Aber das thun auch die wenigsten Leute, wie denn überhaupt von den vielen Regeln, die man hat, nur die wenigen unterlassen werden, die gut sind. Das thut den Fortschritten unserer Vollkommenheit unsäglichen Schaden.

8.

Nun da haben wirs. Ich bin plötzlich zum Glücklich-Unglückseligen, oder vielmehr zum Unglücklich-Glücklichen geworden. Der Fall hat etwas besonders, im Grunde ist er aber wieder erlogen; denn ich bin nicht unglücklich.

Mein Onkel ist nämlich richtig gestorben, so wie ich es fürchtete und wünschte. Nach aller Wahrscheinlichkeit bin ich sein Erbe, und es hat mir dann Niemand etwas zu befehlen, ich selber ausgenommen, denn von irgend jemand muß man doch abhängig sein, wenn man die Freiheit auch allen andern Gütern vorzieht.

Emilie ist mein erster und letzter Gedanke, eine poetische Umschreibung für einziger Gedanke. — Ich habe Emilien schon den Todesfall gemeldet, der Maler braucht sie nun nicht zu malen, denn ich werde sie heirathen.

9.

O freilich giebt's ein Schicksal! Welch ein Eselskopf müßte der sein, der es nun noch zu läugnen vermöchte! — Nein, so etwas ist noch gar nicht erhört, und wird sich vielleicht in vielen hundert Jahren nicht wieder zutragen. Recht mit der Nase bin ich drauf gestoßen, daß es allerdings ein Schicksal giebt!

In manchen Augenblicken glaube ich an den Idealismus, so toll ist das Ganze. Nein, ich kann mich über diesen Zusammenhang nimmermehr zufrieden geben.

Ich bin nämlich der einzige Erbe meines Onkels, das Testament ist eröffnet, alles hat seine Richtigkeit. Ich habe schon mein Schloß besucht, die Lage ist reizend, alle Zimmer sind sehr schön möblirt und tapezirt, aber im Saale, wo die Gemälde hängen, fielen mir gleich drei leere Räume auf eine fatale Weise auf. Und nun hat es sich auch alles offenbart!

Im Testamente steht nämlich, daß ich nicht eher von meinen Gütern Besitz nehmen soll, bis ich gereist bin und die drei größten Narren aufgefunden habe. Ihre Bildnisse, die ich soll malen lassen, sollen dann die drei leeren Plätze ausfüllen.

Ohne eben natürliche Anlagen zum Narren zu haben, könnte man doch wohl über dergleichen närrisch werden. Und was hindert mich im Grunde? Nichts, als daß ich gern heirathen will, das ist das einzige Reelle, was mir im Wege steht.

Drei Narren! und der junge Held hatte schon an Einem so viel zu suchen! Wie soll das werden? — Der Maler muß nur gleich mitreisen, das ist noch die beste Seite von der Sache. Wahrhaftig, nun werde ich doch gerade wie der Prinz als Maschine gebraucht, theils um einen moralischen witzig sein sollenden Satz auszudrücken, theils um mich auf unnützen Reisen auszubilden.

Und eine ganz neue Art zu reisen und Reisebeschreibungen zu machen, wird nun durch mich entdeckt! Ich könnte es vielleicht am bequemsten und nützlichsten mit den Reisen nach unsern größten Gelehrten vereinigen, keiner würde mir beim Besuch meine satyrische Absicht und Rücksicht anmerken. (NB. Das Schicksal macht mich nun zum Satyriker, und ich kann nichts davon noch dazu thun; ist das nicht wieder Krankheit? Ich bin es gerade wie Herr Falck, auf höhere Auktorität.) Somit könnt' ich zugleich die drei größten Männer abkonterfeien lassen, und jeder würde mir für meine Verehrung den gehorsamsten Dank sagen, und ich verehrte sie im Grunde auch eben so sehr, wie es ihre Leser thun, gegen die sie doch dankbar sind.

Aber nun wieder auf das Vorige zu kommen, so hätt' ich große Lust zu rebelliren. Ich muß Emilien auf einem ganz eigenen Wege verdienen. Das beste ist, ich kann von meinem Vaterlande nachher eine ganz neue Landcharte stechen lassen, die anders illuminirt und eingetheilt ist, als die gewöhnliche. Es wäre ein Beitrag zur Statistik.

Ob mein Onkel vielleicht die Geschichte des jungen Helden gelesen hat? Wahrlich, die Einkleidung, in der ich auftrete, gränzt nahe an den Campenschen Robinson. — Hab' ich nun nicht immer Recht gehabt, einen Abscheu vor den wunderbaren Begebenheiten zu empfinden? Jetzt fängt es nun mit mir an, und ich kann der Verwickelung vielleicht gar keinen Einhalt thun.

10.

Es ist alles im schönsten Gange. Ich habe von Emilien Abschied genommen, die untröstlich darüber ist, daß ich sie verlasse, um Narren aufzusuchen. Ich bin eben so untröstlich, aber was nicht zu ändern ist, ist nicht zu ändern. Den Maler habe ich bei mir, damit es wenigstens nicht am Porträtiren fehlt, wenn wir die Narren endlich erwischt haben.

Ich sitze hier auf der ersten Station und schreibe meine Empfindungen nieder, indeß neue oder andere Pferde vorgelegt werden. Aber ich empfinde nichts besondres, außer daß ich mich noch immer ärgere.

Ich bemerke, daß im Tagebuche der Ausdruck im Grunde zu oft vorkömmt, und daß fast alle Uebergänge durch Aber gemacht sind. Ein sehr ungebildeter Styl!

Der Maler hat mit dem Pietro da Cortona nicht Unrecht. — Der Postbote hat eben ein geschossenes Reh neben mich gelegt, das oben auf der Stirn petschirt ist; nicht weit davon hat die Kugel getroffen. Es sieht sonderbar aus. Ein offener und gestempelter Kopf zu gleicher Zeit! — Die Poststube bekömmt mir nicht, denn ich bin auf dem Wege, schlechten Witz zu machen.

Ueber den Witz ist noch wenig Witziges gesagt, das macht, weil auch dazu Witz gehört. Die Leute behaupten, ein witziger Kopf könne leicht zu vielen Witz haben, woran ich aber nicht glaube: diese Leute meinen auch nur die, an denen sie zu wenig Witz zu bemerken glauben, und daß sie zu wenig zu viel nennen, ist nur eine Höflichkeit, die sie nicht witzig ausgearbeitet haben.

Daher kömmt es aber auch, daß der Witz da oft gar nicht bemerkt wird, wo seine eigentliche Heimath ist, weil hier für die gute Lesewelt zu viel ist; denn die meisten lieben Häuslichkeit. Darum tadeln diese Leser auch den Shakspear in seinen witzigen Scenen. Es ist schlimm, ein Schriftsteller zu sein, aber fast ein noch schlimmeres Verhängniß, ein Leser zu werden! — —

So weit hatte ich auf der vorigen Station empfunden, jetzt will ich einen frischen Ansatz nehmen.

Die eigentlichen Empfindungen könnte man vielleicht innerlichen Witz nennen: wenigstens nenne ich sie mir manchmal so. Und es trifft sich sehr schön, daß sie eben so selten wie dieser verstanden werden; ich könnte den obigen Autor wieder als Exempel citiren, wenn es sich auf diesen fatalen Stationen etwas bequemer schreiben ließe.

Es ist aber auch wahr, daß die eigentlichen Empfindungen wieder so etwas Seltsames und Närrisches haben, daß man sie nicht gern Empfindungen nennen mag, und darum nehmen viele, Dichter und Fühlende, zu den falschen Empfindungen so oft ihre Zuflucht, weil sie mehr schimmern und auch subtiler scheinen.

Und geb' ich nicht mit meinen eigenen Empfindungen hier ein Beispiel? Ich wette, — oder lieber: ich behaupte, daß die meisten es sehr unnatürlich finden würden, daß sie nicht mehr von meinem eigentlichen Grame hier aufgezeichnet antreffen. Sie würden nämlich die dramatische Feinheit gar nicht bemerken, daß ich mich nur zu zerstreuen suchte; es ist daher sehr gut, daß ich auf Leser durchaus nicht zu rechnen brauche.

Der Maler schläft viel im Wagen, und es ist sehr Unrecht von mir, daß ich es nicht leiden kann. Auch ängstigt es mich, wenn der Postillon schnell fährt, weil es möglich ist, daß wir den schönsten Narren vorbeifahren, und wieder im Gegentheil schimpf' ich auf ihn, wenn er die Pferde im Schritte gehen läßt. Wenn der Maler wacht, so machen wir uns beide Langeweile, er mir mit dem Pietro da Cortona, ich ihm mit meiner Braut: und darum thut er eigentlich gut, daß er schläft.

In der nächsten Stadt will ich doch einige Tage bleiben, weil sonst meine Reise leicht ganz unnütz werden dürfte. — Der Maler ist auch hier im Posthause eingeschlafen, und das find' ich Unrecht; warum hält er sich kein Tagebuch, in das er seine Empfindungen einträgt? —

11.

Ich habe hier meine Empfehlungsbriefe abgegeben, aber es will sich noch nichts auftreiben lassen. Ich glaube, es fehlt mir noch an Uebung, da dies die erste Reise ist, die ich in dieser Rücksicht unternehme. Vielleicht sind auch die Briefe schlecht, die ich mitgenommen habe, denn die Menschen sind alle zu meinem äußersten Verdrusse ungemein vernünftig. Ich habe bei einigen gesucht, in eine recht vertraute Familienfreundschaft zu kommen, damit sie sich vor mir nicht genirten, aber das gerieth mir gar nicht, denn da wurden sie noch verständiger. Die Stadt hier ist nicht dazu gebaut, wenn es immer so fortgeht, werde ich lange suchen können.

Beiläufig finde ich die Klagen unsrer Schriftsteller

und Menschen sehr ungegründet, daß wir einen zu großen Vorrath an Narren hätten.

Es ist mir überhaupt ärgerlich, daß dem Testamente meines Oheims nicht eine philosophische Definition angehängt ist, was man unter Narr zu verstehn habe. Der Henker mag wissen, wie ich das nehmen soll, (so schreibe ich hier mit dem größten Unwillen) es ist ein so gemeines, so alltägliches Wort, daß man sich fast gar nichts dabei denkt, daß man es fast gar nicht ändern kann, sich etwas Unrichtiges darunter vorzustellen. Ich habe in allen Büchern, die Register haben, nachgeschlagen, in vielen findet es sich nicht, in andern Werken machen mich die aufgestellten Beispiele nur noch verwirrter, und damit ist mir jetzt nicht geholfen, weil ich zum eigentlichen Studiren auf meiner Reise keine Zeit habe.

Es soll sich ein sehr verständiger Mann hier befinden, diesen will ich um Rath fragen; er muß doch seine Mitbürger kennen, und er kann mir daher vielleicht eine kleine Anweisung geben. Mein Onkel macht mir mit seinem Testamente gar zu viele Noth; er hat mich auf die Wanderschaft geschickt, und ich muß jetzt erst die Fähigkeit erwerben, sein Vermögen zu verwalten.

12.

O mir ist es sehr schlecht gegangen, und ich bin noch in Verzweiflung darüber. Wie schlägt es unsre besten Kräfte nieder, wenn unser gute Wille von den gefühllosen Menschen so sehr verkannt wird! Ich glaube wirklich, daß keine ächte Sympathie mehr in der Welt zu haben ist, obgleich so wenig aufgebraucht wird.

Ich war heut, wie ich es mit mir verabredet hatte, bei dem Manne, der mir Rath ertheilen sollte. Es war ein alter höflicher Herr, der mir selber die Thür aufmachte, als ich klingelte, woraus ich den Schluß zog, daß er eben nicht sehr beschäftigt sein müßte. Wir setzten uns. Ich trug ihm vor, daß ich so frei wäre, mir seinen Rath zu erbitten. Er wurde von Minute zu Minute höflicher und dienstfertiger, und ich hatte es mir schon lange ausgemacht, daß man alten Leuten eine große Freude damit macht, wenn man sich bei ihnen Raths erholt. Nun rückte ich nach und nach mit meinem Gesuch hervor, und der alte Mann wurde sehr ernsthaft. Ich trug ihm vor, wie es mir jetzt ungemein auf Narren ankomme, daß ich mich sonst zwar oft in Geldnoth, aber nie in dergleichen Verlegenheit befunden, er sei ansäßig und ein Landeskind, ob er mir nicht einige der hauptsächlichsten nachweisen könne. Ich sagte alles dies mit der größten Bescheidenheit, ohne Anmaßung, mit höflichem Ernst und mit einer Verbindlichkeit, die seinem Dienste, den er mir erweisen sollte, gleichsam zuvor eilte.

Mein Gesuch war geendigt. Es erfolgte eine Pause. Meine Erwartung war gespannt.

Mein Herr, fing der Mann an, indem er das Alter auf seinem Gesichte sehr geltend machte, ich weiß nicht, wie ich zu der Ehre komme, daß Sie sich unterfangen, mir derlei Spaß vorzutragen. Ich bin Rath in dieser Stadt und habe mich in den Wissenschaften etwas umgesehn, und soll Ihnen mit diesen Qualitäten Narren nachweisen? Sie kommen vielleicht eben erst von der Universität, und sind gesonnen, witzig zu sein: aber mein bester junger Herr, so müssen Sie wenigstens unter den Leuten einen Unterschied machen lernen.

Ich fiel aus den Wolken. Ich betheuerte ihm bei allen Heiligen, es sei mein Ernst, ich hätte nur unglücklicherweise das Testament nicht bei mir, aber ich wollte mein Gesuch schriftlich von mir stellen, und er könne es alsdann als ein Dokument auf dem Rathhause niederlegen: aber mit dem allen richtete ich gar nichts aus, sondern er zog bald die Manschetten weiter vor, bald nahm er eine auf dem Tische liegende Zeitung in die Hand, so daß ich wohl einsah, er könne von meiner Noth durchaus nicht gerührt werden, und diese Bemerkung rührte mich desto mehr. Ich fing sogar an zu schwören, weil ich dachte, er möchte vielleicht ein Liebhaber davon sein; ich sagte ihm von meiner Liebe, und daß mich Narren zum höchsten Ziele meines Glückes führen könnten, aber nichts wollte bei ihm etwas verfangen. Er schien es ordentlich darauf angelegt zu haben, unerbittlich zu bleiben, und die Bearbeitung seiner Leidenschaften mißlang mir gänzlich. Ich setzte wirklich noch einmal an und suchte die mir in den Weg gelegten poetischen Schwierigkeiten zu überwinden, aber vergebens; es erfolgte nichts, als die mehr spitze als witzige Antwort, daß es schiene, als brauche ich nicht lange zu suchen, weil ich an mir selber ein so kostbares Exemplar besitze. Weiter war weder Witz noch Rath aus ihm herauszubringen.

Als er durch einen Zufall hörte, daß ich ein Edelmann sei, bat er mich wieder um Verzeihung, und das ärgerte mich mehr als seine Beleidigung; doch ließ ich ihm klugerweise davon nichts merken, sondern lenkte das

Gespräch auf die Literatur. Ich hatte ihm damit einen großen Gefallen gethan, denn er wurde nun ganz zutraulich, was ich nach dem vorhergehenden nie erwartet hätte. Er war ein großer Bewunderer unserer neuen deutschen Schriftsteller, besonders liebte er einen gewissen La Fontaine, dessen Witz und Humor ihn entzückte. Ich warf ihm ein, und that, als wenn ich dessen Schriften gelesen hätte, er schiene mir doch für einen Romandichter die Menschen so wie die Menschheit zu genau zu kennen: das sei nicht des Mannes Sache, antwortete der Bewunderer, und dieser Vorwurf sei im höchsten Grade ungerecht, so wie der, daß er die Alten oder Göthe nachzuahmen suche, er ahme höchstens sich selber nach, und das sei ihm erlaubt, weil er ein braver Mann sei, und weil das den Leser eben erst mit seinen Vortrefflichkeiten recht bekannt mache, wenn er sie in jedem neuen Buche wieder anträfe. Uebrigens seien diese Bücher vielleicht kein Futter für jenes unbekannte Thier, welches man kurzweg die Nachwelt zu nennen pflege; denn er, so wie das übrige gegenwärtige Zeitalter, äßen die etwanigen Kerne heraus, und sie schmeckten ihnen. — Ich erfuhr bei der Gelegenheit, daß dieser Mann an den Apollo und die Musen durchaus nicht glaube, sondern dergleichen unter die Fabeln der Vorzeit zu setzen pflegte, ja daß er die ganze Vorwelt so betrachtete und hinter sich legte, wie Kaufleute auf ihrem Ladentische die eingekommenen falschen Münzen zu nageln pflegen.

Was wohl aus unsrer jetzigen Gegenwart würde, fragte ich ihn, wenn hundert Jahre verflossen wären? — Er besann sich ein Weilchen und sagte dann: Liebster Freund, lassen Sie uns nur für die jetzige Zeit handeln, denken und empfinden; es wird nachher wahrscheinlich auch Leute geben, die für ihre Gegenwart diese Mühe übernehmen werden. So gescheidt, wie wir jetzt sind, sind jene schwerlich; denn wir leben schon im Abfall der Zeiten und müssen schon zu den Brosamen in den Körben unsre Zuflucht nehmen, die die Siebentausend in der Wüsten übrig gelassen haben; die Zukunft muß vielleicht gar die Körbe anfressen.

Dergleichen Prophezeiungen hatte ich in diesem Manne durchaus nicht gesucht, daher verwunderte ich mich einigermaßen. Er schien es mit Vergnügen zu bemerken, und fuhr daher fort: er sei noch einer von dem alten bessern Geschlecht und habe Ballast genug bei sich, um von den jetzigen Wellen und Winden nicht umgeworfen zu werden, er sehe lieber etwas Solides für eine solche luftige leere Mahlzeit an, die in Engels Philosophen für die Welt der Sache so angemessen geschildert sei, als daß er ein einzigesmal die windigen Speisen für wirkliche in den Mund nehme; so befinde er sich wohl und sicher, und könne gleichsam die übrigen verspotten und beinahe über sie lachen, doch sei er im Grunde dazu wieder zu verständig.

Ich hörte mit einer Andacht zu, als wenn der delphische Apoll zu mir gesprochen hätte, und im Grunde war es mehr, denn jener hat vielleicht nie existirt. Ich empfahl mich endlich und nahm mir vor, nie jemand in meiner Bedrängniß um Rath zu fragen, um nicht für witzig zu gelten und nach und nach die ganze Menschheit gegen mich zu empören. —

Ich bin also nunmehr eben so weit, als ich war, — und doch ist man in einer Sache weit genug, wenn man nur nicht zurückkömmt. Das wäre nun gar schlimm, wenn ich mich nach einigen Wochen hinter meinem jetzigen Anfange befände; und wer kann mir dafür stehn, daß es nicht so kommen wird?

Der Weg zur Tugend ist steil, das ist wahr, aber ich geh' jetzt auch auf keinem Blumenpfade.

13.

Wenn ich ein Lustspieldichter, oder überhaupt nur ein Dichter wäre, (d. h. was die meisten Menschen eben keinen Dichter nennen würden) so könnt' ich doch hoffen, bald die drei nöthigen Charaktere zusammen zu finden, denn ich würde alsdann die Menschen auf die wahre Art anzusehn wissen.

Viele Dichter haben ihre Bekannten oder Freunde kopirt, und die übrigen Freunde haben erst dadurch den kopirten Freund aus seinem wahren Gesichtspunkte angesehn. Wäre dieser glückliche Zufall nicht eingetreten, so hätte er vielleicht sein Lebelang für einen unkomischen Charakter gegolten. Ich hätte daher mit mehr Einsicht gehandelt, wenn ich statt des Malers einen solchen komischen Dichter mit mir genommen hätte. So geh ich den schönsten Personen vorüber und weiß nicht, daß das die Schätze sind, die ich so emsig suche.

Freilich giebt es auch dabei viele Bedenklichkeiten, wie es denn bei keiner Sache daran fehlt, wenn man sich bedenken will. In dem sich bedenken liegt alles, was man dafür und dagegen sagen kann. Doch ich wollte die Anmerkung machen, daß wenn ich ein solcher komischer Dichter wäre, ich doch eigentlich nur meine eigne Narrheit in andern wahrnähme. Der Beweis wäre leicht zu führen, wenn ich einen nöthig hätte. Denn ich würde ja erst das zur Einheit vereinigen, was ohne diese meine Vereinigung nicht vereinigt wäre, kurz, ich wäre übel dran, und der alte Herr hätte gerade in diesem Falle vorzüglich recht.

Ach! ich suche überhaupt vielleicht nach nicht existirenden Idealen! Wie weit mag das Glück meiner Liebe und meiner Häuslichkeit noch entfernt liegen!

Der Maler ist auch langweilig, er besteht immer auf seinen wenigen Gedanken; ich bekomme keine Briefe von Emilien; ich finde nicht, was ich suche; ich werde über lang oder kurz in Verzweifelung fallen.

Wenn mein Onkel nicht gestorben wäre, so möcht' ich ihn selber in den Saal hineinmalen lassen. Eigentlich liefe es gegen die kindliche Pflicht, aber ich würde mir kein großes Bedenken machen; denn warum hat er mich in solche Verwirrung gebracht?

Der Maler klagt sehr darüber, daß die Menschen hier herum gar nicht gebildet sind und sich für die Künste durchaus nicht interessiren. Das ist vielleicht noch das beste an ihnen, denn es giebt nichts verächtlichers, als das lumpige Interesse, das so viele Menschen an den sogenannten schönen Wissenschaften nehmen. Es ziemt den wenigsten, und der Geschmack sinkt eben dann am meisten, wenn der Pöbel ihn erobern will. Der Maler eifert auch zu sehr gegen den Pietro da Cortona, es wäre mir viel lieber, wenn er etwas billiger dächte.

Morgen früh reise ich von hier, und ich wünschte, ich könnte Opfer bringen, wie es in der alten Welt gebräuchlich war; ich wollte gewiß keinen einzigen Dämon, Waldgott oder helfende Göttin versäumen. Aber so muß ich mir nun selber durch die Welt helfen.

Man sagt immer, dem ernsthaften Willen sei nichts unmöglich. Wir wollen nun bald an meinem Beispiele sehn, ob dieser Satz seine Richtigkeit hat; bin ich unglücklich, so habe ich doch wenigstens einen Fehler in einem schönen Satze entdeckt.

14.

Emilie hat geschrieben! o nun ist schon alles besser in der Welt. Mir fällt manchmal ein, warum ich nicht einer von denen sein könnte, die ich suche, wie mir der alte Herr von neulich schon auf den Kopf zugesagt hat, indem er zweifelte, ob ich Kopf habe. Wenn es sich zum Beispiel fügte, daß ein neuer junger Held jetzt auf eine Entdeckungsreise ausginge, so könnte es ihm vielleicht einfallen, mir seinen güldenen Apfel anzubieten. Das Menschenthum läuft wunderlich durcheinander; soviel ist gewiß, man weiß nicht, wer Koch oder Kellner ist. Beim Eulenspiegel ist mir immer der Zweifel aufgestoßen, ob er oder die übrigen Menschen größere Narren waren.

Ich sehe nun andre Häuser und andre Menschen vor mir, und unter diesen scheint mir auch mehr Anlage zu herrschen. Ich hörte gestern an der Table d'hote einen herrlichen Mann über die Einrichtung von Europa sprechen. Es gefiel mir ungemein, daß er mit nichts in dieser Welt zufrieden war, daß er überzeugt war, er würde alles besser treffen. Ich suchte mir sogleich sein Vertrauen zu erwerben, um zu erforschen, ob ich vielleicht einen von den dreien Männern gefunden habe. Mein Zutrauen und meine Aufmerksamkeit gefielen ihm, so daß er mir nach und nach alle seine Projekte mittheilte. Er war ein sehr großer Freund der Republiken, alle andre Verfassungen schienen ihm unwürdig. Aber doch behielt er sich vor, die Republiken auf ihre wahre Art einzurichten, damit sie nicht in sich selber zusammenfielen. Ich habe noch nie einen Mann mit so vieler Weisheit sprechen hören, und es müßte eine wahre Lust sein, wenn sich das närrische Thier von Europa nur bequemen wollte, sich so einrichten zu lassen. Aber daran ist jetzt noch nicht zu denken, und gute Köpfe müssen billig Thränen vergießen, wie es auch geschieht. — —

— — Zum Glück treffe ich hier ein Buch, das ich schon sonst mit sehr großem Vergnügen gelesen habe. Es ist der abentheuerliche Simplicissimus, 1669 gedruckt. In diesem Buche ist auf eine recht anschauliche Art das ganze Leben dargestellt, und so oft es auch angeführt ist, hat man es doch nach meinem Bedünken nie genug gelobt.

Im dritten Buche ist besonders eine Stelle, in der ich den Reformator ganz wiederfinde, den ich heut gesprochen habe. Der Held der Geschichte dient als Jäger im Kriege und erzählt folgendermaßen:

„„Ich saße einsmals mit 25 Feuer-Röhren nicht weit von Dorsten, und paßte einer Convoy mit etlichen Fuhrleuten auf, die nach Dörsten kommen sollte. Ich hielt meiner Gewohnheit nach selbst Schildwacht, weil wir dem Feind nahe waren; da kam ein einziger Mann daher, fein ehrbar gekleidet, der redete mit ihm selbst, und hatte mit seinem Meer-Rohr, das er in Händen trug, ein seltzam Gefecht. Ich konnte nichts anders verstehen, als daß er sagte: Ich will einmal die Welt strafen, es wolle mirs dann das große Numen nicht zugeben! Woraus ich muthmaßete, es möchte etwan ein mächtiger Fürst seyn, der so verkleideter Weis herumb ginge, seiner Unterthanen Leben und Sitten zu erkundigen, und sich nun vorgenommen hätte, solche (weil er sie vielleicht nicht nach seinem Willen gefunden) gebührend zu strafen. Ich gedachte, ist dieser Mann vom Feind, so setzts eine gute Ranzion, wo nicht, so willt du ihn so höflich tractiren, und ihm dadurch das Herz dermaßen abstehlen, daß es dir künftig dein Lebtage wohl bekommen soll, sprang derhalben hervor, präsentirte mein Gewehr mit aufgezogenen Hahnen, und sagte: Der Herr wird ihm belieben lassen, vor mir hin in Busch zu gehn, wofern er nicht als Feind traktirt seyn will. Er antwortet sehr ernsthaftig: Solcher Traktation ist meines gleichen nit gewohnt. Ich aber dummelt ihn höflich fort, und sagte: Der Herr wird ihm nicht zuwider seyn lassen, sich vor diesmal in die Zeit zu schicken, und als ich ihn in den Busch zu meinen Leuten gebracht, und die Schildwachten wieder besetzt hatte, fragt ich ihn, wer er seye? Er antwortet gar großmüthig, es würde mir wenig daran gelegen seyn, wenn ichs schon wüßte; Er sey ein großer Gott. Ich wurde nun bald innen, daß ich anstatt eines Fürsten einen Phantasten gefangen hätte, der sich überstudirt, und in der Poeterey gewaltig verstiegen; denn da er bei mir ein wenig erwarmte, gab er sich vor den Gott Jupiter aus."

„Ich wünschte zwar, daß ich diesen Fang nicht gethan; weil ich den Narren aber hatte, mußt ich ihn wohl behalten, bis wir von dannen rückten, und demnach mir die Zeit ohne das ziemlich lang wurde, gedachte ich, diesen Kerl zu stimmen, und mir seine Gaben zu Nutz zu machen, sagte derowegen zu ihm: Nun dann, mein lieber Jove, wie kompts doch, daß deine hohe Gottheit ihren himmlischen Thron verläßt, und zu uns auf Erden steigt? vergebe mir, o Jupiter, meine Frage, die du vor fürwitzig halten möchtest; denn wir seynd den himmlischen Göttern auch verwandt, und eitel Sylvani, von den Faunis und Nimphis geboren, denen diese Heimlichkeit billig ohnverborgen seyn sollte; Ich schwöre dir beym Styx, antwortete Jupiter, daß du hiervon nichts erfahren solltest, wenn du meinem Mundschenken Ganymede nicht so ähnlich sehest, und wenn du schon Pans eigner Sohn wärest; aber von seinetwegen communicire ich dir, daß ein groß Geschrey über der Welt Laster zu mir durch die Wolken gedrungen, darüber in aller Götter Rath beschlossen worden, ich könnte mit Billigkeit, wie zu Lycaons Zeiten, den Erdboden wieder mit Wasser austilgen, weil ich aber dem menschlichen Geschlecht mit sonderbarer Gunst gewogen bin, und ohnedas allezeit lieber die Güte, als eine strenge Verfahrung brauchte, vagire ich jetzt herum, der Menschen Thun und Lassen selbst zu erkundigen, und obwohl ich alles ärger finde, als mirs vorkommen, so bin ich doch nicht gesinnt, alle Menschen zugleich und ohne Ursach auszureuten, sondern nur diejenigen zu strafen, die zu strafen sind, und hernach die übrigen nach meinem Willen zu ziehen."

„Ich mußte zwar lachen, verbisse es doch so gut ich konnte und sagte: Ach Jupiter, deine Mühe und Arbeit wird besorglich allerdings umbsonst seyn, wenn du nicht wieder, wie vor diesem, die Welt mit Wasser oder gar mit Feuer heimsuchest: denn schickest du einen Krieg, so lauffen alle böse verwegene Buben mit, welche die friedliebende fromme Menschen nur quelen werden; schikkestu eine Theurung, so ists eine verwünschte Sach vor die Wucherer, weil alsdenn denselben ihr Korn viel gilt; schickstu aber ein Sterben, so haben die Geitzhäls und alle übrige Menschen ein gewonnen Spiel, indem sie hernach viel erben; wirst derhalben die ganze Welt mit Butzen und Stil ausrotten müssen, wenn du anders strafen wilt."

„Jupiter antwortet, du redest von der Sach wie ein natürlicher Mensch, als ob du nicht wüßtest, daß uns Göttern möglich sey, etwas anzustellen, daß nur die Böse gestraft und die Gute erhalten werden; ich will einen deutschen Helden erwecken; der soll alles mit der Schärfe des Schwerds vollenden, er wird alle verruchte Menschen umbringen, und die Frommen erhalten und erhöhen. Ich sagte: so muß ja ein solcher Held auch Soldaten haben; und wo man Soldaten braucht, da ist auch Krieg; und wo Krieg ist, da muß der Unschuldige sowohl als der Schuldige herhalten. Sind ihr irrdische Götter denn auch gesinnt wie die irrdische Menschen, sagte Jupiter hierauf, daß ihr sogar nichts verstehen könnet? Ich will einen solchen Helden schicken, der keinen Soldaten bedarf und doch die ganze Welt reformiren soll; in seiner Geburt-Stund wil ich ihm verleihen, einen wohlgestalten und stärkern Leib, als Hercules einen hatte, mit Fürsichtigkeit, Weisheit und Verstand überflüßig geziert, hierzu soll ihm Venus geben, ein schön Angesicht, also, daß er auch Narcissum, Adonidem und meinen Ganymedem selbst übertreffen soll, sie soll ihm zu allen seinen Tugenden eine sonderbare Zierlichkeit, Aufsehen und Anmüthigkeit vorstrecken, und dahero ihn bey aller Welt beliebt machen, weil ich sie eben der Ursach halber in seiner Nativität desto freundlicher anblicken werde. Mercurius aber soll ihn mit unvergleichlich sinnreicher Vernunft begaben, und der unbeständige Mann soll ihm nicht schädlich, sondern nützlich seyn, weil er ihm eine unglaubliche Geschwindigkeit einpflanzen wird; die Pallas soll ihn auf dem Parnasso auferziehen, und Vulkanus soll ihm in Hora Martis seine Waffen, sonderlich aber ein Schwerd schmieden, mit welchem er die ganze Welt bezwingen und alle Gottlosen niedermachen wird, ohne fernere Hülf eines einigen Menschen, der ihme etwan als ein Soldat beystehen möchte, er soll keines Beystandes bedörffen, eine jede große Stadt soll von seiner Gegenwart erzittern, und eine jede Vestung, die sonst unüberwindlich ist, wird er in der ersten Viertelstund in seinem Gehorsam haben, zuletzt wird er den größten Potentaten in der Welt befehlen, und die Regierung über Meere und Erden so löblich anstellen, daß beyde, Götter und Menschen ein Wohlgefallen darob haben sollen."

„Ich sagte: wie kann die Niedermachung aller Gottlosen ohne Blutvergießen, und das Commando über die ganze weite Welt ohne sonderbaren grossen Gewalt und starken Arm beschehen und zu wegen gebracht werden?

o Jupiter, ich bekenne dir unverholen, daß ich diese Dinge weniger als ein sterblicher Mensch begreifen kann! Jupiter antwortet, das gibt mich nicht Wunder, weil du nicht weist, was meines Helden Schwerd vor eine seltene Kraft an sich haben wird, Vulcanus wirds aus denen Materialien verfertigen, daraus er mir meine Donnerkeil macht, und dessen Tugenden dahin richten, daß mein Held, wenn er solches entblößt und nur einen Streich damit in die Luft thut, einer ganzen Armada, wenn sie gleich hinter einem Berg eine ganze Schweitzer Meilewegs von ihm stünden, auf einmal die Köpf herunderhauen kann, also daß die armen Teufel ohne Köpf da liegen müssen, ehe sie einmahl wissen wie ihnen geschehen! Wenn er denn nun seinem Lauf den Anfang macht, und vor eine Statt oder Vestung kommt, so wird er des Tamerlani Manier brauchen, und zum Zeichen, daß er Friedens halber, und zur Beförderung aller Wohlfahrt vorhanden seye, ein weisses Fähnlein aufstecken, kommen sie dann zu ihm heraus, und bequemen sich, wol gut; wo nicht, so wird er von Leder ziehen, und durch Kraft mehrgedachten Schwerds, allen Zauberern und Zauberinnen, so in der ganzen Statt sein, die Köpff herunder hauen, und ein rothes Fähnlein aufstecken. Wird sich aber dennoch niemand einstellen, so wird er alle Mörder, Wucherer, Dieb, Schelmen, Ehebrecher, Huren und Buben auf die vorige Manier umbringen, und ein schwarzes Fähnlein sehen lassen, wofern aber nicht so bald diejenigen, so noch in der Statt übrig blieben, zu ihm kommen, und sich demüthig einstellen, so wird er die ganze Statt und ihre Inwohner als ein halsstarrig und ungehorsam Volk ausrotten wollen, wird aber nur diejenige hinrichten, die den andern abgewehret haben, und ein Ursach gewesen, daß sich das Volk nicht ehe ergeben. Also wird er von einer Statt zur andern ziehen, einer jeden Statt ihr Theil Landes um sie her gelegen, im Frieden zu regieren übergeben, und von jeder Statt durch ganz Teutschland zween von den klügsten und gelehrtesten Männern zu sich nemmen, aus denselben ein Parlement machen, die Stätt mit einander auf ewig vereinigen, die Leibeigenschaften sammt allen Zöllen, Accisen, Zinsen, Gülten und Umbgelter durch ganz Teutschland aufheben, und solche Anstalten machen, daß man von keinen Fronen, Wachen, contribuiren, Gelt geben, Kriegen, noch einiger Beschwerlichkeit beim Volk mehr wissen, sondern viel seeliger als in den Elysischen Feldern leben wird: Alsdann (sagt Jupiter fernrr) werde ich oftmals den ganzen Chorum Deorum nemmen, und herunder zu den Teutschen steigen, mich unter ihren Weinstöcken und Feigenbäumen zu ergötzen, da werde ich den Helicon mitten in ihre Grenzen setzen, und die Musen von neuem darauf pflanzen, ich werde Teutschland höher seegnen mit allem Ueberfluß, als das glückseelige Arabien, Mesopotamiam, und die Gegend um Damasco; die griechische Sprache werde ich alsdenn verschwören, und nur Teutsch reden, und mit einem Wort mich so gut Teutsch erzeigen, daß ich ihnen auch endlich, wie vor diesem den Römern die Beherrschung über die ganze Welt zukommen lassen werde. Ich sagte: Höchster Jupiter, was werden aber Fürsten und Herren dazu sagen, wenn sich der künftige Held untersteht, ihnen das Ihrige so unrechtmäßigerweis abzunehmen, und den Stätten zu unterwerfen? werden sie sich nicht mit Gewalt widersetzen, oder wenigst vor Göttern und Menschen dawider protestiren? Jupiter antwortet, hierum wird sich der Held wenig bekümmern, er wird alle Grosse in drei Theil unterscheiden, und diejenige, so ohnexemplarisch und verrucht leben, gleich den Gemeinen strafen, weil seinem Schwerd kein irrdische Gewalt zu widerstehen vermag, denen übrigen aber wird er die Wahl geben, im Land zu bleiben oder nicht; was bleibt, und sein Vaterland liebet, die werden leben müssen wie andre gemeine Leut, aber das Privatleben der Teutschen wird alsdenn viel vergnügsamer und glückseeliger sein, als jetzund das Leben und der Stand eines Königes, und die Teutschen werden alsdenn lauter Fabricii sein, welcher mit dem König Pyrrho sein Reich nicht theilen wollte, weil er sein Vaterland neben Ehr und Tugend so hoch liebte, und das seyn die zweite; die dritte aber, die Ja-Herrn bleiben, und immerzu herrschen wollen, wird er durch Ungarn und Italia in die Moldau, Wallachey, in Macedoniam, Thraciam, Graeciam, ja über den Hellespontum in Asiam hineinführen, ihnen dieselbe Länder gewinnen, alle Müßiggänger in ganz Teutschland mitgeben, und sie aldort zu lauter Königen machen; alsdann wird er Constantinopel in einem Tag einnehmen, und allen Türken, die sich nicht bekehren oder gehorsamen werden, die Köpff vor den Hindern legen: daselbst wird er das Römisch Kaiserthum wieder aufrichten, und sich wieder in Teutschland begeben, und mit seinen Parlementsherrn (welche er, wie ich schon gesagt habe, aus allen teutschen Stätten paarweis samblen, und die Vorsteher und Väter seines teutschen Vaterlandes nennen wird) eine Statt mitten in Teutschland bauen, welche viel grösser sein wird, als Manoah in Amerika, und goldreicher als

Jerusalem zu Salomons Zeiten gewesen, deren Wäll sich dem Tyrolischen Gebürg, und ihre Wassergräben der Breite des Meers zwischen Hispania und Africa vergleichen soll, er wird einen Tempel hineinbauen von lauter Diamanten, Rubinen, Smaragden und Saphiren, und in der Kunstkammer, die er aufrichten wird, werden sich alle Raritäten in der ganzen Welt versammeln, von den reichen Geschenken, die ihm die Könige in China, in Persia, der grosse Mogar in dem Orientalischen Indien, der grosse Tarter Chan, Priester Johann in Africa, und der große Czar in der Moscau schicken; der Türkische Kaiser würde sich noch fleissiger einstellen, wofern ihm bemeldeter Held sein Kaiserthum nicht genommen, und solches dem Römischen Kaiser zu Lehne gegeben hätte."

„Ich fragte meinen Jovem, was denn die christlichen Könige bey der Sache thun würden? er antwortet, der in Engeland, Schweden und Dennemark werden, weil sie Teutschen Geblüts und Herkommens: der in Hispania, Frankreich und Portugall aber, weil die Alte Teutschen selbige Länder hiebevor auch eingenommen und regiert haben, ihre Kronen, Königreich und incorporirte Länder, von der Teutschen Nation aus freien Stücken zu Lehne empfahen, und alsdenn wird, wie zu Augusti Zeiten, ein ewiger beständiger Fried zwischen allen Völkern in der ganzen Welt seyn."

„Einer von meinem Gefolge, der uns zuhörete, hätte den Jupiter schier unwillig gemacht, und den Handel beynahe verderbt, weil er sagte: Und alsdenn wirds in Teutschland hergehn wie im Schlaraffenland, da es lauter Muscateller regnet, und die Creutzer-Pastetlein über Nacht wie die Pfifferling wachsen! da werde ich mit beiden Backen fressen müssen wie ein Drescher, und Malvasier saufen, daß mir die Augen übergehn. Ja freilich antwortet Jupiter, vornemlich wenn ich dir die Plag Erisichthonis anhenken würde, weil du, wie mich dünken will, meine Hoheit verspottest; zu mir aber sagte er, ich habe vermeint, ich sei bei lauter Silvanis, so sehe ich aber wol, daß ich den neidigen Momum oder Zoilum angetroffen habe; Ja man sollte solchen Verräthern das was der Himmel beschlossen, offenbaren, und so die edle Perlen vor die Säu werfen, ja freilich!"

„Ich sagte zu ihm; Allergütigster Jove, du wirst ja eines groben Waldgotts Unbescheidenheit halber deinem alten Ganymede nicht verhalten, wie es weiter in Teutschland hergehen wird? O Nein, antwortet er, aber befehle vorher diesem Theoni, daß er seine Hipponacis Zunge fürterhin in Zaum halten solle, ehe ich ihn (wie Mercurius den Battum) in einen Stein verwandele; Du selbst aber gestehe mir, daß du mein Ganymedes seist, und ob dich nicht mein eyffersichtige Juno in meiner Abwesenheit aus dem himmlischen Reich gejaget habe? Ich versprach ihm alles zu erzählen, da ich gern gehört haben würde, was ich zu wissen verlangte. Darauf sagte er: Lieber Ganymede, (leugne nur nicht mehr, denn ich sehe wohl, daß du es bist) es wird alsdenn das Goldmachen in Teutschland so gewiß und so gemein werden, als das Hafner-Handwerk, also daß schier ein jeder Roßbub den Lapidem Philosophorum wird umschleppen! Ich fragte, wie wird aber Teutschland bei so unterschiedlichen Religionen ein so langwierigen Frieden haben können? O Nein! sagt Jupiter, mein Held wird dieser Sorg weislich vorkommen, und vor allen Dingen alle christliche Religionen in der Welt mit einander vereinigen; Ich sagte, o Wunder, das wäre ein groß Werk! wie müste das zugehen? Jupiter antwortet, das will ich dir herzlich gern offenbaren! Nachdem mein Held den Universalfrieden der ganzen Welt verschaft, wird er die Geist- und Weltlichen Vorsteher und Häupter der Christlichen Völker und unterschiedlichen Kirchen mit einem sehr beweglichen Sermon anreden, und ihnen die bisherige hochschädliche Spaltungen in den Glaubenssachen trefflich zu Gemüthe führen, sie auch durch hochvernünftige Gründe und unwidertreibliche Argumenta dahin bringen, daß sie von sich selbst eine allgemeine Vereinigung wünschen, und ihme das ganze Werk, seiner hohen Vernunft nach zu dirigiren, übergeben werden: Alsdann wird er die allergeistreichste, gelehrteste und frömmeste Theologie von allen Orten und Enden her, aus allen Religionen zusammenbringen, und ihnen eine Art, wie vor diesem Ptolomäus Philadelphus den 72 Dollmetschen gethan, in einer lustigen und doch stillen Gegend, da man wichtigen Sachen ungehindert nachsinnen kann, zurichten lassen, sie daselbst mit Speis und Trank, auch aller andrer Nothwendigkeit versehn, und ihnen auflegen, daß sie so bald immer möglich, und jedoch mit der allerreifsten und Wolerwegung die Strittigkeiten, so sich zwischen ihren Religionen enthalten, ernstlich beilegen, und nachgehends mit rechter Einhelligkeit die rechte, wahre, Heilige und Christliche Religion der H. Schrift, der uhralten Tradition und der Probirten H. Väter Meinung gemäß, schriftlich verfassen sollen: Um dieselbige Zeit wird sich Pluto gewaltig hintern Ohren kratzen, weil er alsdann die Schmälerung seines Reichs besorgen wird, ja er wird allerhand Fünd und List erdenken, ein Que darein zu machen, und die Sach, wo nicht gar zu hintertreiben, jedoch solche ad infinitum oder indefinitum zu bringen, sich gewaltig bemühen; er wird sich unterstehen, einem jeden Theologo sein Interesse, seinen Stand, sein geruhig Leben, sein Weib und Kind, sein Ansehn und je so etwas, das ihm seine Opinion zu behaupten, einrathen möchte, vorzumahlen: Aber mein dapfferer Held wird auch nicht feyern, er wird, so lang dieses Concilium währet, in der ganzen Christenheit alle Glocken läuten, und damit das Christlich Volk zum Gebet an das höchste Numen ohnabläſſig anmahnen, und um Sendung des Geistes der Wahrheit bitten lassen: Wenn er aber merken würde, daß sich einer oder ander vom Plutone einnemmen ließ, so wird er die ganze Congregation, wie in einem Conclave, mit Hunger quälen, und wenn sie noch nicht dran wollen, ein so hohes Werk zu befördern, so wird er ihnen allen von Henken predigen, oder ihnen sein wunderbarlich Schwerd weisen, und sie also erstlich mit Güte, endlich mit Ernst und Bedrohungen dahin bringen, daß sie ad rem schreiten, und mit ihren halsstarrigen falschen Meinungen, die Welt nicht mehr wie vor Alters foppen: Nach erlangter Einigkeit wird er ein grosses Jubelfest anstellen, in der ganzen Welt diese geläuterte Religion publiciren, und welcher alsdann darwider glaubt, den wird er mit Schwefel und Bech martyrisiren, oder einen solchen Ketzer mit Buxbaum bestecken, und dem Plutone zum Neuen Jahr schenken. Jetzt weist du, lieber Ganymede, alles was du zu wissen begehrest.““ ——

So weit der alte Simplicissimus.

In dieser ganzen Stelle herrscht mehr Satyre, als

die meisten Leute bemerken werden, so wie im ganzen Buche mehr Poesie und ein besserer Styl ist, als man jemals geglaubt hat. Jene Stelle ist auch für uns noch nicht unpassend geworden und der wirkliche ewige Friede dürfte wohl nur durch einen ähnlichen Helden hervorgebracht werden können. Ich denke immer an diesen Jupiter, wenn ich die mannichfaltigen Vorschläge höre und lese, die das Glück der Menschheit begründen sollen.

Aber kein Mensch liest jetzt das alte vergessene Buch; wohl aber die neuen politischen Journale.

15.

Heut hat der Maler ein großes Herzeleid erlebt; er hat nämlich einen andern Menschen, auch einen Maler angetroffen, mit dem er Streit und Zank angefangen hat. Ich habe gar nicht geglaubt, daß eine kriegerische Natur in ihm verborgen läge; denn ich habe ihn immer für sehr friedfertig gehalten.

Jener fremde Mensch behauptete nämlich: Pietro Cortona sey einer der größten Maler, die die Welt je hervorgebracht habe; die meisten andern berühmten Meister müßten ihm weit nachstehn; und das war für den Herrn Ferdinand zu schwer zu verdauen. Sie wurden recht grob gegen einander, und beide warfen sich Unwissenheit vor. Ich freue mich sehr darüber, wenn Leute heftig gegen einander werden; denn dann schimmert in unsre feine und überkultivirte Welt gleichsam noch ein Stückchen des goldnen Zeitalters herein, und erinnert uns an die verlorne Freiheit, die jedem erlaubte zu thun, was er nur wollte. Suchen manchmal die Menschen gar das Faustrecht wieder hervor, so wird mir um so wohler; und ich wollte viel darum geben, wenn ich es mit bewirken könnte, daß in unserm Deutschland die edle Boxkunst eingeführt würde.

Es ist gewiß, daß man viel zu viel Politesse gewahr wird, darüber kann der wirkliche Mensch gar nicht zum Vorschein kommen, sondern er ist von Lebensart und Sitten so eingebaut, daß es uns schwer wird, ihn auch nur zu errathen. Deswegen ist uns jetzt die Menschenkenntniß sehr sauer gemacht, und viele Leute haben Recht, wenn sie eine eigne Wissenschaft daraus bilden wollen. Einen großen Nachtheil auf die Sitten hat es gehabt, daß man auch vom Theater die Schlägereien verbannt hat, und sehr wunderlich ist es, daß die Duelle dort noch erlaubt sind. Aber der Mensch ist in allen Dingen inkonsequent, und man sollte sich darüber gar nicht mehr verwundern: denn wahrhaftig, wenn sie konsequent wären, würden sie noch viel närrischer sein. Das was die meisten ans dem Stegreife thun, ist bei weitem noch das beste; es geräth ihnen auch immer am besten.

Der fremde Maler schien Unrecht zu haben; denn Herr Ferdinand machte die meisten Worte. Der andre wurde beinah zum völligen Stillschweigen gebracht, und mehr ist zum Siege der Gegenpartheі nicht nothwendig.

Ich schweige gern in jedem Streite gleich still und gönne meinem Gegner den Triumph; denn die Menschen streiten gewöhnlich über das, was sie nicht wissen, wovon sie kein Wort verstehn, da thun sie sich am allerliebsten mit ihren keckſten Behauptungen hervor;

und freilich bin ich auch so. Ich bin aber meist selbst davon überzeugt und fange nur einen kleinen Streit an, um ihn gleich wieder fallen zu lassen. Ueberhaupt liebe ich das Schweigen mit Passion, am gewöhnlichsten wenn andre Menschen gern recht viel mit mir sprechen möchten. Es ist mit den Menschen umgekehrt, wie mit den Violinen, diese gewinnen, je mehr man sie ausspielt; ein Mensch aber, der so recht ausgespielt ist, das heißt, der sich recht durch alle nur mögliche Materien durchgesprochen hat (und so weit kommen die meisten schon im 23sten Jahre), ist ein unausstehliches Instrument. Kömmt über einen solchen ein Virtuose oder sogenannter guter Gesellschafter, gebildeter Mann, Mann mit Kenntnissen ausgerüstet u. dergl. und zieht alle Register des Instruments an, um seine Fertigkeit zu zeigen, so entsteht daraus ein Konzert, daß man davon laufen möchte. Wenn es sich thun läßt, laufe ich auch immer unter solchen Umständen davon.

Ich könnte einen Folioband über die Vortrefflichkeit des Schweigens schreiben; wenn ich gern über eine Materie spreche, so ist es über diese, und sie ist für mich auch unerschöpflich. O ihr vortrefflichen Heiligen Ostindiens! die ihr oft in eurer Lebenszeit kein Wort aussprecht, wie weise seyd ihr! Mit Euch muß es sich noch der Mühe verlohnen, sich zu unterhalten. Ihr habt gewiß den guten Ton völlig in Eurer Gewalt, zu Euch möchte ich reisen, um gute Gesellschaft aufzusuchen.

16.

Der fremde Maler, der Martin heißt, ist nun gänzlich der Meinung Ferdinands und vielleicht mehr von Pietros Schlechtigkeit überzeugt, als dieser selbst. Martin ist Ferdinands eifriger Anhänger geworden und sie lieben sich nun beide von Herzen. Wenn ich einen wirklichen, wahren Freund erwischen könnte, wollte ich ihm auch sehr gern ein Paar von meinen besten Meinungen aufopfern, er sollte sogar das Aussuchen haben, und mehr kann man hoffentlich doch nicht thun. Dabei halte ich von meinen Meinungen gewiß eben so viel, als ein andrer verständiger Mensch.

Aber ich habe nun vor den Gedanken des Ferdinand selber mehr Respekt, seit er den Fremden überwunden hat; ich glaube nun fast, daß er so einfältig nicht sein kann, als er mir immer vorgekommen ist. Freilich giebt es nicht leicht einen Menschen in der Welt, der nicht seine Anhänger finden kann, wenn er sich nur die Mühe geben will, sie zu suchen. Nichts ist so bequem, als etwas zu glauben, das ein andrer meint, und dieser hat seine Meinung gewöhnlich auch nur vom Hörensagen. So kann man die Rechnung bis ins Unendliche fortsetzen. Es muß aber irgend einmal in uralten Zeiten einen gegeben haben, der wirklich und wahrhaft etwas gemeint hat: und so werden wir ganz von selbst und natürlicherweise auf die Offenbarung geführt. Die Menschen können ohne Offenbarung nicht fertig werden, das sehn wir täglich mit unsern Augen; was ich mir selbst nicht zutraue, traue ich auch keinem andern zu, und wenn ich nun auf diese Art mit meinem Schlüssel immer höher klimme, so komme ich am Ende an die

Pforte, aus der die Stimme den Menschen erschallte, die die hohe Weisheit ihnen zum bessern Verständniß in populäre begreifliche Sätze übersetzte: und davon hat man bisher gezehrt und wird zehren, so lange die Welt steht.

Man kann die Offenbarung fast auf alles in der Welt ausdehnen. Nicht bloß die Sprache, Vernunft, u. dergl., sondern auch die Kleidertracht ist offenbart; nicht bloß die Philosophie, sondern auch die Art Taback zu nehmen und zu niesen. Es giebt keinen Menschen, der es wagte, alle diese Dinge nach seinem eigenen Gusto, oder aus freiem Willen zu treiben.

Wenn es hin und wieder einmal Leute giebt, die sich gegen diese Offenbarungen sperren, so sind sie billig für Ketzer zu achten, und die übrigen Menschen thun wohl daran, den Umgang dieser gefährlichen Neuerer zu vermeiden.

Ich verliere mich immer in Gedanken, die ich anfangs gar nicht gesucht habe: ein schlimmer Erfolg des Nachdenkens.

Jetzt verfalle ich auf Emiliens Andenken. Es ist schändlich, daß ich seit langer Zeit so gar wenig an sie gedacht habe. Jetzt peinigt es mich, daß ich von ihr entfernt bin, und doch noch nicht zurückreisen darf: daß ich dem Endzweck meiner Reise noch um nichts näher gekommen bin. Ich weiß nicht, wie mein zukünftiger Lebenslauf aussehn wird, aber der jetzige gefällt mir gar nicht.

Die Langeweile ist das schlimmste Pockengift, das sich in diese arme Welt eingeschlichen hat. Und dagegen lassen sich gar keine Anstalten treffen; man kann sich nicht inokuliren lassen, um nachher davon frei zu sein, denn sonst läse man eine Anzahl vortrefflicher Bücher hindurch, man besuchte eine Zeitlang gescheidte Leute, man hörte Predigten und studierte Journale, oder gäbe sich ordentlicherweise für die Krankheitszeit irgendwo in Pension; unsre Deutschen, denen es gewiß an praktischem Sinn nicht fehlt, und die gern Geld verdienen, würden sehr bald dergleichen Erziehungsanstalten anlegen: Waisenhäuser, Militairakademien, Gymnasien, durch die man hindurch müßte. Wenn man dann eine Zeitlang studirt hätte, müßte man ordentlich, wie es an vielen Orten eingeführt ist, examinirt werden, ob man reif sei, ob man wohl schon im Stande sei, andern Langeweile zu machen. Die sich ganz vorzüglich auszeichneten, müßten dann mit Stipendien versorgt und in bürgerlichen Geschäften vorgezogen werden.

Doch ich vergesse, daß diese Ideale zum Theil längst realisirt sind, und daß ich nur so über die Langeweile schreibe, um mir die Langeweile zu vertreiben.

Jetzt könnt' ich nun schon so lange verheirathet seyn, daß Emilie in meiner Gesellschaft Langeweile empfände; ich könnte auf dem Lande sitzen und an einem schönen Steckenpferde schnitzeln, um mir die Zeit zu vertreiben: etwa an einem fortlaufenden Auszuge aus der Hamburger Zeitung arbeiten, oder aus der Berliner das Avancement bei der Armee in ein Register tragen, und die Namen nachher wieder nach dem Alphabete rangiren; ich könnte mir auch eine Bibliothek von Schulprogrammen sammeln, oder in fünf bis sechs Lotterien setzen und nachher die Tabellen erwarten: kurz, ich könnte auf meinem Grund und Boden wie ein Fürst leben; aber das Schicksal, das boshafte, gönnt mir meine bescheidnen

Wünsche nicht, sondern zwingt mich, mich auf einer verflucht langweiligen Reise herum zu treiben.

Welch eine glückliche Idee, daß es mir einfiel, mir ein Tagebuch einzurichten! Ist dieser Umstand nicht noch mein einziger Trost? Würde ich ohne ihn nicht in eine reelle Verzweiflung verfallen? Ich möchte behaupten, es rettet ein Menschenleben. O, äußerst nützliches Tagebuch!

Wenn ich ein Dichter wäre, würde ich ohne Zweifel Verse machen. Gewiß muß man sich aus solchen Situationen den Ursprung der Dichter richtig vorstellen.

Ob Emilie wohl zuweilen an mich denkt? Hol's der Henker, warum kann ich durchaus nicht recht ernsthaft werden? Es ist ein wunderlicher Geist in mir, der alle vernünftigen Gedanken mit Gewalt zurückhält. Wenn ich im Stande der Ehe nicht verwandelt werde, so bin ich auf meine Lebenszeit ein verlornes Geschöpf. Darum sollte ich eben darnach trachten, sobald als möglich zurück zu reisen.

Ich muß mir von neuem Mühe geben, die erforderliche Portion Narren anzutreffen. Sollten sie denn wirklich allenthalben so selten sein? Was ich hier nicht finde, finde ich vielleicht anderswo; was heute nicht gelingt, geräth morgen, wenn nicht morgen, doch wohl übermorgen —

„Und kriecht bis zur letzten Sylbe der uns bestimm-
„ten Zeit, und alle unsere Gestern haben Narren
„zum staubbedeckten Tode hingeleuchtet."

Ich muß mich schlafen legen, denn ich bin müde. Ein seichter und gewöhnlicher Grund, um einzuschlafen; aber ich habe keinen bessern.

17.

O unglückliches Schicksal! o verdammtes goldnes Zeitalter! —

Ich möchte rasend werden, wenigstens närrisch. Wer weiß, ob ich's nicht schon bin!

Heute könnte ich in unaufhörlichen Ausrufungen schreiben; denn ich bin noch an keinem Tage meines Lebens so verdrüßlich gewesen, als eben heute.

Die Sonne ging so freundlich auf, ich dachte nichts weniger, als daß mir so ein verdammter Streich arriviren könnte. Aber just darum ist er mir gewiß arrivirt, weil ich an nichts weniger dachte!

Aller Trost, alle Philosophie verläßt mich.

Statt den Endzweck meiner Reise zu erfüllen, verwickele ich mich ohne alle Noth in alberne Abentheuer. Ich komme immer später zu meiner Geliebten zurück, ich verliere immer mehr Zeit, und noch obendrein —

Nein, es ist gar nicht auszusprechen!

O warum reiste ich aus? O warum nahm ich nicht ein Barometer oder Thermometer mit, der es mir jedesmal nachgewiesen hätte, wenn ich mich in der Nähe eines Narren befand. Sie sind bei Gott gar nicht von den übrigen ordentlichen Menschen zu unterscheiden. Ich ließe mich gern in diesen Freimäurer-Orden aufnehmen, um nachher nur die Meister vom Stuhl zu erkennen. — Aber das strenge Verhängniß nimmt mir die Bissen von dem Munde weg: und nicht allein das, es giebt mir nachher noch einen Schlag auf den Mund.

Ich bin jetzt ohne allen Scherz; denn meine Wunde schmerzt mich empfindlich. Ich habe nämlich ein Duell gehabt, und die Spuren des goldnen Zeitalters, das ich neulich so lobte, sind an mir sichtbar genug. Es ist mir durch Fell und Fleisch gedrungen, und nun sitze ich hier und lamentire: und auch damit ist mir nicht einmal geholfen.

Ich begreife auch nicht, wie ich dazu kam; ich kann mich gar nicht mehr erinnern, wie sich der Streit entspann. Genug, es war derselbe Mensch, der mir neulich mit seinen politischen Grundsätzen so aufgefallen war. Er wollte heut verreisen, und ist nun auch schon wirklich fort. Wir kamen heut Mittag zusammen und er sprach wieder über die Art, wie er Europa eingerichtet wissen wollte. Ich gab ihm Recht, um seine ganze Meinung zu hören, und die kam nun wirklich erst recht umständlich an's Tageslicht. Mir war immer, als hörte ich den Gott Jouem aus meinem Simplicissimo reden. Kurz, ich wollte mein Tagebuch dann auch nicht ganz umsonst und pur zu meinem Besten geschrieben haben; ich holte es von meinem Zimmer, und las diesem Politiker mit ironischer Ernsthaftigkeit die ganze abgeschriebene Stelle vor. Er blieb ganz gleichmüthig; aber einige anwesende Personen, die uns zugehört hatten, lachten laut. Darüber wurde er böse, und es fiel ihm ein, ich könnte ihn wohl gar foppen. Vorher hatte er dem Jupiter in allen Dingen Recht gegeben und gemeint, der Kerl verstehe schon ein Ding einzurichten, wie es sich gehöre; jetzt aber schalt er ihn für einen unwissenden Esel, für einen Charlatan in der Politik, für einen Ignoranten, der den Henker von den jetzigen Aspecten verstünde. Er glaubte damit die übrigen von ihrem Lachen zu kuriren und sich zu ihrer Partei zu schlagen; ja um alles gut zu machen, wandte er selbst ein kleines

Gelächter daran, und sah sich dann mit einiger Zuversicht wieder um.

Ich ließ es mir einfallen, Jupiters Ehre zu vertheidigen und zu behaupten, er sei ein guter Politiker, und seine Idee mit dem unverwundbaren streitbaren Helden sei vortrefflich. Die Herren lachten von neuem, und der Mann, der Europa umarbeiten wollte, kam von neuem in Verlegenheit. Er half sich endlich auf dem kürzesten Wege: er wurde grob. Es ist wahr, es giebt kein unfehlbareres Mittel, sich aus der Verlegenheit zu ziehn, als dieses; denn gewöhnlich geräth überdies noch die Gegenpartei in Verlegenheit. So wäre es mir beinahe ergangen. Da ich aber wahrnahm, daß dieses Hausmittel, welches so vielen Hausvätern beständig zu Gebote steht, sich am Politiker so probat erwies: so kam ich darauf, es in meinen mißlichen Umständen ebenfalls zu versuchen. Er war ein Edelmann: wir forderten uns. Da es schönes Wetter war, gingen wir sogleich vor's Thor. Durch eine sonderbare Wendung erhielt ich eine Blessur am Knie. Mein Gegner reiste nach geendigtem Handel sogleich fort.

Wirklich habe ich mich durch Schreiben einigermaßen getröstet. Es ist ein großes Glück, daß ich noch schreiben kann. Wenn ich die Blessur nun am Arm empfangen hätte.

Freilich bin ich derjenige, der gestern noch dem Schweigen eine so feurige Lobrede hielt. Ich bin derjenige, der jeden Streit sogleich aufgiebt und seinen Gegner immer Recht behalten läßt. Mußte ich mir darum dies Tagebuch anlegen, um mir dadurch eine Wunde zu veranlassen? —

Der Chirurgus sagt freilich, sie habe nicht viel zu bedeuten, und ich glaube es auch recht gern. Aber warum ließ ich Simplicissimus den Simplicissimus nicht in Ruhe? Weiß ich denn nicht, daß die Menschen keinen Spaß verstehn, und daß ihnen dieser Genuß wahrscheinlich als ein Theil ihrer himmlischen Freude aufgehoben wird, wenn sie hier unten an der Ernsthaftigkeit gestorben sind? Um diese Freude nun hier zu haben, wäre ich darüber beinahe zu früh in die Himmlische versetzt worden. Was hätte Emilie dann wohl zu meiner allzugroßen Spaßhaftigkeit gesagt?

Alle Menschen trösten mich. Das ist mir in meiner Situation auch sehr fatal.

18.

Ich spreche viel mit jenem Maler Martin, der sich neulich mit meinem Ferdinand auch beinah geprügelt hätte. Ich besorgte ohne Noth etwas Uebles; denn es ist nichts als lauter Gutes daraus entstanden; denn dieser Mann ist zu einem bessern Geschmack zurückgeführt, er giebt dem klügeren Maler Recht, und sieht ein, daß er bisher in der Irre gewandelt hat. Er ist nunmehr mit dem Herrn Ferdinand einerlei Meinung, und das gefällt mir besser, als Streiten. Ich finde überhaupt an der Friedfertigkeit ein großes Wohlbehagen, seit ich durch meine Bekehrungssucht so übel angekommen bin. Der andre ist ein Mensch, der sich sehr für die Wissenschaften interessirt; er studirt alles, was ihm in die Hände fällt; dabei ist er von einer heftigen Natur: er heißt Martin Werthmann. Er ist viel als Hofmeister in der Welt herumgereist, um andere junge Leute zu bilden und gebildet zu werden. Das Letztere ist ihm einigermaßen gelungen; nur finde ich, daß er darüber in eine gewisse Langweiligkeit verfallen ist, die ihm recht gut steht, mir aber lästig wird. Mir scheint er einer von denen Menschen, die zum Umgange vorzüglich brauchbar sind, weil sie ihr Inwendiges nie ganz herauskehren; oft, weil sie kein Inwendiges haben; oft aber auch, weil es ihnen unbequem fällt.

Der Maler hat also diesen Werthmann bekehrt, und ich denke, mir soll dieses Tagebuch fast gleiche Dienste leisten. Ich wollte zufrieden nach Hause kehren, wenn ich nur erst mein Corps von Narren angetroffen hätte. Jedermann genießt eines so stillen ruhigen Glücks, und klagt eher über Ueberfluß, als Mangel an Narrheit: nur ich Armseliger muß die weite Welt durchstreifen; Emilie sitzt indessen und wartet sehnlichst auf meine Rückkehr.

19.

Immer wunderbarer! immer närrischer! Man lernt doch alle Tage mehr Neues. Der bekehrte, Herr Werthmann, trifft gestern von ohngefähr einen Mann, der günstig vom Pietro Cortona spricht. Werthmann, um seine neue Religion in eine frische Ausübung zu bringen, behauptet kecklich, Pietro sei ein ganz schlechter Maler; jener giebt Anfangs etwas nach, da er aber sieht, daß Werthmann seinen Satz gar zu hitzig verficht, wird er auch aufgebracht, sie gerathen über den Italiänischen Maler in Zwist und Werthmann wird zerschlagen nach Hause gebracht. Der Maler hört von dem Vorfall und geht hin, um den Neubekehrten zu trösten, der sich durch seine Besserung so ansehnlich verschlimmert hatte. Kaum sieht Werthmann denjenigen, der ihn mit dem Geiste getauft hat, als er sogleich den Vorsatz faßt: ihm einiges vom Erworbenen zurückzugeben. Der Maler nun ist ein schwacher Mensch und darum liegt er jetzt auch verwundet im Bette.

So eben fällt es mir ein: diese beiden Bekehrer sind ja zwei ganz vortreffliche Narren, deren ich nie schönere wieder habhaft werden kann. Nun noch den dritten. O gütiges Schicksal, laß mich auch diesen finden!

Und besitze ich ihn dann nicht schon oder werde vielmehr von ihm besessen? Wer kann es anders sein, als ich selber, da ich so weit herumreise und an mich gar nicht denke? Da ich in der Ferne einen Schatz suche, den ich so nahe bei mir habe? — Ich reise zurück, ich schließe dieses Tagebuch und bin glücklich. Unsre drei Porträts zieren den Saal und können für Angedenken der Freundschaft gelten; Emilie giebt mir ihre Hand, wenn sie sich noch nicht eines bessern besonnen hat — und wahrlich, dann wär' ich erst ein recht vollkommner Narr! — doch nein, ich erhalte so eben einen Brief, sie liebt mich noch! — —

FSC
www.fsc.org
MIX
Papier | Fördert gute Waldnutzung
FSC® C083411

Kolibri 360 GmbH
Ferdinand-Jühlke-Straße 7
99095 Erfurt, Deutschland
produktsicherheit@kolibri360.de